공기업 기계직 전공필기

기|출|변|형|문|제|집

기계의 진리

장태용 지음

BM 성안당
www.cyber.co.kr

■ 도서 A/S 안내

들어가며

　현재 시중에는 공기업 기계직과 관련된 전공기출문제집이 많지 않습니다. 이에 따라 시험을 준비하고 있는 사람들은 기사문제나 여러 공무원 기출문제 등을 통해 공부하고 있어서 공기업 기계직 시험에서 자주 출제되는 중요한 포인트를 놓칠 수 있습니다. 이에 필자는 공기업 기계직 시험을 직접 응시하여 최신 경향을 파악하고 있고, 이를 바탕으로 문제집을 만들고 있습니다.

　최근 공기업 기계직 전공시험 문제는 개념을 정확하게 알고 있는가, 정의를 정확하게 이해하고 있는가에 중점을 두고 출제되고 있습니다. 이에 따라 자주 등장하는 중요 역학 정의 문제와 단순히 암기가 아닌 이해를 통한 해설로 장기적으로 기억될 뿐만 아니라, 향후 면접에도 도움이 될 수 있게끔 문제집을 구성했습니다.

[이 책의 특징]
● 최신 경향 기출문제 수록
　저자가 직접 시험에 응시하여 문제를 풀어보고 이를 바탕으로 100% 기출문제를 수록했습니다. 중요한 문제는 응용할 수 있게끔 문제를 변형하여 출제했습니다.

● 역학 201제, 모의고사 4회 수록, 필수이론, 질의응답 수록
　최신 기출문제뿐만 아니라, 역학 201제, 모의고사 4회를 수록하여 양질의 문제 약 600개를 수록했습니다. 또한, 필수이론 및 질의응답을 통해 시험에 자주 나오는 중요한 개념을 숙지하고 이해할 수 있도록 구성했습니다.

● 변별력 있는 문제 수록
　중앙공기업보다 지방공기업의 전공시험이 난이도가 더 높습니다. 따라서 중앙공기업 전공시험의 변별력문제뿐만 아니라, 지방공기업의 전공시험에 대비할 수 있도록 실제 출제된 변별력 문제를 다수 수록했습니다.

　공기업 기출문제집 ≪기계의 진리≫를 통해 기계직 전공시험에서 고득점을 얻어 취업을 준비하는 여러분이 원하시는 목표를 꼭 성취할 수 있기를 항상 응원하겠습니다.
－ 저자 장태용

중앙공기업 vs. 지방공기업

저자는 과거 중앙공기업에 입사하여 근무했지만 개인적으로 가치관 및 우선순위가 맞지 않아 퇴사하고 다시 지방공기업에 입사했습니다. 중앙공기업과 지방공기업을 직접 경험해 보았기 때문에 각각의 장단점을 명확하게 파악하고 있습니다.

중앙공기업과 지방공기업의 장단점은 다음과 같이 명확합니다.

중앙공기업(메이저 공기업 기준)	지방공기업(서울시 및 광역시 산하)
[장점] • 대기업에 버금가는 고연봉 • 높은 연봉 상승률 • 사기업 대비 낮은 업무강도 　(다만 부서마다 업무강도가 다름) • 지방근무는 대부분 사택 제공	**[장점]** • 연고지 근무에 따른 만족감 상승 • 평균적으로 낮은 업무강도 및 워라벨 　(다만 부서 및 업무에 따라 다름) • 지방근무는 대부분 사택 제공
[단점] • 순환근무 및 비연고지 근무	**[단점]** • 중앙공기업에 비해 낮은 연봉 • 중앙공기업에 비해 낮은 연봉 상승률

어떤 회사든 자신이 원하는 가치관을 모두 보장할 수는 없지만, 우선순위를 3~5개 정도 파악해서 가장 근접한 회사를 찾아 그에 맞는 목표를 설정하는 것이 매우 중요합니다.

66

가치관과 우선순위에 맞는 목표 설정!!

99

효율적인 공부방법

1. 일반기계기사 과년도 기출문제를 먼저 풀고, 보기와 문제를 모두 암기하여 어떤 형식으로 문제가 출제되는지 파악하기
2. 과년도 기출문제와 관련된 이론을 모두 암기하기
3. 일반기계기사의 모든 이론을 꼼꼼히 암기하기
4. 위 과정을 적어도 2~3회 반복하여 정독하기

1. 과년도 기출문제만 풀고 암기하는 분들이 간혹 있습니다. 하지만 이러한 방법은 기사 자격증 시험 합격에는 무리가 없지만, 공기업 전공시험을 통과하는 데에는 그리 큰 도움이 되지 않습니다.

2. 여러 책을 참고하고, 공기업 기출문제로 어떤 것이 출제되었는지 확인하여 부족한 부분과 새로운 개념을 익힙니다.

3. 각종 공무원 7, 9급 기계공작법, 기계설계, 기계일반 기출문제를 풀어보고 모두 암기합니다.

4. 문제 풀이방과 저자가 운영하는 블로그를 적극 활용하며 백지 암기방법을 사용합니다. 또한, 요즘은 역학의 기본 정의에 관한 문제가 많이 출제되니 역학에 대해 확실히 대비해야 합니다.

5. 암기과목에서 50%는 이해, 50%는 암기해야 하는 내용들로 구성되어 있다고 생각합니다. 예를 들어 주철의 특징, 순철의 특징, 탄소 함유량이 증가하면 발생하는 현상, 마찰차 특징, 냉매의 구비조건 등 무수히 많은 개념들은 이해를 통해 자연스럽게 암기할 수 있습니다.

6. 전공은 한 번 공부할 때 원리와 내용을 제대로 공부하세요. 3가지 이점이 있습니다.
　－ 면접 때 전공과 관련된 질문이 나오면 남들보다 훨씬 더 명확한 답변을 할 수 있습니다.
　－ 향후 취업을 하더라도 자격증 취득과 관련된 자기개발을 할 때 큰 도움이 됩니다.
　－ 인생은 누구도 예측할 수 없습니다. 취업을 했더라도 가치관이 맞지 않거나 자신의 생각과 달라 이직할 수도 있습니다. 처음부터 제대로 준비했다면 그러한 상황에 처했을 때 이직하기가 수월할 것입니다.

1 시험에 대한 자세와 습관

쉽지만 틀리는 경우가 다반사입니다. 실제로 저자도 코킹과 플러링 문제를 틀린 적이 있습니다. 기밀만 보고 바로 코킹으로 답을 선택했다가 틀렸습니다. 따라서 쉽더라도 문제를 천천히 꼼꼼하게 읽는 습관을 길러야 합니다.

그리고 단위는 항상 신경써서 문제를 풀어야 합니다. 문제가 요구하는 답이 mm인지 m인지, 주어진 값이 지름인지 반지름인지 문제를 항상 꼼꼼하게 읽어야 합니다.

이러한 습관만 잘 기르면 실전에서 전공점수를 올릴 수 있습니다.

2 암기과목 문제부터 풀고 계산문제로 넘어가기

보통 시험은 대부분 암기과목 문제와 계산 문제가 순서에 상관없이 혼합되어 출제됩니다. 그래서 보통 암기과목 문제를 풀고 그 다음 계산 문제를 풉니다. 실전에서 실제로 이렇게 문제를 풀면 " 아~ 또 뒤에 계산 문제가 있네"하는 조급한 마음이 생겨 쉬운 암기과목 문제도 틀릴 수 있습니다.

따라서 암기과목 문제를 풀면서 계산 문제는 별도로 ○ 표시를 해 둡니다. 그리고 암기과목 문제를 모두 푼 다음, 그때부터 계산문제를 풀면 됩니다. 이 방법으로 문제 풀이를 하면 계산 문제를 푸는 데 속도가 붙을 것이고, 정답률도 높아질 것입니다.

위의 2가지 방법은 제가 수많은 시험을 응시하면서 시행착오를 겪고 얻은 노하우입니다. 분명히 위의 방법으로 습관을 기른다면 좋은 시험 성적을 얻을 수 있으리라 확신합니다.

시험의 난이도가 어렵든 쉽든 항상 90점 이상을 확보할 수 있도록 대비하면 필기시험을 통과하는 데 큰 힘이 될 것입니다. 꼭 열심히 공부해서 90점 이상 확보하여 좋은 결과 얻기를 응원하겠습니다.

차 례

- 들어가며
- 목표설정
- 공부방법
- 점수 올리기

PART I	기출변형문제

01 2019 상반기 한국중부발전 기출변형문제 ·················· 10

02 2019 상반기 인천도시공사 기출변형문제 ·················· 30

03 2016~2018 서울시설공단 기출변형문제 ·················· 48

04 2019 상반기 서울주택도시공사 기출변형문제 ·················· 64

PART II	공기업 역학 기출변형 및 출제예상 201문제	87

PART III	실전 모의고사

01 1회 실전 모의고사 ·················· 166

02 2회 실전 모의고사 ·················· 186

03 3회 실전 모의고사 ·················· 208

04 4회 실전 모의고사 ·················· 230

PART IV	부록

01 꼭 알아야 할 필수 내용 ·················· 256

02 Q&A 질의응답 ·················· 272

Truth of Machine

기출변형문제

01 2019 상반기 한국중부발전 기출변형문제   10

02 2019 상반기 인천도시공사 기출변형문제   30

03 2016~2018 서울시설공단 기출변형문제   48

04 2019 상반기 서울주택도시공사 기출변형문제   64

01

2019 상반기
한국중부발전 기출변형문제

01 일의 단위를 포함하지 <u>않는</u> 것은 무엇인가?

① 하중　　　　　② 토크　　　　　③ 모멘트　　　　　④ 운동에너지

> • **정답 풀이** •
>
> • 하중의 단위: N
> • 토크, 모멘트의 단위: N·m
> • 운동에너지의 단위: J(N·m)

02 물체에 인장, 압축, 굽힘, 비틀림 등의 외력이 작용하면 물체 내부에서 그 크기에 대응하여 재료 내부에 저항력이 생긴다. 이와 관련하여 응력은 무엇이라고 정의하는가?

① 단위면적당 내력　　　　　　② 단위체적당 내력
③ 단위길이당 내력　　　　　　④ 단위면적당 밀도

> • **정답 풀이** •
>
> • **응력**: 물체에 인장, 압축, 굽힘, 비틀림 등의 외력이 작용하면 물체 내부에 외력의 크기에 대응하여 재료 내부에 저항력이 생기는데, 이것을 내력이라고 한다. 이 내력을 단위면적으로 나눈 것이 바로 응력이다. (응력$=\dfrac{\text{힘}}{\text{면적}}$)

03 그림은 응력-변형률 선도이다. 선도를 보고 탄성계수 E를 구하면 얼마인가? (단, 단위는 생략)

① 2　　　　　　　　　　② 3
③ 4　　　　　　　　　　④ 5

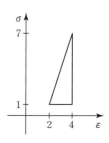

> • **정답 풀이** •
>
> 비례한도 구간에서 훅의 법칙($\sigma = E\varepsilon$)이 성립한다. 따라서 그래프의 기울기가 탄성계수 E이다.
> 즉, 탄성계수 E는 $(7-1)/(4-2)=3$이다.

정답 01 ①　　　02 ①　　　03 ②

04 인장력과 압축력을 받고 있는 원통형 재료가 있다. 가로변형률을 최소화하기 위해서 어떤 재료를 사용하는 것이 유리한가?

가로변형률

세로변형률

① 푸아송비가 큰 재료
② 푸아송비가 작은 재료
③ 인장강도가 큰 재료
④ 인장강도가 작은 재료

· 정답 풀이 ·

$\nu(\text{푸아송비}) = \dfrac{\epsilon'}{\epsilon} = \dfrac{\text{가로변형률}}{\text{세로변형률}}$ 이므로 가로변형률을 최소화하려면 푸아송비가 작은 재료를 선택해야 한다.

05 단면이 꽉 찬 중심축에 비틀림이 작용하고 있다. 그렇다면 축지름을 결정하기 위해 필요한 단면 성질은 무엇인가?

① 단면 1차 모멘트
② 극단면계수
③ 단면 2차 모멘트
④ 단면계수

· 정답 풀이 ·

비틀림모멘트$(T) = \tau Z_p$ 이므로 축지름을 결정하기 위해서는 극단면계수(Z_p)를 알면 된다.
$Z_p = \pi \cdot d^3 / 16$

06 어떤 물질의 체적만 알려져 있다면, 이 체적으로부터 물질의 중량을 바로 계산할 수 있는 물성치는 무엇인가?

① 비중
② 비체적
③ 밀도
④ 비중량

· 정답 풀이 ·

비중량(γ)은 물질의 단위 부피당 중량으로 나타낸 값으로, 단위는 $[\text{N/m}^3]$이다. 따라서 물질의 체적만 알고 있다면 비중량으로부터 중량을 구할 수 있다.

정답 04 ② 05 ② 06 ④

07 압력과 동일한 단위를 갖는 것은 무엇인가?

① 압축률   ② 체적탄성계수
③ 표면장력   ④ 각속도

• 정답 풀이 •

체적탄성계수는 압력과 동일한 단위[N/m^2]를 갖는다.
체적탄성계수의 역수는 압축률이며, 체적탄성계수가 클수록 압축하기 어렵다.

08 평면응력 상태가 $\tau_{max} = 40$ [MPa], $\sigma_{min} = 30$ [MPa]이다. 그렇다면 σ_{max}는 얼마인가?

① 80   ② 90
③ 100   ④ 110

• 정답 풀이 •

(최대주응력＋최소주응력)/2＝원의 중심
(원의 중심－30)＝모어원의 반지름＝최대전단응력
즉, (최대주응력＋30)/2－30＝40이므로,
최대주응력＝110 [MPa]

09 길이 8 [m]의 외팔보에 그림과 같이 등분포하중 w가 작용하고 있다. 이 등분포하중을 집중하중으로 바꾸면 집중하중 P는 얼마이며, 고정단에서의 최대모멘트 값은 얼마인가?

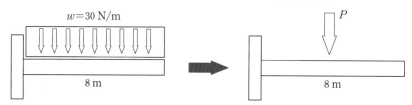

$w = 30$ N/m

8 m   8 m

P

① 120 [N], 960 [N · m]   ② 120 [N], 1920 [N · m]
③ 240 [N], 960 [N · m]   ④ 240 [N], 1920 [N · m]

• 정답 풀이 •

$P = w \cdot L = 30$ [N/m] $\times 8$ [m] $= 240$ [N], M_{max} (고정단에서 발생) $= 960$ [N · m]

정답 07 ②   08 ④   09 ③

10 주조법에서 쇳물의 주입속도 V를 4배 증가시키려고 한다. 그렇다면 탕구계의 높이는 어떻게 해야 하는가? (단, 중력가속도와 유량계수(C)는 동일)

① 4배 크게
② 16배 크게
③ 1/4배 크게
④ 1/16배 크게

· 정답 풀이 ·

탕구계에서 쇳물의 주입속도는 $V = C\sqrt{2gh}$ 이므로, 주입속도를 4배가 되게 하려면, 높이(h)는 16배 크게 해야 한다.

11 보링의 정의로 옳은 것은 무엇인가?

① 드릴로 이미 뚫어져 있는 구멍을 넓히는 공정으로, 편심을 교정하기 위한 가공이다.
② 이미 드릴로 뚫은 구멍의 내면을 정밀 다듬질하는 작업이다.
③ 일감을 회전시키고 공구의 수평왕복운동으로 작업을 하는 공정이다.
④ 공작물을 고정시키고 공구의 수평왕복운동으로 작업을 하는 공정이다.

· 정답 풀이 ·

- **보링**: 드릴로 이미 뚫어져 있는 구멍을 넓히는 공정으로 편심을 교정하기 위한 가공이며, 구멍을 축 방향으로 대칭을 만드는 가공이다.
- **리밍**: 드릴로 뚫은 구멍의 내면을 정밀 다듬질하는 작업이다.
- **선반(선삭)**: 일감을 회전시키며 공구의 수평왕복운동으로 작업하는 공정이다.
- **브로칭**: 브로치를 사용하여 각종 구멍이나 홈을 가공하는 공정이다.

[브로칭가공의 특징]
– 기어나 풀리의 키홈, 스플라인의 키홈 등을 가공하는 데 사용한다.
– 1회의 통과로 가공이 완료되므로 작업시간이 매우 짧아 대량생산에 적합하다.
– 가공 홈의 모양이 복잡할수록 가공속도를 느리게 한다.
– 절삭량이 많고 길이가 길 때는 절삭 날수를 많게 하고, 절삭 깊이가 너무 작으면 인선의 마모가 증가한다.
– 깨끗한 표면 정밀도를 얻을 수 있다. 다만, 공구값이 고가이다.

[필수 암기]
※ 표면정밀도 높은 순서: 래핑>슈퍼피니싱>호닝>연삭
※ 구멍(내면)의 정밀도가 높은 순서: 호닝>리밍>보링>드릴링

정답 10 ② 　　11 ①

12 어떤 물체가 등속운동을 한다. 그렇다면 시간에 따른 이동거리를 식으로 표현하면 어떻게 표현할 수 있는가? (단, x: 시간에 대한 변위, x_0: 초기변위, v: 시간에 대한 속도, v_0: 초기속도, t: 시간)

① $x = x_0 + vt$
② $x = v_0 + vt$
③ $x = x_0 + x_0 t$
④ $x = v_0 + xt$

• 정답 풀이 •

물체가 등속운동을 하기 때문에 물체는 일정 시간마다 일정 거리를 이동하므로 $v \cdot t$로 표현된다. 그리고 시간마다 이동한 거리에 초기변위(x_0)를 더하면 시간에 따른 물체의 이동거리를 표현할 수 있다.

13 숫돌을 사용하여 연삭가공을 하고자 한다. 연삭력은 $300\,[\mathrm{N}]$이며, 연삭동력은 $10\,[\mathrm{kW}]$이다. 연삭가공의 효율이 $30\,[\%]$ 이상 나오게 하려면 숫돌의 원주속도는 최소 몇 이상이 되어야 하는가?

① 5
② 10
③ 15
④ 20

• 정답 풀이 •

P(동력, W) $= F \times v$이므로, $10000\,[\mathrm{W}] \times 0.3 = 300\,[\mathrm{N}] \times v$, $3000 = 300 \times v$, $v = 10\,[\mathrm{m/s}]$
원주속도는 최소 $10\,[\mathrm{m/s}]$ 이상이 되어야 연삭가공효율을 $30\,[\%]$ 이상 나오게 할 수 있다.

14 시간에 대한 변위가 $x(t) = 3\sin 8\pi t$로 표현된다. 그렇다면 주기는 얼마인가?

① 0.25
② 0.5
③ 1
④ 2

• 정답 풀이 •

$x(t) = x_0 \sin(\omega t)$에서 ω는 8, $f = \dfrac{\omega}{2\pi}$이므로 $f = \dfrac{8\pi}{2\pi} = 4$이다. f(진동수)와 T(주기)는 역수관계이므로 $T = \dfrac{1}{f} = \dfrac{1}{4} = 0.25$이다.

15 회전하는 원이 있다. 반지름을 2배로 증가시키고 각속도를 2배로 증가시키면 선속도는 어떻게 되는 가?

① 4배로 증가한다.
③ 2배로 증가한다.
② 1/4배가 된다.
④ 변함없다.

· 정답 풀이 ·

v(선속도)$=R\cdot\omega$, 반지름을 2배로 증가시키고, 각속도를 2배로 증가시키면, $v=2R\times2\omega\Rightarrow4v$

16 길이가 L인 단진자가 진자운동을 하고 있다. 단진자의 길이를 4배 증가시키면 단진자의 주기는 어 떻게 되는가?

① 2배로 증가한다.
③ 4배로 증가한다.
② 1/2배가 된다.
④ 1/4배가 된다.

· 정답 풀이 ·

$\omega=\sqrt{\dfrac{g}{l}}$ 에서, 단진자의 길이(l)가 4배 증가되면 각속도는 1/2배가 된다. $T=\dfrac{2\pi}{\omega}$이므로 단진자의 주기 T는 2배 증가한다.

17 이상기체의 교축 과정은 무슨 변화인가?

① 등엔트로피 변화
③ 정압 변화
② 등엔탈피 변화
④ 엔탈피 증가

· 정답 풀이 ·

· **교축**: 밸브, 작은 틈, 콕 등 좁은 통로를 유체가 이동할 때 마찰이나 난류로 인해 압력이 급격하게 낮아지는 현상을 말한다. 즉, 압력을 크게 강하시켜 동작 물질의 증발을 목적으로 하는 과정이다. 유체가 교축되면 유체의 마찰이나 난류로 인해 압력 감소와 더불어 속도가 감소한다. 이때 속도 에너지의 감소는 열에너지로 바뀌어 유체에 회수되 기 때문에 엔탈피는 원래의 상태로 되어 등엔탈피 과정이라고 한다. 또한, 교축 과정은 비가역 과정이므로 압력이 감소되는 방향으로 일어나며, 엔트로피는 항상 증가한다.

정답 15 ①   16 ①   17 ②

18 그림은 랭킨 사이클의 계통도이다. 그림에서 단열팽창이 이루어지는 구간은?

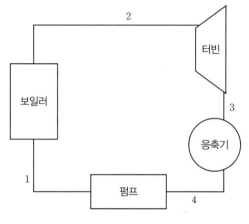

① 1−2 구간   ② 2−3 구간

③ 3−4 구간   ④ 4−1 구간

• 정답 풀이 •

단열팽창이 일어나 팽창일을 만들어내는 곳은 '터빈'이다. 터빈은 열에너지를 기계에너지로 변환시킨다.

19 디젤 사이클의 열효율을 증가시키려면 어떻게 해야 하는가?

① 압축비를 크게, 단절비를 작게
② 압축비를 작게, 단절비를 크게
③ 압축비를 크게, 단절비를 크게
④ 압축비를 작게, 단절비를 작게

• 정답 풀이 •

- 디젤 사이클: 2개의 단열, 1개의 정압, 1개의 정적으로 이루어진 사이클
- 디젤 사이클의 효율: $1-\left(\dfrac{1}{\varepsilon}\right)^{k-1} \cdot \dfrac{\sigma^k-1}{k(\sigma-1)}$
- 디젤 사이클은 압축비(ε)와 단절비(σ)만의 함수이며, 압축비는 크고 단절비는 작을수록 열효율이 증가한다.
- ※ **오토 사이클의 압축비**: 5~9   ※ **오토 사이클의 열효율**: 25~28 [%]
- ※ **디젤 사이클의 압축비**: 12~22   ※ **디젤 사이클의 열효율**: 33~38 [%]
- ➡ 압축비가 동일하다면 오토 사이클의 효율이 디젤 사이클의 효율보다 크다. 그러나 디젤 사이클에서는 압축비를 아무리 높여도 노킹의 염려가 없으므로 오토 사이클보다 효율을 더욱 증대시킬 수 있다.

정답 18 ②   19 ①

20 표준 냉동 사이클을 수행하는 냉동장치의 4대 요소가 <u>아닌</u> 것은?

① 압축기   ② 실외기   ③ 응축기   ④ 증발기

· 정답 풀이 ·

- 냉동장치의 4대 요소: 압축기, 응축기, 팽창밸브, 증발기
  ① **압축기**: 증발기에서 흡수된 저온, 저압의 냉매가스를 압축하여 압력을 상승시켜 분자 간 거리를 가깝게 함으로써 온도를 상승시킨다. 따라서 상온에서도 응축 액화가 가능해진다.
  ② **응축기**: 압축기에서 토출된 냉매가스를 상온에서 물이나 공기를 사용하여 열을 방출시켜 응축시킨다.
  ③ **팽창밸브**: 고온, 고압의 액냉매를 교축시켜 저온, 저압의 상태로 만들어 증발기의 부하에 따라 냉매 공급량을 적절하게 유지해 준다.
  ④ **증발기**: 저온, 저압의 냉매가 피냉각 물체로부터 열을 빼앗아 저온, 저압의 가스로 증발된다. 즉, 냉매는 열교환을 통해 열을 흡수하여 자신은 증발하고, 피냉각물체는 열을 빼앗겨서 냉각된다.
  ➡ 결론은 실질적으로 냉동의 목적이 이루어지는 곳은 증발기이다.

21 어떤 장치의 동력이 $30\,[\text{W}]$이며, $5\,[\text{m/s}]$의 속도로 운전되고 있다. 그렇다면 하중 P는 얼마가 필요한가?

① $3\,[\text{N}]$ ② $4\,[\text{N}]$ ③ $5\,[\text{N}]$ ④ $6\,[\text{N}]$

· 정답 풀이 ·

$P(\text{동력}, W) = F \cdot v,\ 30\,[\text{W}] = F \times 5\,[\text{m/s}],\ F = 6\,[\text{N}]$

22 완전진공을 기준으로 측정한 압력을 무엇이라고 하는가?

① 계기압력   ② 표준대기압   ③ 절대압력   ④ 국소대기압

· 정답 풀이 ·

- **국소대기압**: 대기압은 지구의 위도에 따라 변하는데, 이러한 값을 국소대기압이라고 한다.
- **표준대기압**: 지구 전체의 국소대기압을 평균한 값을 표준대기압이라고 한다.
- **계기압력(게이지압)**: 측정 위치에서 국소대기압을 기준으로 측정한 압력이다.
- **절대압력**: 완전진공을 기준으로 측정한 압력이다.

※ 표준대기압: 중력 가속도하의 0도에서 수은주의 높이가 $760\,[\text{mm}]$인 압력으로, $101325\,[\text{Pa}]$이다.
※ 절대압력: 대기압＋계기압＝대기압－진공압
※ 진공도＝(진공압/대기압)$\times 100\,[\%]$

정답 20 ②   21 ④   22 ③

23 물체 A와 B가 서로 열평형 상태에 있다. 그리고 물체 B와 C도 각각 서로 열평형 상태에 있다. 따라서 결국 A, B, C 모두 열평형 상태에 있다고 볼 수 있다.
이와 같은 설명과 관계가 있는 열역학 법칙은 무엇인가?

① 열역학 제0법칙   ② 열역학 제1법칙
③ 열역학 제2법칙   ④ 열역학 제3법칙

• 정답 풀이 •

• **열역학 제0법칙**: 고온의 물체와 저온의 물체가 만나면 열교환을 통해 결국 온도가 같아진다. (열평형 법칙)
• **열역학 제1법칙**: 에너지는 여러 형태를 취하지만 총 에너지양은 일정하다. (에너지 보존 법칙)
• **열역학 제2법칙**: 하나의 열원에서 얻어진 열을 모두 일로 바꾸는 기관은 존재하지 않는다.
• **열역학 제3법칙**: 절대 0도에서 계의 엔트로피는 항상 0이 된다.

※ 열역학 법칙 발견 순서: 제1법칙 — 제2법칙 — 제0법칙 — 제3법칙

24 길이 L의 단순보 중앙에 집중하중 P가 작용한다. 중앙점의 처짐량에 대한 설명으로 옳지 <u>못한</u> 것은?

① 하중에 비례한다.
② 단면 2차 모멘트에 반비례한다.
③ 세로탄성계수에 반비례한다.
④ 길이의 4승에 비례한다.

• 정답 풀이 •

길이 L의 단순보 중앙에 집중하중 P가 작용할 때의 처짐량$(\delta) = \dfrac{PL^3}{48EI}$
처짐량은 길이(L)의 3승에 비례한다는 것을 알 수 있다.

정답 23 ①   24 ④

25 다음 설명 중 옳지 <u>못한</u> 것은?

① 감쇠비는 감쇠계수를 임계감쇠계수로 나눈 값이다.

② 임계감쇠계수란 물체가 외부로부터 외란을 받았을 때 전혀 진동을 일으키지 않고 곧바로 정지상
　태로 안정화되는 감쇠계수의 값이다.

③ 임계감쇠계수(C_{cr})는 $2\sqrt{mk}$이다. (단, m: 질량, k: 스프링 상수)

④ 임계감쇠계수 단위는 $[N \cdot m/s]$이다.

· 정답 풀이 ·

- **감쇠계수**: 물체의 단위 속도당 물체의 운동을 방해하려는 힘
- **감쇠비(ζ)**: C/C_{cr}＝감쇠계수/임계감쇠계수
- **감쇠의 종류**: 유체감쇠라 불리는 점성감쇠(Viscous damping), 마찰감쇠라 불리는 쿨롱감쇠(Coulomb damping), 고체감쇠라 불리는 히스테리 감쇠(hysteric damping)가 있다.
- **임계감쇠계수의 단위**: $[N \cdot s/m]$

26 어떤 물질의 비열이 온도에 무관한 C_0이다. 그렇다면 그림에 나타난 면적은 무엇을 의미하는가?

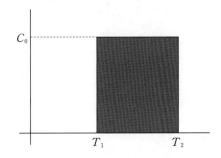

① 총 열량　　　　　　　　　　　　② 총 내부에너지 변화

③ 단위질량당 열량　　　　　　　　④ 단위체적당 비열

· 정답 풀이 ·

면적$(A)＝C_0 \cdot \Delta T$. 여기서 Q(열량)$＝C \cdot m \cdot \Delta T$이므로 면적이 나타내는 것은 $\dfrac{Q}{m}＝C \cdot \Delta T$이다.
즉, 단위질량당 열량이다. 또는 단위중량당 열량도 옳은 표현이다.

정답 25 ④　　　26 ③

27 다음 중 옳지 <u>못한</u> 것은 무엇인가?

① 정압비열은 정적비열보다 항상 크다.

② 폐쇄계는 외부와 에너지의 교환은 있지만 물질의 출입은 없는 계이다.

③ 분자 간 상호작용을 하지 않고 그 상태를 나타내는 양인 압력, 온도, 체적 사이에 보일−샤를의 법칙이 적용된다고 가정한 것은 이상기체이다.

④ 유체 속도가 [40 m/s] 이하의 느린 유동에서 단위시간에 임의 단면을 유체와 함께 유동하는 에너지의 양은 그곳을 유동하는 유체가 보유한 엔트로피와 같다.

· 정답 풀이 ·

· 유체 속도가 40 [m/s] 이하의 느린 유동에서 단위시간에 임의 단면을 유체와 함께 유동하는 에너지의 양은 그곳을 유동하는 유체가 보유한 엔탈피와 같다.

· 정압비열은 정적비열보다 항상 크므로 비열비(C_P/C_V)는 1보다 항상 크다.

· **밀폐계(폐쇄계)**: 물질의 이동은 자유롭지 못하지만 에너지(열, 일)는 이동이 가능하다. 즉, 질량에는 변화가 없다는 것을 의미한다.

· **개방계**: 계의 경계를 통과하는 질량과 에너지의 전달이 허용되는 계이다.

· **고립계**: 계의 경계를 통과하는 질량과 에너지가 없는 계이다.

· **단열계 또는 절연계**: 계의 경계를 통하여 열의 이동이 불가능한 계이다. (로켓)

(단열계는 경계를 통하여 일은 통과할 수 있으며, 밀폐계와 개방계에 모두 적용할 수 있다.)

※**엔트로피**: 에너지 사용가치를 표시하는 열역학적 상태량

28 어떤 시스템의 내부에너지가 20 [J]에서 40 [J]로 변했고, 외부로 50 [J]의 일을 하였다. 그렇다면 이 시스템의 열량은?

① 40 [J]　　　　　　　　　　　② 50 [J]

③ 60 [J]　　　　　　　　　　　④ 70 [J]

· 정답 풀이 ·

$Q = d_U + P d_V$ (열량＝내부에너지 변화＋일)

즉, $Q = (40 - 20) + 50 = 70$ [J]

정답 27 ④　　28 ④

29 유압모터의 회전속도 제어 방법은 무엇인가?

① 감압밸브 사용   ② 유량조절밸브 사용

③ 릴리프밸브 사용   ④ 방향조절밸브 사용

• 정답 풀이 •

- **압력제어밸브**: 일의 크기를 제어
- **유량제어밸브**: 일의 속도를 제어
- **방향제어밸브**: 일의 방향을 제어
- **릴리프밸브**: 회로의 최고 압력을 제한하는 밸브로, 과부하를 제거해 주며, 유압회로의 압력을 설정치까지 일정하게 유지시켜 주는 밸브이다.

30 공기압 장치에서 사용하는 윤활기에 적용된 원리는?

① 아르키메데스 원리   ② 벤츄리 효과

③ 보일의 법칙   ④ 샤를의 법칙

• 정답 풀이 •

- **윤활기(Lubricator)**: 공압기기의 공압 실린더나 밸브 등의 작동을 원활하게 하려고 설치

- **벤츄리 효과**: 벤츄리 관의 넓은 통로와 좁은 통로의 아래 부분에 가는 유리관을 설치하고 이를 확인하면, 배관이 넓은 쪽 물기둥의 높이는 낮아지고, 좁은 쪽 물기둥의 높이는 높아진다. 즉, 배관 내 넓은 통로에서의 압력과 좁아진 통로에서의 낮아진 압력과의 압력차로 인해 유체가 좁은 통로 쪽으로 빨려 올라가서 생기는 현상을 벤츄리 효과라고 한다. 베르누이 효과라고 보면 된다.
  ➡ 압력과 속도는 반비례하며, 면적이 넓어질수록 속도가 감소하는 것을 생각하면 된다.

31 다이에 소재를 넣고 통과시켜 기계힘으로 잡아당겨 단면적을 줄이고 길이 방향으로 늘리는 가공은?

① 인발   ② 압출

③ 압연   ④ 전조

• 정답 풀이 •

- **인발**: 다이에 소재를 넣고 통과시켜 기계힘으로 잡아당겨 단면적을 줄이고 길이 방향으로 늘리는 가공(구멍의 모양과 같은 단면의 선, 봉, 파이프 등을 만든다.)
- **압출**: 단면이 균일한 긴 봉이나 관을 만드는 작업으로, 소재를 압출 컨테이너에 넣고 램으로 강력한 힘으로 밀어 한쪽에 설치된 다이로 소재를 빼내는 가공
- **압연**: 회전하는 두 롤러 사이에 판재를 통과시켜 두께를 줄이는 작업의 공정
- **전조**: 다이나 금형 사이에 소재를 넣고 소성변형시켜 나사나 기어 등을 만드는 가공

정답   29 ②   30 ②   31 ①

32 질화법은 암모니아 가스 분위기 속에 강재를 넣어 ( )도로 가열하는 표면경화법 중 하나이다. 강재의 표면층에 질소를 확산시키거나 투입시켜 표면층을 경화하며, 침탄법에 비해 경화층이 얇고 크랭크축이나 피스톤 핀 등에 사용된다. ( )의 온도는 얼마인가?

① 300   ② 500

③ 700   ④ 900

• 정답 풀이 •

- **침탄법**: 보통 900~950도로 가열하여 탄소를 표면에 투입시킨 후 담금질을 하여 표층부만을 경화하는 표면 경화법이다.
- **질화법**: 강재를 500도 이상의 암모니아 가스 분위기 속에 넣어 가열하여 표면에 질소를 투입시키는 표면 경화법이다. 보통 질화 깊이는 0.3~0.7 [mm]이다
- **고체침탄법**: 침탄제로 목탄, 골탄, 코크스를 사용하며, 촉진제로 탄산바륨, 탄산나트륨을 사용한다. 또한, 침탄 깊이는 2~3 [mm]이다.
- **청화법=액체침탄법=시안화법=침탄질화법=(침탄법+질화법)**: KCN, NaCN 등을 표면에 투입

33 다음 공정은 무엇과 관계가 있는가?

선삭, 밀링, 드릴링, 평삭, 방전

① 접합   ② 소성가공

③ 열처리   ④ 절삭

• 정답 풀이 •

- 선삭(선반가공), 밀링, 드릴링, 평삭(플레이너, 셰이퍼, 슬로터), 방전은 소재의 미소량을 깎아 원하는 형상으로 만드는 절삭가공이다.

34 유압모터의 종류로 옳지 <u>못한</u> 것은?

① 기어 모터   ② 베인 모터

③ 터빈 모터   ④ 회전 피스톤 모터

• 정답 풀이 •

- **유압모터의 종류**: 기어모터, 베인모터, 회전 피스톤 모터

정답 32 ②   33 ④   34 ③

35 비중의 역할을 옳게 기술한 것은?

① 경금속과 중금속을 나누는 무차원수이다.
② 층류와 난류를 구분하는 무차원수이다.
③ 물질의 온도를 나타내는 무차원수이다.
④ 물질의 비열을 나타내는 무차원수이다.

• 정답 풀이 •

- 비중이 4.5보다 크면 중금속, 4.5보다 작으면 경금속으로 구분한다.
- 비중: 물질의 고유 특성이며, 기준이 되는 물질의 밀도에 대한 상대적인 비를 말하기 때문에 무차원수이다.
  액체의 경우 1기압 하에서 4 [℃] 물을 기준으로 한다.

$$S(비중) = \frac{어떤\ 물질의\ 비중량\ 또는\ 밀도}{4\,[℃]에서\ 물의\ 비중량\ 또는\ 밀도}$$

36 재료가 파단될 때까지의 소성변형의 정도를 단면변화율 및 단면수축률로 나타낼 수 있는 성질은 무엇인가?

① 인성
② 취성
③ 강성
④ 연성

• 정답 풀이 •

- 인성: 질긴 성질. 즉 충격에 대한 저항 성질 [취성과 반대의 의미이며, 충격값/충격치와 같은 의미]
- 취성: 재료가 외력을 받으면 영구 변형을 하지 않고 파괴되거나 또는 극히 일부만 영구변형을 하고 파괴되는 성질
- 강성: 재료가 파단될 때까지 외력에 의한 변형에 저항하는 정도
- 강도: 외력에 대한 저항력
- 경도: 단단한 성질로, 국부 소성변형 저항성을 의미
- 크리프: 고온에서 연성재료가 정하중을 받으면 시간에 따라 변형이 증대되는 것을 의미
- 연성: 인장력이 작용했을 때 변형하여 늘어나는 재료의 성질이며, 재료가 파단될 때까지의 소성변형의 정도를 단면변화율 및 단면수축률로 나타낼 수 있다.
- 전성: 재료가 넓고 얇게 펴지는 성질을 의미

정답 35 ①   36 ④

37 불림의 목적으로 옳지 <u>못한</u> 것은?

① 조직을 조대화
② 내부응력 제거
③ 소르바이트 조직을 얻음
④ 탄소강의 표준조직을 얻음

· 정답 풀이 ·

[불림의 목적]
- A3, A cm점보다 30~50도 높게 가열하여 오스테나이트 조직을 얻은 후, 공기 중에서 냉각하여 소르바이트 조직을 얻음.
- 조직을 미세화하고, 내부 응력을 제거 (✐ **암기법**: 불 미 제)
- 탄소강의 표준조직을 얻음

38 여러 주철의 설명으로 옳지 <u>못한</u> 것은?

① 구상흑연주철은 회주철 용탕에 Mg, Ca, Ce 등을 첨가하고 Fe−Si, Ca−Si 등으로 접종하여 응고 과정에서 흑연을 구상으로 정출시켜 만든다.
② 가단주철은 보통 주철의 여리고 약한 인성을 개선하기 위해 백주철을 장시간 뜨임 처리하여 시멘타이트를 분해 소실시켜 연성과 인성을 확보한 주철이다.
③ 반주철은 함유된 탄소 일부가 유리흑연으로 존재하며, 나머지는 화합탄소로 존재하는 주철이다. 즉, 회주철과 백주철의 중간의 성질을 가진 주철이다.
④ 회주철은 C, Si의 함유량이 많아 탄소가 흑연 상태로 유지된 주철이다.

· 정답 풀이 ·

- **가단주철**: 보통 주철의 여리고 약한 인성을 개선하기 위해 백주철을 장시간 풀림 처리하여 시멘타이트를 분해 소실시켜 연성과 인성을 확보한 주철이다.
  ① 가단주철은 만드는 데 시간과 비용이 많이 든다. 용도로는 관이음쇠, 밸브 등에 사용
  ② 보통 주철(회주철)은 취성이 있어 단조가 어렵지만, 가단주철은 연성과 인성을 확보하여 단조가 가능하다.

- **합금주철**: 주철에 특수한 성질을 주기 위해 특수 원소를 첨가한 주철

39 다음 중 라그랑주 관점만 묘사할 수 있는 것은?

① 유선   ② 유맥선   ③ 유적선   ④ 유관

> **· 정답 풀이 ·**
>
> 유선과는 달리 라그랑주 방법에 따라 그리는 것을 유적선이라고 한다. 즉, 유체 입자를 따라가면서 그 궤적을 표현한 것이다.
>
> ⓓ 바다의 흐름을 알기 위해 종이배를 띄어 어떻게 흘러가는지 관찰한다. 그리고 종이배가 통과한 경로를 표시한다.
>
> ---
>
> ※ 정상류(정상흐름)의 경우 유적선＝유선 (유적선과 유선은 일치)

40 그림처럼 단면적이 A인 곳에 무게 $1\,[N]$의 추가 있다. 단면적이 B인 곳에 $F_2 = 10\,[N]$을 얻으려면 A와 B의 단면적 관계는 어떻게 되어야 하는가?

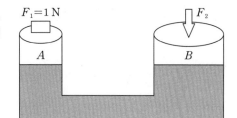

① $A/B = 10$
② $B/A = 10$
③ $A \cdot B = 10$
④ $A = B$

> **· 정답 풀이 ·**
>
> $$\frac{F_1}{A} = \frac{F_2}{B} \;\Rightarrow\; \frac{1}{A} = \frac{10}{B} \;\Rightarrow\; 10A = B \;\Rightarrow\; \frac{B}{A} = 10$$

41 베르누이 방정식과 오일러 운동방정식의 공통점이 <u>아닌</u> 것은 무엇인가?

① 정상류이다.   ② 비점성이다.
③ 비압축성이다.   ④ 유체 입자는 유선을 따라 흐른다.

> **· 정답 풀이 ·**
>
> 오일러 운동 방정식은 비압축성이라는 가정이 없다. 나머지는 베르누이 방정식 가정과 동일하다.
>
> ---
>
> [베르누이 가정]
> · 정상류, 비압축성, 유선을 따라 입자가 흘러야 한다. 비점성(유체입자는 마찰이 없다는 의미)
> · $\dfrac{\rho}{\gamma} + \dfrac{V^2}{2g} + Z = C$ 즉, 압력 수두＋속도 수두＋위치 수두＝일정(Constant)
> · 압력 수두＋속도 수두＋위치 수두＝에너지선
> · 압력 수두＋위치 수두＝수력 구배선

 정답 39 ③   40 ②   41 ③

42 평판에 흐르는 유체의 평균 속도는 $20\,[\text{m/s}]$이다. 그렇다면 평판에 흐르는 유체의 최대 속도는 얼마인가?

① $40\,[\text{m/s}]$ ② $15\,[\text{m/s}]$ ③ $30\,[\text{m/s}]$ ④ $10\,[\text{m/s}]$

• 정답 풀이 •

- 평판의 유체 최대 속도$(V_{max})=1.5 \cdot$ 평균속도(V_{min})
- 원관의 유체 최대 속도$(V_{max})=2 \cdot$ 평균속도(V_{min})
➡ $V_{max}=1.5 \times 20=30\,[\text{m/s}]$

43 관의 손실수두를 구하는 데 관마찰계수가 필요하다. 그렇다면 층류유동의 R_e수가 640이라면, 이 층류유동의 관마찰계수는 얼마인가?

① 0.64 ② 0.1 ③ 1 ④ 0.01

• 정답 풀이 •

관마찰계수$(f)=64/R_e$이므로, $f=64/640=0.1$

44 관성력과 표면장력의 비로, 물방울 형성에 관계가 있는 무차원수는?

① 프란틀 수 ② 레이놀즈 수 ③ 오일러 수 ④ 웨버 수

• 정답 풀이 •

웨버 수 $=\dfrac{\text{관성력}}{\text{표면장력}}$

45 다음 중 유량 측정 장치가 <u>아닌</u> 것은?

① 위어 ② 시차액주계 ③ 벤츄리미터 ④ 오리피스

• 정답 풀이 •

- **유속 측정**: 피토관, 피토정압관, 레이저도플러유속계, 시차액주계 등
- **유량 측정**: 벤츄리미터, 유동노즐, 오리피스, 로타미터, 위어 등

※ **시차액주계**: 피에조미터와 피토관을 조합하여 유속을 측정한다.
※ **위어**: 개수로의 유량을 측정한다.
※ **벤츄리미터, 노즐, 오리피스**: 압력 강하가 발생하여 그것으로 유량을 측정한다.

정답 42 ③ 43 ② 44 ④ 45 ②

46 2차원 정상상태 유동의 속도포텐셜은 $\nabla = 3x^2 + 4y^2$이다. 그렇다면 x성분의 속도와 y성분의 속도는 각각 어떻게 표현되는가?

① $V_x = 3x,\ V_y = 4y$ ② $V_x = 6x,\ V_y = 8y$

③ $V_x = 8x,\ V_y = 6y$ ④ $V_x = 4x,\ V_y = 3y$

> **· 정답 풀이 ·**
>
> 속도포텐셜을 각각 x, y로 편미분하면 x성분의 속도와 y성분의 속도가 나온다.
>
> $V_x = \dfrac{d\nabla}{dx}$, $V_y = \dfrac{d\nabla}{dy}$ 이므로 $V_x = \dfrac{3x^2 + 4y^2}{dx} = 6x$, $V_y = \dfrac{3x^2 + 4y^2}{dy} = 8y$
>
> -
>
> [각각 x, y로 편미분할 때 주의해야 할 사항]
> - x로 편미분 할 때는 y를 상수 취급
> - y로 편미분 할 때는 x를 상수 취급

47 훅의 법칙이 성립되는 구간에서 순수굽힘 상태의 보에 대해 중립면으로부터의 거리가 y인 지점의 굽힘응력이 4 [MPa]이다. 그렇다면 중립면으로부터의 거리가 $2y$인 지점의 굽힘응력은 얼마인가? (단, 곡률 ρ와 탄성계수 E는 일정)

① 4 [MPa]   ② 6 [MPa]

③ 8 [MPa]   ④ 0 [MPa]

> **· 정답 풀이 ·**
>
> 밑의 그림은 원에 강선을 감은 상태이다.
>
>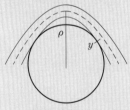
>
> $\sigma(\text{굽힘응력}) = E\dfrac{y}{\rho}$ (y : 강선의 중립축으로부터의 거리)
>
> 위 식에서 보면, $y = 0$(중립축)일 때 굽힘응력은 0이며, 상하 표면으로 갈수록 선형적으로 증가함을 알 수 있다.
>
> ※ **Navier의 굽힘응력분포법칙** : 굽힘응력은 중립축에서 0이며, 상하 표면에서 최대이다. 즉, 분포 형태는 중립축에서 상하 표면으로 갈수록 선형적으로 증가한다. 따라서, 중립축의 거리로부터 선형적으로 증가하기 때문에 $2y$ 지점에서의 굽힘응력은 y지점의 2배인 8 [MPa]이 작용하게 됨을 알 수 있다.

정답 46 ②   47 ③

48 다음 중 공기압 장치와 비교해서 유압장치에만 있는 기기는 무엇인가?

> 펌프, 축압기, 열교환기, 액추에이터, 제어밸브

① 펌프, 축압기, 열교환기
② 펌프, 액추에이터, 제어밸브
③ 열교환기, 액추에이터, 제어밸브
④ 축압기, 열교환기, 액추에이터

• 정답 풀이 •

[유압시스템의 구성요소]
※ 유압기기의 4대 요소: 유압펌프, 유압탱크, 유압밸브, 액추에이터
- **유압동력원**: 펌프, 기름탱크, 여과기 등이 일체로 된 것
- **유압제어밸브**: 압력제어밸브, 유량제어밸브, 방향제어밸브
- **유압구동부**: 유압실린더, 유압모터 등의 액추에이터
- **부속기기**: 축압기, 열교환기, 압력게이지, 필터 등

[공압시스템의 구성요소]
- **공기탱크**: 필요한 양의 압축공기를 저장
- **압축기**: 대기로부터 들어오는 공기를 압축
- **애프터쿨러**: 공기 압축기에서 생산된 고온의 공기를 냉각
- **원동기**: 압축기를 구동하기 위한 전기모터
- **공압제어밸브**: 압력제어밸브, 유량제어밸브, 방향제어밸브
- **공압구동부**: 액추에이터(실린더, 모터)
- **관로**: 압축공기를 한 곳에서 다른 곳으로 수송

49 공기압 장치에서 다음 기기들의 공통적인 역할은 무엇인가?

> 공기탱크, 애프터쿨러, 냉각기

① 공기 냉각   ② 압력 조절
③ 수분 제거   ④ 먼지 제거

• 정답 풀이 •

- **공기탱크**: 탱크 안에 공기가 쌓이면 위에는 공기 아래는 수분이 생겨 아래는 드레인하여 수분을 제거하는 역할도 함
- **에프터쿨러**: 갑자기 공기가 팽창하면 온도가 떨어져 수분이 생겨 효율이 떨어지므로 수분을 제거하기 위한 냉각 장치
- **냉각기**: 고온의 압축공기를 공기건조기로 공급하기 전, 건조기의 입구 온도 조건에 맞도록 수분을 제거하는 장치

정답 48 ① 49 ③

50 그림과 같은 트러스 구조에 수직방향으로 P가 작용하고 있다. 이때 2개의 Y강선이 점점 X강선에 근접한다면, 즉 θ가 점점 작아져 극단적으로 0에 근접한다면 X, Y에 각각 작용하는 힘은 얼마인가?

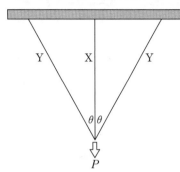

① X=0, Y=P
② X=$2P/3$, Y=$P/3$
③ X=$P/3$, Y=$P/3$
④ X=P, Y=0

・정답 풀이・

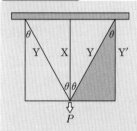

음영된 부분의 삼각형을 활용한다.
Y′=Y・cos θ, 2Y′+X=P, 각각 $P/3$이 작동하게 된다. (수직하중 P를 동일하게 받으므로)
➡ $P/3$=Y・cos θ로 도출된다.
➡ $\theta \approx$0이라면 cos θ=1이므로, Y=$P/3$이다.
즉, X=$P/3$, Y=$P/3$로 작용하게 된다.

정답 50 ③

02 2019 상반기 인천도시공사 기출변형문제

01 열역학적 성질이 <u>아닌</u> 것은 무엇인가?

① 내부에너지   ② 엔트로피   ③ 일
④ 엔탈피   ⑤ 체적

· 정답 풀이 ·

[물질의 상태와 성질]
- 상태
  ① 평형상태에서 온도, 압력, 체적 또는 비체적과 같은 일정한 특성치에 의해 정해지는 것
  ② 열역학적으로 평형은 열적 평형, 역학적 평형, 화학적 평형 3가지 종류가 있다.
- 성질
  ① 각 물질마다 특정한 값을 가지며, 상태함수 또는 점함수라고도 한다.
  ② 경로에 관계없이 계의 상태에만 관계되는 양이다.

[일과 열량은 경로에 의한 경로함수, 도정함수이다]
- 상태량의 종류
  ① 강도성 상태량
    – 물질의 질량에 관계없이 그 크기가 결정되는 상태량
    – 압력, 온도, 비체적, 밀도 등이 있다. (압온비밀)
  ② 종량성 상태량
    – 물질의 질량에 따라 그 크기가 결정되는 상태량 즉, 그 물질의 질량에 정비례 관계가 있다.
    – 체적, 내부에너지, 엔탈피, 엔트로피 등이 있다.

※ 점함수는 완전미분(전미분) 또는 편미분이 모두 가능하다. 다만, 과정함수는 편미분으로만 가능하다.
※ 비상태량은 모든 상태량의 값을 질량으로 나눈 값이며, 강도성 상태량으로 취급한다.
※ 기체상수는 열역학적 상태량이 아니다.
※ 일과 열은 에너지이지 열역학적 상태량이 아니다.

정답 01 ③

02 열역학적 가역 평형상태를 올바르게 정의한 것은?

① 열적, 화학적, 역학적으로 평형을 이루는 것을 말한다.
② 열적, 화학적, 위치적으로 평형을 이루는 것을 말한다.
③ 역학적, 열적, 기하학적으로 평형을 이루는 것을 말한다.
④ 위치적, 운동학적, 기하학적으로 평형을 이루는 것을 말한다.
⑤ 위치적, 열적, 화학적으로 평형을 이루는 것을 말한다.

• 정답 풀이 •

[열역학적 가역 평형상태 정의]
• 열적, 역학적, 화학적으로 평형을 이루는 것을 말한다.

03 모어원에서 알 수 없는 것은 무엇인가?

① 최대전단응력　　② 최대주응력　　③ 최소주응력
④ 항복응력　　⑤ 주응력의 방향

• 정답 풀이 •

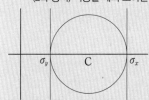

x, y 방향 응력
(2축 응력) 작용할 때의 모어원

단순응력, 2축응력, 조합응력 등 모든 모어원을 그려보면 된다.
위 그림은 2축 응력이 작용할 때의 모어원이다.
• **최대주응력**: σ_x
• **최소주응력**: σ_y
• **최대전단응력**: 모어원의 반지름이므로 $(\sigma_x - \sigma_y)/2$
• 최대, 최소 주응력의 방향도 +인지 −인지 모어원을 통해 알 수 있다.

04 응력－변형률 선도에서 알 수 없는 것은?

① 극한강도   ② 경도   ③ 비례한도

④ 영률   ⑤ 인성

• 정답 풀이 •

[응력－변형률 선도에서 알 수 있는 값]
- **비례한도**: 응력과 변형률이 선형적으로 비례하는 구간의 최대값
- **영률(세로탄성계수)**: 비례한도 내에서 훅의 법칙이 성립하기 때문에 그 구간의 기울기 값
- **극한강도(인장강도)**: 응력－변형률 선도에서의 최댓값
- **인성**: 탄성영역의 아래 삼각형의 면적 값

[응력－변형률 선도에서 알 수 없는 값]
- 안전율, 푸아송비, 경도 등

05 소성변형률이 극히 0에 수렴하는 재료는 무엇인가?

① 연강   ② 니켈   ③ 알루미늄

④ 고탄소강   ⑤ 황동

• 정답 풀이 •

[탄소 함유량이 많아질수록 나타나는 현상]
- 강도, 경도, 전기저항, 비열 증가
- 용융점, 비중, 열팽창계수, 열전도율, 충격값, 연신율 감소

[주철＝고탄소강에 가까움]
- 탄소 함유량이 $2.11 \sim 6.68$ [%]이므로 용융점이 낮다. 따라서 녹이기 쉬워 틀에 넣고 복잡한 형상으로 주조 가능
- 탄소 함유량이 많으므로 강도, 경도가 큰 대신 취성이 발생한다. 즉, 인성이 작고 충격값이 작다.
  따라서 단조 가공 시 헤머로 타격하면 취성에 의해 깨질 위험이 있다.
- 소성변형률이 0에 수렴한다는 것은 외력에 의해 변형되지 않고 깨질 위험이 크다는 것을 의미한다.

정답 04 ②   05 ④

06 폭·높이($a \cdot b$)인 직사각형 수문이 물에 잠겨 있다. 수면에서 직사각형 도심까지의 거리는 h이다. 그렇다면 수문에 작용하는 전압력의 작용점 위치는?

① $h+\dfrac{b^2}{12h}$　　　　② $h+\dfrac{a^2}{12h}$　　　　③ $h+\dfrac{bh^2}{12}$

④ $h+\dfrac{bh^2}{12a}$　　　　⑤ $h+ah^2$

> **· 정답 풀이 ·**
>
>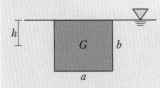
>
> · 작용점의 위치(압력 중심)
>
> $$y_F=\bar{y}+\frac{I_G}{A\bar{y}}=h+\frac{\dfrac{ab^3}{12}}{ab\times h}=h+\frac{ab^3}{12abh}=h+\frac{b^2}{12h}$$
>
> ※ 작용점의 위치는 평판의 도심점(G)보다 만큼 아래에 작용한다.
> ※ 전압력$=F=pA=\gamma hA$ (단, γ: 액체의 비중량, h: 수면에서 평판의 무게중심까지 거리, A: 평판의 단면적)

07 고체의 변형률(strain)의 단위는?

① [mm]　　　　② [rad]　　　　③ [Pa]
④ 무차원　　　　⑤ [rad/s]

> **· 정답 풀이 ·**
>
> 변형률=변형량/부재의 길이, 변형량과 부재의 길이는 둘 다 [mm] 및 [m]이므로 상쇄된다. (무차원수)

08 질량 1 [kg], 체적 0.02 [m³]인 습증기가 있다. 포화액과 포화증기의 비체적은 각각 0.01 [m³], 2.01 [m³]이다. 그렇다면 이 습증기의 건도는 얼마인가?

① 0.995　　② 0.05　　③ 0.005　　④ 0.5　　⑤ 0.55

> **· 정답 풀이 ·**
>
> $\nu_x=\nu_L+(\nu_v-\nu_L)x$
> (ν_x: 건도 x 상태에 있는 습증기의 비체적, ν_L: 포화액의 비체적, ν_v: 포화증기의 비체적)
> ➡ $\nu_x=\nu_L+(\nu_v-\nu_L)x$,　$0.02=0.01+(2.01-0.01)x$,　$0.01=2x$　∴　$x=0.005$

정답 06 ①　　07 ④　　08 ③

09 탄소강의 기본 조직이 <u>아닌</u> 것은 무엇인가?

① 시멘타이트   ② 페라이트   ③ 오스테나이트

④ 마텐자이트   ⑤ 펄라이트

> **• 정답 풀이 •**
>
> **[탄소강의 기본 조직]**
> 페라이트, 펄라이트, 시멘타이트, 오스테나이트
>
> ---
>
> **[여러 조직의 경도 순서]**
> 시멘타이트>마텐자이트>트루스타이트>베이나이트>소르바이트>펄라이트>오스테나이트>페라이트
>
> ---
>
> **[담금질 조직 경도 순서]**
> 마텐자이트>트루스타이트>소르바이트>펄라이트>오스테나이트
>
> ---
>
> **[냉각 방법에 따라 얻어지는 조직]**
> • 급냉: 마텐자이트
> • 노냉: 펄라이트
> • 유냉: 트루스타이트
> • 공냉: 소르바이트

10 물의 삼중점 압력과 온도는 각각 얼마인가?

① 1기압, 0.009 [℃]

② 1기압, 4.58 [℃]

③ 0.006기압, 0.009 [℃]

④ 4.58기압, 1 [℃]

⑤ 760기압, 4.58 [℃]

> **• 정답 풀이 •**
>
> • **삼중점**: 물질 상태는 압력과 온도에 의해 달라진다. 이때, 고체, 액체, 기체의 상태가 공존하는 압력과 온도 조건에 있는 상태를 삼중점이라고 한다.
> • **물의 삼중점 압력과 온도**: 0.006기압(4.58 [mmhg]), 0.009 [℃]
> • **이산화 탄소의 삼중점 압력**: 5.1기압

정답 09 ④   10 ③

11 카르노 사이클의 용도는 무엇인가?

① 고속 디젤기관의 사이클
② 저속 디젤기관의 사이클
③ 열기관의 이상 사이클
④ 가솔린기관의 이상 사이클
⑤ 가스터빈의 이상 사이클

· 정답 풀이 ·

[카르노 사이클: 2개의 등온＋2개의 단열] [사이클 순서: 등온팽창−단열팽창−등온압축−단열압축]
- 열기관의 이상 사이클, 이상 기체를 동작물질로 사용하는 이상 사이클이다.
- 사이클을 역으로 작동시키면 냉동기의 원리가 된다.
- 열의 공급은 등온과정에서만 이루어지지만, 일의 전달은 단열과정과 등온과정에서 둘 다 일어난다.
- 동작물질의 밀도가 높으면 마찰이 발생하여 효율이 떨어지므로 밀도가 낮은 것이 좋다. 다만, 카르노 사이클의 효율은 동작 물질과 관계가 없고, 밀도에만 관계가 있다.
- 카르노 사이클의 효율은 온도만의 함수이다.

※ 사바테 사이클: 고속 디젤기관의 사이클
※ 디젤 사이클(정압사이클): 저속 디젤기관의 사이클
※ 오토 사이클: 가솔린기관의 이상 사이클
※ 브레이턴 사이클: 가스터빈의 이상 사이클

12 어떤 기관의 고온측 온도가 227 [℃], 저온측 온도가 27 [℃]이다. 그렇다면 이 기관의 최고 효율은 얼마인가?

① 89 [%]   ② 30 [%]   ③ 40 [%]
④ 20 [%]   ⑤ 60 [%]

· 정답 풀이 ·

$$\eta = 1 - \frac{T_2}{T_1} = 1 - \frac{27+273}{227+273} = 1 - \frac{300}{500} = 1 - 0.6 = 0.4$$

---

13 열역학 제2법칙에 대한 설명으로 옳지 <u>못한</u> 것은?

① 에너지의 방향성을 나타낸다.
② 엔트로피가 일정하다.
③ 하나의 열원에서 얻어진 열을 모두 일로 바꾸는 기관은 존재하지 않는다.
④ 효율이 100 [%]인 기관은 존재할 수 없다.
⑤ 제2 영구기관은 존재할 수 없다.

· 정답 풀이 ·

[열역학 법칙]
· **열역학 제0법칙**: 열평형에 대한 법칙으로, 온도계의 원리와 관련이 있는 법칙
· **열역학 제1법칙**: 에너지 보존 법칙과 관련이 있는 법칙
· **열역학 제2법칙**: 비가역을 명시하는 법칙, 절대눈금을 정의하는 법칙
· **열역학 제3법칙**: 절대 0도에서의 엔트로피에 관한 법칙

- -

· **열역학 제0법칙**: 고온의 물체와 저온의 물체가 만나면 열교환을 통해 결국 온도가 같아진다. (열평형 법칙)
· **열역학 제1법칙**: 에너지는 여러 형태를 취하지만 총 에너지양은 일정하다. (에너지 보존 법칙)
· **열역학 제2법칙**: 하나의 열원에서 얻어진 열을 모두 일로 바꾸는 기관은 존재하지 않는다.
· **열역학 제3법칙**: 절대 0도에서 계의 엔트로피는 항상 0이 된다.

14 물체 A가 B와 서로 열평형 상태에 있다. 그리고 B와 C의 물체도 각각 서로 열평형 상태에 있다. 따라서 결국 A, B, C 모두 열평형 상태에 있다고 볼 수 있다. 이와 같은 설명과 관계가 있는 열역학 법칙은 무엇인가?

① 열역학 제0법칙　　　　② 열역학 제1법칙　　　　③ 열역학 제2법칙
④ 열역학 제3법칙　　　　⑤ 열역학 제4법칙

· 정답 풀이 ·

열평형의 원리와 관련이 있는 것은 열역학 제0법칙이다.
13번 해설 참고

정답 13 ②　　　14 ①

15 그림과 같이 볼트에 축방향으로 하중 P가 작용한다. 이때 볼트에 작용하는 전단응력은 얼마인가? (단, P: 축 방향 하중, d: 볼트의 지름, t: 판의 두께)

① $P/\pi dt$ ② $P/2\pi d$

③ $P/\pi d^2$ ④ $P/\pi d$

⑤ $P/\pi d^2 t$

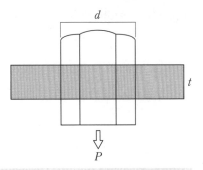

 · 정답 풀이 ·

전단이 되는 면적은 판과 볼트가 접촉되는 부분이다.
따라서 볼트의 둥근 부분을 사각형처럼 폈을 때를 생각하면 된다.
즉, 전단응력=하중/작용면적 ➡ $P/\pi dt$

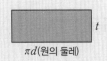

t

πd(원의 둘레)

16 길이 $2\,[\text{m}]$의 봉재가 길이 방향으로 인장하중을 받아 $0.2\,[\text{mm}]$ 늘어났다. 그렇다면 이 봉재의 변형률은 얼마인가?

① 0.001   ② 0.1   ③ 0.0001   ④ 1   ⑤ 0.02

· 정답 풀이 ·

$\varepsilon = \dfrac{\lambda}{L} = \dfrac{\text{변형량}}{\text{길이}} = \dfrac{0.2}{2000} = 0.0001$, 계산 문제를 풀 때에는 항상 단위를 조심한다.

실제 공기업에서는 단위로 장난치는 문제들이 많이 나와 낚일 위험이 있다.

※ 반지름, 지름도 항상 꼼꼼하게 읽어 실수하는 일이 없도록 해야 한다.

17 질량보존의 법칙 $\rho AV =$ 일정(Const)의 조건이 <u>아닌</u> 것은?

① 1차원 유동   ② 유체의 입자가 모두 같은 유선을 따라 유동

③ 정상류   ④ 균속도   ⑤ 해당 없음

· 정답 풀이 ·

1차원 유동이어야 $\rho AV =$ Const가 성립한다. 또한, 유체의 입자가 모든 같은 유선을 따라 유동해야 $\rho AV =$ Const가 성립한다. 그리고 정상류와 균속도의 정의를 참고하면 시간 및 거리에 관계없이 유동 특성이 일정해야 $\rho AV =$ Const가 성립함을 알 수 있다.

• **정상류**: 유동장의 임의의 한 점에서 시간의 변화에 대한 유동 특성(속도, 압력, 온도, 밀도)이 일정한 유체의 흐름

• **균속도(등류)**: 거리에 관계없이 속도가 일정한 유체의 흐름

정답 15 ①   16 ③   17 ⑤

18 봉재에 인장하중 100 [N]이 작용한다면, 봉재에 작용하는 인장응력은 얼마인가? (단, $\pi = 3$, 봉재의 반지름은 50 [mm])

① 0.053 [kPa]   ② 0.053 [kPa]   ③ 0.013 [kPa]   ④ 0.033 [kPa]   ⑤ 0.013 [kPa]

• 정답 풀이 •

$$\sigma = \frac{P}{A} = P/0.25 \times \pi d^2 = 4P/\pi d^2 \rightarrow 4 \times 100/3 \times 10000 \rightarrow 0.013 \, [\text{MPa}]$$

19 다음 중 금속이 <u>아닌</u> 것은 무엇인가?

① SUS   ② SM   ③ SiC   ④ SEH   ⑤ SS

• 정답 풀이 •

탄화규소(SiC)는 화합물이다.

SM	기계구조용 탄소강	GC	회주철	STC	탄소공구강
SBV	리벳용 압연강재	SC	주강품	SS	일반구조용 압연강재
SKH, HSS	고속도강	SWS	용접구조용 압연강재	SK	자석강
WMC	백심가단주철	SBB	보일러용 압연강재	SF	단조품
BMC	흑심가단주철	STS	합금공구강	SPS	스프링강
DC	구상흑연주철	SNC	Ni-Cr 강재	SEH	내열강

※ STS는 스테인리스강 또는 합금공구강을 지칭한다. [KS 기준]
※ SUS는 스테인리스강 또는 합금공구강을 지칭한다. [JIS 기준]

20 다음 중 내부에너지를 옳게 정의한 것은?

① 내부에너지는 분자의 열에너지를 말한다.
② 내부에너지는 분자의 위치 에너지를 뜻한다.
③ 내부에너지는 엔트로피와 같은 의미이다.
④ 내부에너지는 분자의 운동 활발성을 뜻한다.
⑤ 내부에너지는 분자의 에너지를 분자 자체의 밀도로 나눈 값이다.

• 정답 풀이 •

• 내부에너지는 분자의 운동 활발성을 뜻한다.
• 내부에너지는 물체가 가지고 있는 총에너지로부터 역학 에너지와 전기 에너지를 뺀 나머지 에너지를 말한다.

※ 이상기체의 내부에너지와 엔탈피는 줄의 법칙에 의거하여 온도만의 함수

정답 18 ⑤   19 ③   20 ④

21 어떤 층류 유동의 R_e가 1000이다. 그렇다면 원관을 통과하는 유체 흐름의 속도는 얼마인가? (단, 원관의 반지름: 100 [mm], 유체의 밀도: 100 [kg/m³], 점성계수: 5 [poise])

① 50 [m/s]　　　　　② 250 [m/s]　　　　　③ 25 [m/s]

④ 500 [m/s]　　　　　⑤ 12.5 [m/s]

> • 정답 풀이 •
>
> $R_e = \dfrac{\rho V d}{\mu}$, 동점성계수$(\nu) = \dfrac{\mu}{\rho}$
>
> 1poise = 0.1 [N·s/m²] (점성계수 단위), 1stokes = 1 [cm²/s] (동점성계수 단위)
>
> ➡ $R_e = \dfrac{\rho V d}{\mu} \rightarrow 1000 = \dfrac{100 \times V \times 0.2}{0.5} \rightarrow V = 25$ [m/s]
>
> --------
>
> 참고 푸아즈(poise)의 환산 단위: [dyne·s/cm²]

22 그림은 가로 b, 높이 h의 직사각형이다. 직사각형의 x축에 대한 단면 2차 모멘트를 구하면 얼마인가?

① $\dfrac{bh^3}{12}$ 　　　　　② $\dfrac{bh^3}{3}$

③ bh^3　　　　　④ $\dfrac{bh^3}{4}$

⑤ $\dfrac{hb^3}{4}$

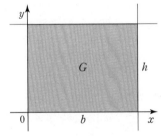

> • 정답 풀이 •
>
> [직사각형의 단면 2차 모멘트]
>
> $I_x = \dfrac{bh^3}{12}$, $I_y = \dfrac{hb^3}{12}$ (도심 G를 지날 때의 x, y축 방향의 각각 단면 2차 모멘트)
>
> ➡ 문제에서는 직사각형의 x축에 대한 단면 2차 모멘트를 구하라고 했으므로 평행축 정리를 사용한다.
>
> --------
>
> [평행축 정리]: $I_x' = I_x + Ay^2$
>
> ➡ $I_x' = I_x + Ay^2$이므로 $I_x' = \dfrac{bh^3}{12} + (bh)\left(\dfrac{h}{2}\right)^2$ ➡ $I_x' = \dfrac{bh^3}{12} + \dfrac{bh^3}{4} = \dfrac{4bh^3}{12} = \dfrac{bh^3}{3}$

정답 21 ③　　　22 ②

23 스테인리스강의 특징으로 옳지 **못한** 것은 무엇인가?

① AISI1020은 미국식 스테인리스강의 표시이며, 탄소 함유량은 10 [%]이다.
② 스테인리스강은 최소 Cr의 함유량이 10 [%] 이상이어야 한다.
③ 스테인리스강의 종류로는 페라이트계, 마텐자이트계, 오스테나이트계가 있다.
④ 18-8형 스테인리스강은 열처리로 경화되지 않는다.
⑤ 18-8형 스테인리스강의 결함을 검출할 때는 자분탐상법이 적합하지 못하다.

• 정답 풀이 •

[스테인리스강 특징]
• 스테인리스강은 크롬 함유량이 12 [%] 이상인 강을 말한다. 12 [%] 이하이면 내식강이다.
• 스테인리스강에서 가장 많이 함유된 원소는 Cr이다. 일반적으로 Cr, Ni이 함유된 강이다.
• 스테인리스강에 함유된 크롬이 대기 중의 산소와 반응하여 얇고 단단한 크롬산화피막을 만들어 내부의 철을 보호하기 때문에 내식성이 우수하다. 이것을 부동태 피막이라고 부른다.
• 18-8형 스테인리스강은 오스테나이트형 스테인리스강이라고 하며, 크롬 18 [%], 니켈 8 [%]를 함유하고 있다. 또한, 비자성체의 성질을 가지고 있기 때문에 자분탐상법으로 결함을 검출할 수 없다.
• 18-8형 스테인리스강은 열처리로 경화되지 않으며, 1000~1100 [℃]으로 가열 후, 급냉하면 내마모성과 내식성이 증가된다. 또한, 용접하기 쉽고 인성이 좋아 가공하기 유리하다.
• 18-8형 스테인리스강은 냉간 가공하면 경화되어 다소 자성을 갖는다.
• 18-8형 스테인리스강은 일반적으로 열처리로 경화되지 않는다.
• 18-8형 스테인리스강은 탄화물이 결정입계에 석출하기 쉬운 결점을 가지고 있다. 즉, 입계부식이 발생할 수 있다.
  (입계부식 방지 원소: Nb, Ti, V)
• 스테인리스강의 종류는 페라이트계, 마텐자이트계, 오스테나이트계가 있다.
• AISI1020은 미국식 기계구조용 탄소강을 뜻한다. 10이면 탄소강이고, 그 뒤의 20은 탄소 함유량 20 [%]를 뜻한다.

※ 스테인리스강과 내식강을 구분하는 기준은 Cr이 12 [%] 이상이냐 이하이냐이다. 따라서 최소 12 [%]의 크롬을 함유하고 있는 것이 스테인리스강이다. 하지만, 스테인리스강이 최소로 함유해야 할 크롬이 10 [%]이거나 10.5 [%]라고 제시하기도 하므로 참고해서 알고 있으면 될 것이다.

정답 23 ①

24 공기 중에서 무게가 1000 [N]인 물체가 물에 완전히 잠겨 있다. 이때, 이 물체의 비중을 계산하면 얼마인가? (단, 물체의 물속에서의 무게: 500 [N], 물의 밀도: 1000 [kg/m^3])

① 2
② 4
③ 1.5
④ 3
⑤ 5

> **• 정답 풀이 •**
>
> [물체가 떠 있는 경우]
> • 부력＝공기 중에서 물체의 무게 ($\gamma_{액체} V_{잠긴\ 부피} = \gamma_{물체} V_{물체}$)
>
> -
>
> [물체가 액체에 완전히 잠긴 경우]
> • 공기 중 물체의 무게＝부력＋액체 중에서 물체의 무게
> 완전히 잠겨 있는 경우이므로, 공기 중 물체의 무게＝부력＋액체 중에서 물체의 무게 사용!
> $1000 = 9800 \times V + 500$ $V = 0.051$ [m^3], 물체의 무게$(W) = \gamma V = \gamma_{H_2O} S_{물체} V$
> ➡ $1000 = 9800 \times S \times 0.051$이므로, $S_{물체} = 2$

25 측정 위치에서 국소대기압을 기준으로 측정한 압력은?

① 절대압력
② 진공압력
③ 계기압력
④ 표준대기압
⑤ 수은주압력

> **• 정답 풀이 •**
>
> • **표준대기압**: 지구 전체의 국소대기압을 평균한 값을 표준대기압이라고 한다.
> • **국소대기압**: 대기압은 지구의 위도에 따라 변하는데, 이러한 값을 국소대기압이라고 한다.
> • **계기압력(게이지압)**: 측정 위치에서 국소대기압을 기준으로 측정한 압력이다.
> • **절대압력**: 완전진공을 기준으로 측정한 압력이다.

26 열역학 제2법칙의 예시로 옳지 <u>못한</u> 것은?

① 혼합
② 삼투압
③ 확산
④ 자유팽창
⑤ 등온

> **• 정답 풀이 •**
>
> • **열역학 제2법칙**: 엔트로피를 정의하는 법칙
> • **비가역의 예시**: 열의 이동, 자유팽창, 확산, 삼투압, 마찰, 혼합, 화학반응

정답 24 ①   25 ③   26 ⑤

27 섭씨와 화씨가 같아지는 온도는 얼마인가?

① 0 [℃] ② 40 [℃] ③ −40 [℃]

④ −10 [℃] ⑤ −20 [℃]

> • 정답 풀이 •
>
> • 섭씨와 화씨의 관계식: $C = 5/9 \cdot (F - 32)$, 섭씨와 화씨가 같으므로 $C = 5/9 \cdot (C - 32)$이므로 $C = -40$ [℃]

28 탄소강의 5대 원소가 <u>아닌</u> 것은?

① P ② Si ③ Mn

④ Cr ⑤ S

> • 정답 풀이 •
>
> • 탄소강의 5대 원소: S, P, Si, C, Mn

29 다음 중 옳지 <u>못한</u> 것은 무엇인가?

① 충격파는 비가역 현상이므로 엔트로피가 증가한다.
② 충격파의 영향으로 압력, 온도, 밀도, 비중량이 증가한다.
③ 충격파의 영향으로 마찰열이 발생하며 속도가 증가한다.
④ 아음속을 초음속으로 만들려면 축소−확대노즐을 사용한다.
⑤ 마하수가 0.3보다 클 때 압축성 효과가 발생한다.

> • 정답 풀이 •
>
> [충격파로 인한 영향]
> • 수력 도약과 비슷하다.
> • 비가역 현상이므로 엔트로피가 증가한다.
> • 압력, 온도, 밀도, 비중량이 증가하며, 속도는 감소한다. [속도만 감소한다는 것만 알고 있자.]
> • 충격파의 영향으로 마찰열이 발생한다.
> --
> ※ 아음속 → 초음속으로 만들려면 축소−확대노즐을 사용한다.
> ※ 마하수가 0.3보다 클 때 압축성 효과가 발생한다.

정답 27 ③   28 ④   29 ③

30 압력의 단위가 <u>아닌</u> 것은 무엇인가?

① 체적탄성계수   ② 응력   ③ 영률
④ 표면장력   ⑤ 전단탄성계수

> **• 정답 풀이 •**
>
> 표면장력의 단위는 [N/m]이다.
>
> ※ 체적탄성계수(K) : $\dfrac{\Delta P}{-\dfrac{\Delta V}{V}}$ (−) 부호는 압력이 증가함에 따라 체적이 감소한다는 의미이다.
>
> ※ 체적탄성계수는 압력에 비례하고, 압력과 같은 차원을 갖는다.
> ※ 체적탄성계수의 역수는 압축률이며, 체적탄성계수가 클수록 압축하기 어렵다.

31 그림은 밑변 b, 높이 h인 삼각형이다. 삼각형의 도심 $\bar{y}$를 구하면 얼마인가?

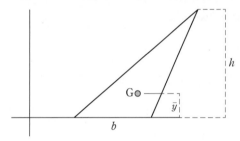

① $h/2$ ② $h/3$ ③ $h/6$ ④ $h/4$ ⑤ $2h/3$

> **• 정답 풀이 •**
>
>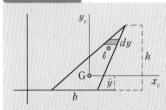
>
> $dA = \ell dy,\ b:h = \ell:(h-y),\ \ell = b\left(1-\dfrac{y}{h}\right)$, 구해진 ℓ을 대입한다.
>
> $dA = b\left(1-\dfrac{y}{h}\right)dy$
>
> ➡ $Q_x = \displaystyle\int y\,dA = \int_0^h yb\left(1-\dfrac{y}{h}\right)dy = b\int_0^h\left(y-\dfrac{y^2}{h}\right)dy$ ➡ $b\left[\dfrac{1}{2}y^2 - \dfrac{1}{3h}y^3\right]_0^h = \dfrac{bh^2}{6}$
>
> ➡ $\bar{y} = \dfrac{Q_x}{A} = \dfrac{\dfrac{bh^2}{6}}{\dfrac{bh}{2}} = \dfrac{h}{3}$

정답 30 ④   31 ②

32 그림은 물로 가득 채워진 탱크이다. 탱크의 높이는 $10 \, [\text{m}]$이며, 압력계는 $10 \, [\text{kPa}]$을 가리키고 있다. 이때, 탱크 바닥면의 압력은 얼마인가? (단, 중력가속도: $10 \, [\text{m/s}^2]$, 물의 밀도: $1000 \, [\text{kg/m}^3]$)

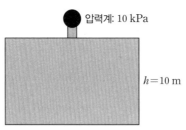

압력계: 10 kPa

$h = 10 \, \text{m}$

① 108 [kPa] ② 110 [kPa] ③ 108 [MPa]
④ 110 [MPa] ⑤ 108 [GPa]

▸ 정답 풀이 ◂

탱크 바닥면의 압력 = γh + 압력계 지시압 = $\rho g h$ + 압력계 지시압(대기압)

➡ $1000 \times 10 \times 10 + 10000 \, [\text{Pa}]$ 즉, 탱크 바닥면의 압력: $110 \, [\text{kPa}]$

33 1초 동안에 3번 진동하는 파동이 있다. 그렇다면 이 파동의 각속도는 얼마인가?

① 2π ② 3π ③ 4π
④ 5π ⑤ 6π

▸ 정답 풀이 ◂

1초 동안에 3번 진동하므로 진동수는 $3 \, [\text{Hz}]$임을 알 수 있다.
$f = \omega/2\pi$이므로 $\omega = 2\pi f = 2\pi \times 3 = 6\pi$

34 분당 회전수가 600인 물체의 각속도는 얼마인가? (단위 생략)

① 10π ② 20π ③ 30π
④ 40π ⑤ 50π

▸ 정답 풀이 ◂

$\omega = 2\pi N/60$이므로 $2\pi \times 600/60 = 20\pi$

정답 32 ② 33 ⑤ 34 ②

35 압력의 단위를 M, T, L 차원을 사용하여 옳게 표현한 것은? (단, M: 질량, T: 시간, L: 길이)

① ML^2T^{-2}　　　　　② MLT^{-3}　　　　　③ LT^{-2}
④ ML^2T^{-2}　　　　　⑤ $ML^{-1}T^{-2}$

· 정답 풀이 ·

압력의 단위: $[N/m^2]$
N은 힘의 단위로, $[kg \cdot m \cdot s^2]$이다. ($F=ma$)
결국, 압력의 단위는 $[kg/m \cdot s^2]$으로 표현된다.
즉, M, T, L 차원으로 표현하면 $ML^{-1}T^{-2}$

36 어떤 강재의 세로탄성계수가 $200\,[GPa]$이다. 이때, 이 강재의 전단탄성계수 G는? (단, 푸아송수: 2.5)

① $28.57\,[GPa]$　　　　　　② $2.857\,[GPa]$
③ $7.143\,[GPa]$　　　　　　④ $71.43\,[GPa]$

· 정답 풀이 ·

$mE=2G(m+1)=3K(m-2)$　　$E=2G(1+\nu)=3K(1-2\nu)$ (단, m: 푸아송수, ν: 푸아송비)
$\nu=1/m=1/2.5=0.4$, 즉, $200=2G(1+0.4)$　　$G=71.43\,[GPa]$

37 그림은 높이가 $3\,[m]$인 삼각형 부재이다. 그림처럼 집중하중 $P=100\,[N]$이 작용한다고 할 때, A점에서의 모멘트는 얼마인가? (단, $\sqrt{3}=2$로 가정)

① $600\,[N \cdot m]$
② $150\,[N \cdot m]$
③ $75\,[N \cdot m]$
④ $300\,[N \cdot m]$

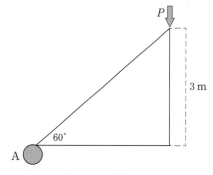

· 정답 풀이 ·

모멘트(M)=힘(F) · 거리(L) (단, 힘의 작용 방향이 거리와 수직 방향으로 작용해야 한다.)
$\tan(60°)=\dfrac{3}{\text{밑변}}$, 즉 $\sqrt{3}=\dfrac{3}{\text{밑변}}$, 밑변$=\dfrac{3}{2}=1.5$
➡ 모멘트(M)$=100×1.5=150\,[N \cdot m]$

---

38 길이가 $0.5\,[\text{m}]$, 반지름이 $100\,[\text{cm}]$인 원형봉이 있다. 이 원형봉에 인장하중을 가했더니 길이변형량은 $2\,[\text{mm}]$, 지름변형량은 $4\,[\text{mm}]$로 측정되었다. 주어진 결과를 통해 푸아송비를 구하면?

① 0.125   ② 0.5   ③ 1
④ 0.3   ⑤ 0.25

• 정답 풀이 •

$$\nu = \frac{\text{가로변형률}}{\text{세로변형률}} = \frac{\dfrac{\delta}{d}}{\dfrac{\lambda}{L}} = \frac{L\delta}{d\lambda} = \frac{d\lambda}{L\delta} = (500 \times 4)/(2000 \times 2) = 2000/4000 = 0.5$$

39 스트레인 게이지에 대한 설명으로 옳지 <u>못한</u> 것은 무엇인가?

① 물체가 외력을 받았을 때 변형되는 그 양을 측정하는 측정기구이다.
② 스트레인 게이지는 크게 전기식과 기계식으로 종류가 구분될 수 있다.
③ 스트레인 게이지를 x 방향에 부착하면 측정된 값은 ϵ_x이다.
④ 전단변형률 γ_{xy}를 구하려면 3개의 스트레인 게이지가 서로 60도로 되게 조합된 로제트를 사용한다.
⑤ 스트레인 게이지를 y 방향으로 부착하면 ϵ_y만 측정할 수 있다.

• 정답 풀이 •

스트레인 게이지는 물체가 외력으로 인해 변형될 때 변형을 측정한다. 금속선은 인장 방향의 변형을 받으면 길이가 증가하여 단면적이 감소되며, 이에 따라 전기저항이 증가한다. 이때의 전기저항 증가분을 측정한다.
따라서 금속선을 종이, 플라스틱 등의 얇은 판에 부착하고 변형이 생겼을 때 판도 같이 변형하고, 따라서 금속선도 신장되거나 수축한다. 이 양을 전기적으로 읽으면 스트레인을 측정할 수 있다.

※ 전단변형률 γ_{xy}를 구하려면 3개의 스트레인 게이지가 서로 45도로 조합된 로제트를 사용한다.

정답 38 ①   39 ④

40 그림과 같은 구조물의 A, B지점에 각각 15 [kN], 5 [kN]이 작용하고 있다. 이때 E지점에 작용하는 수직반력의 크기는 얼마인가?

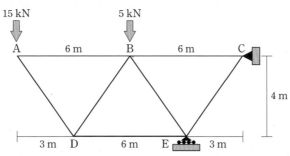

① −50 [kN]   ② 50 [kN]   ③ 70 [kN]

④ 140 [kN]   ⑤ 80 [kN]

· 정답 풀이 ·

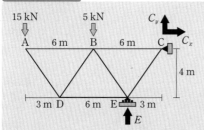

$\sum M_{\text{C}} = 0$

➡ $15\,[\text{kN}] \times 12\,[\text{m}] + 5\,[\text{kN}] \times 6\,[\text{m}] - E \times 3\,[\text{m}] = 0$ $E = \dfrac{12 \times 12 + 5 \times 6}{3} = 70$

즉, E점의 반력은 70 [kN]이다.

※ C_y도 구해보자.

$\sum F_y = 0$, $-15\,[\text{kN}] - 5\,[\text{kN}] + 70\,[\text{kN}] + C_y = 0$이므로 $C_y = -50\,[\text{kN}]$ ('−'이므로 아랫방향으로 작용)

03

2016~2018
서울시설공단 기출변형문제

01 열간단조의 종류가 <u>아닌</u> 것은 무엇인가?

① 프레스단조   ② 압연단조   ③ 콜드헤딩   ④ 업셋단조

• 정답 풀이 •

- **열간단조 종류**: 프레스, 업셋, 헤머, 압연단조
- **냉간단조 종류**: 코이닝, 콜드헤딩, 스웨이징 블록

02 치수선, 치수보조선을 그리는 데 사용하는 선은 무엇인가?

① 가는 실선   ② 굵은 실선   ③ 가는 파선   ④ 가는 1점 쇄선

• 정답 풀이 •

- **가는 실선**: 치수선, 치수보조선, 골지름
- **가는 파선**: 숨은선
- **굵은 실선**: 외형선
- **가는 1점 쇄선**: 중심선, 기준선, 피치선

03 압력배관용 탄소강관을 나타내는 것은 무엇인가?

① SS   ② Spp   ③ SWS   ④ SF

• 정답 풀이 •

SM	기계구조용 탄소강	GC	회주철	STC	탄소공구강
SBV	리벳용 압연강재	SC	주강품	SS	일반구조용 압연강재
SKH, HSS	고속도강	SWS	용접구조용 압연강재	SK	자석강
WMC	백심가단주철	SBB	보일러용 압연강재	SF	단조품
BMC	흑심가단주철	STS	합금공구강	SPS	스프링강
DC	구상흑연주철	SNC	Ni-Cr 강재	SEH	내열강
Spp	압력배관용 탄소강관	STK	일반구조용 탄소강관	BrC	청동주물

정답 01 ③   02 ①   03 ②

04 다음 중 모양공차의 종류로 옳지 <u>못한</u> 것은 무엇인가?

① 진원도   ② 진직도   ③ 원통도   ④ 직각도

> **· 정답 풀이 ·**
>
> · **모양공차(형상공차)**: 진원도, 원통도, 진직도, 평면도   · **자세공차**: 직각도, 경사도, 평행도 (자직경평)
> ※ 모양공차는 데이텀을 사용하지 않는다.

05 무단변속에 사용되는 마찰차가 <u>아닌</u> 것은 무엇인가?

① 크라운마찰차   ② 원판마찰차   ③ 구면차   ④ 홈마찰차

> **· 정답 풀이 ·**
>
> · **무단변속마찰차의 종류**: 에반스마찰차, 구면마찰차, 원추마찰차, 원판마찰차(크라운마찰차)
> ✎ 암기법: [에][구]~ [빤][쭈] 보일라~~ (빤=판, 쭈=추)

06 주물의 모서리 부분에 생기는 인과 황의 편석으로 불순물이 긴 띠로 나타나는 현상은?

① 미스런   ② 수축공   ③ 콜드셧   ④ 고스트라인

> **· 정답 풀이 ·**
>
> · **미스런(주탕 불량)**: 용융 금속이 주형을 완전히 채우지 못하고 응고된 것
> · **수축공**: 쇳물의 부족으로 발생하는 것으로, 방지하기 위해 냉각쇠(Chiller)를 설치
> · **콜드셧(쇳물 경계)**: 주형에서 두 용융 금속의 흐름이 합류하게 되는 곳에서 발생하는 것으로, 두 용융 금속이 완전히 융합되지 않은 채 응고된 것
> · **고스트라인**: 주물의 모서리 부분에 인과 황의 편석으로 불순물이 긴 띠로 나타나는 현상

07 주물 표면 불량의 한 종류로 주형 강도가 부족하거나 쇳물과 주형의 충돌로 발생하는 것은?

① 스캡   ② 와시   ③ 버클   ④ Scar

> **· 정답 풀이 ·**
>
> [주물 표면 불량 종류]
> · 스캡: 주형의 팽창이 크거나 주형의 일부 과열로 발생   · 와시: 주물사의 결합력 부족으로 발생
> · 버클: 주형의 강도 부족 또는 쇳물과 주형의 충돌로 발생   · Scar: 주물에 생기는 흠집

정답   04 ④   05 ④   06 ④   07 ③

08 두 축이 평행한 기어가 <u>아닌</u> 것은?

① 스퍼 기어   ② 헬리컬 기어

③ 래크 기어   ④ 하이포이드 기어

• 정답 풀이 •

	두 축이 평행	두 축이 교차	두 축이 엇갈
종류	스퍼 기어, 래크 기어, 헬리컬 기어 내접 기어, 더블헬리컬 기어 등	베벨 기어, 크라운 기어, 마이터 기어 등	스크루 기어, 웜 기어, 하이포이드 기어 등

09 벨트 전동 장치에서 원심력을 무시할 수 있는 벨트의 속도는 몇 [m/s] 이하인가?

① 3 [m/s]   ② 5 [m/s]   ③ 8 [m/s]   ④ 10 [m/s]

• 정답 풀이 •

벨트의 속도가 10 [m/s] 이하이면 원심력을 무시해도 된다.

10 목재의 방부법의 종류로 옳지 <u>못한</u> 것은 무엇인가?

① 도포법   ② 충진법   ③ 자비법   ④ 침재법

• 정답 풀이 •

[목재의 방부법]
- **도포법**: 목재 표면에 크레졸을 주입하거나 페인트를 도포하는 방법
- **침투법**: 염화아연, 유산동 등의 수용액을 침투 또는 흡수시키는 방법
- **자비법**: 방부제를 끓여 부분적으로 침투시키는 방법
- **충전법**: 목재에 구멍을 파서 방부재를 주입시키는 방법

[목재의 건조법]
- **자연건조법**: 야적법, 가옥적법
- **인공건조법**: 침재법, 훈재법, 자재법, 증재법, 열풍건조법, 진공건조법 등
Tip 재가 들어가면 모두 건조법으로 알고 있으면 편하다.

- -

※ [침재법=침수 시즈닝]
수중에 10일 정도 담궈서 삼투압의 원리로 목재에 있는 양분을 먼저 빼 준다. 그 이유는 양분을 빼내어 벌레의 꼬임을 방지하기 위함이다.

※ **가옥적법**: 판재를 건조하는 데 가장 적합한 건조법

정답 08 ④   09 ④   10 ④

11 압연가공에 대한 설명으로 옳지 <u>못한</u> 것은 무엇인가?

① 작업속도가 빠르며, 조직의 미세화가 일어난다.

② 재질이 균일한 제품을 얻을 수 있다.

③ $\mu \geq \tan(\rho)$이면 스스로 압연이 가능하다.

④ Non Slip Point에서 최소압력이 발생한다.

> **• 정답 풀이 •**
>
> Non Slip Point(중립점)에서는 최대압력이 발생한다.
> • 중립점＝등속점＝Non Slip Point

12 체인의 특징으로 옳지 <u>못한</u> 것은 무엇인가?

① 미끄럼이 없어 정확한 속도비를 얻을 수 있고, 효율이 95 [%] 이상이다.

② 외력에 의한 충격을 흡수할 수 없다.

③ 초기 장력을 줄 필요가 없다.

④ 유지 및 보수가 용이하다.

> **• 정답 풀이 •**
>
> [체인의 특징]
> • 초기 장력을 줄 필요가 없어 정지 시 장력이 작용하지 않고, 베어링에도 하중이 작용하지 않는다.
> • 미끄럼이 없어 정확한 속비를 얻으며, 효율이 95 [%] 이상이고, 접촉각은 90도 이상이다.
> • 체인의 길이는 조정 가능하고, 다축전동이 용이하며, 탄성에 의한 충격을 흡수할 수 있다.
> • 유지 및 보수가 용이하지만 소음과 진동이 발생하고, 고속회전은 부적당하며, 윤활이 필요하다.

13 가스용접에 대한 설명으로 옳지 <u>못한</u> 것은 무엇인가?

① 용접 휨은 가스용접이 전기용접보다 크다.

② 가스용접은 아크용접보다 용접속도가 느리다.

③ 열영향부가 좁다.

④ 3 [mm] 이하의 박판에 적용하는 용접이다.

> **• 정답 풀이 •**
>
> [가스용접의 특징]
> • 전력이 필요 없고, 열영향부가 넓으며, 변형이 크다. 또한, 일반적으로 박판에 적용한다.
> • 열의 집중성이 낮아 열효율이 낮은 편이다. 따라서 용접속도가 느리다.

정답 11 ④ 12 ② 13 ③

03 2016~2018 서울시설공단 기출변형문제

PART I · 기출변형문제 **51**

14 기어에서 언더컷을 방지하는 방법이 <u>아닌</u> 것은 무엇인가?

① 이의 높이를 낮춘다.   ② 한계잇수 이상으로 한다.

③ 압력각을 크게 한다.   ④ 잇수비를 크게 한다.

• 정답 풀이 •

[언더컷을 방지하는 방법]
- 이의 높이를 낮추며, 전위기어를 사용한다.
- 압력각을 크게 하고, 한계잇수 이상으로 한다. 또한, 잇수비가 클 때 발생하므로 잇수비를 작게 한다.

15 하중의 크기와 방향이 계속 바뀌며 가장 위험한 하중은 무엇인가?

① 편진하중   ② 양진하중

③ 이동하중   ④ 연행하중

• 정답 풀이 •

[하중의 종류]
- **정하중＝사하중**: 크기와 방향이 일정한 하중
- **동하중(활하중)**
  ① **연행하중**: 일련의 하중(등분포하중), 기차 레일이 받는 하중
  ② **반복하중(편진하중)**: 반복적으로 작용하는 하중
  ③ **교변하중(양진하중)**: 하중의 크기와 방향이 계속 바뀌는 하중 [가장 위험한 하중]
  ④ **이동하중**: 하중의 작용점이 자꾸 바뀐다. (움직이는 자동차)
  ⑤ **충격하중**: 비교적 짧은 시간에 갑자기 작용하는 하중
  ⑥ **변동하중**: 주기와 진폭이 바뀌는 하중

16 지름이 매우 작은 봉 형태의 일감을 고정시키는 데 사용하며, 일반적으로 터릿선반에서 대량생산을 하기 위해 사용하는 척은 무엇인가?

① 연동척   ② 단동척

③ 콜릿척   ④ 스크롤척

• 정답 풀이 •

- **연동척**: 조 3개, 스크롤척이라고도 부른다.
- **단동척**: 조 4개, 센터를 맞추기 힘들다.
- **콜릿척**: 지름이 매우 작은 봉 형태의 일감을 고정시키는 데 사용하며, 터릿선반에서 대량생산을 위해 적합하다.

정답 14 ④   15 ②   16 ③

17 암나사의 호칭지름은 무엇인가?

① 수나사의 바깥지름
② 수나사의 유효지름
③ 수나사의 골지름
④ 수나사의 평균지름

> **• 정답 풀이 •**
>
> 암나사의 호칭지름은 수나사의 바깥지름이다.
>
> ⎯⎯⎯⎯⎯⎯⎯⎯⎯⎯⎯⎯⎯⎯⎯⎯⎯⎯⎯⎯⎯⎯⎯⎯⎯⎯⎯⎯⎯⎯⎯⎯⎯⎯
>
> 참고 호칭지름＝바깥지름

18 선형탄성 재료로 이루어진 균일단면 봉의 양 끝점이 고정되어 있다. 다음 중, 이 봉의 온도가 변하여 발생하는 열변형과 열응력에 대한 설명으로 옳지 <u>못한</u> 것은 무엇인가?

① 열응력은 탄성계수가 클수록 더 커진다.
② 열응력은 열팽창계수가 클수록 더 커진다.
③ 열응력은 봉의 단면적과 무관하다.
④ 열응력은 봉의 길이가 길어질수록 더 커진다.

> **• 정답 풀이 •**
>
> $$\sigma_{열응력}=E\alpha\varDelta T \;\Rightarrow\; E\varepsilon=E\alpha\varDelta T \;\Rightarrow\; \varepsilon=\alpha\varDelta T \;\Rightarrow\; \frac{\lambda}{L}=\alpha\varDelta T \;\Rightarrow\; \lambda=L\alpha\varDelta T$$
>
> 식에서 확인하면 열응력은 봉의 길이와 관련이 없음을 알 수 있다.
> 길이와 관련이 있는 것은 변형량이다.
>
> ⎯⎯⎯⎯⎯⎯⎯⎯⎯⎯⎯⎯⎯⎯⎯⎯⎯⎯⎯⎯⎯⎯⎯⎯⎯⎯⎯⎯⎯⎯⎯⎯⎯⎯
>
> 참고
> • 열응력은 반드시 양단이 고정되어 있어야 한다. 한쪽은 고정이고 다른 쪽은 자유단이라면 열응력은 발생하지 않기 때문에 0의 값을 갖게 된다.
> • 양단이 고정된 상태에서 온도를 높이면 봉은 늘어날 것이고, 그것에 저항하기 위해 고정단에서 압축응력이 발생하게 된다. 따라서 온도를 높이면 압축응력이 발생하며, 반대로 온도를 낮추면 인장응력이 발생하게 된다.

정답 17 ①　　18 ④

19 ICFTA에서 지정한 7가지 주물 표면 결함의 종류가 <u>아닌</u> 것은 무엇인가?

① Scar   ② 표면겹침   ③ 금속돌출   ④ 콜드셧

> **• 정답 풀이 •**
>
> 금속돌출은 ICFTA에서 지정한 주물 결함의 한 종류이다. 즉, 주물 표면 결함에 들어가는 결함이 아니라는 것이다.
>
> **[ICFTA에서 지정한 7가지 주물 결함의 종류]**
> - **금속돌출**: Fin(지느러미)   • 기공
> - **불연속**   • **표면결함**: 스캡, 와시, 버클, 콜드셧, 표면굽힘, 표면겹침, Scar
> - 충전불량   • 치수결함
> - 개재물

20 벨트와 관련된 내용으로 옳지 <u>못한</u> 것은 무엇인가?

① 평벨트 재료는 가죽, 고무, 직물이 사용되며, 충분한 인장강도와 유연성을 가져야 한다.
② 풀리에 감겨져 그 마찰로 동력을 전달하므로 충분한 마찰을 가져야 한다.
③ 벨트의 속도가 8 [m/s]이면 원심력을 무시해도 된다.
④ 벨트는 직접전동장치이다.

> **• 정답 풀이 •**
>
> - **직접전동장치**: 직접 접촉을 통해 얻어지는 마찰로 동력을 전달하는 장치(**예** 마찰차, 기어 등)
> - **간접전동장치**: 간접 접촉을 통해 얻어지는 마찰로 동력을 전달하는 장치(**예** 벨트, 체인, 로프 등)

21 간접전동장치들의 동력 전달 크기 순서로 옳은 것은?

① 체인>V벨트>로프>평벨트   ② 로프>체인>V벨트>평벨트
③ 체인>로프>V벨트>평벨트   ④ 로프>V벨트>체인>평벨트

> **• 정답 풀이 •**
>
> **[체인, 로프, V벨트, 평벨트의 동력 전달 크기 순서]**
> 체인>로프>V벨트>평벨트
> 📝 **암기법**: 체로브평 [(체)코에서 (뢰)(브)감독의 (평)이 좋다]
>
> -------
> **참고**
> - **평벨트의 축간거리 범위**: 10 [m] 이하
> - **V벨트의 축간거리 범위**: 5 [m] 이하

정답 19 ③   20 ④   21 ③

22 주물 가공 시, 주물의 체적을 4배로 늘리고 표면적을 0.5배로 줄인 경우, 응고시간은 몇 배가 되는가?

① 8배가 된다.　　　　　　　　　② 1/8배가 된다.
③ 64배가 된다.　　　　　　　　 ④ 1/64배가 된다.

• 정답 풀이 •

응고 시간 $\propto \left(\dfrac{체적}{표면적}\right)^2 \Rightarrow \left(\dfrac{4}{0.5}\right)^2$ 이므로 응고시간은 64배가 된다.

23 신속조형법의 종류 중, 가공하고자 하는 단면에 레이저빔을 부분적으로 쏘아 절단하고 종이의 뒷면에 부착된 접착제를 사용하여 아래 층과 압착시키고 한 층씩 적층하는 방법은?

① SLA　　　　　　　　　　　　② SLS
③ LOM　　　　　　　　　　　 ④ FDM

• 정답 풀이 •

- **신속조형법(쾌속조형법)**: 3차원 형상 모델링으로 그린 제품 설계 데이터를 사용하여 제품 제작 전에 실물 크기 모양의 입체 형상을 신속하고 경제적인 방법으로 제작하는 방법을 말한다.

[신속조형법의 종류]
- **광조형법(SLA, Stereolithography)**: 액체 상태의 광경화성 수지에 레이저 빔을 부분적으로 쏘아 적층하는 방법으로, 큰 부품 처리가 가능하다. 또한, 정밀도가 높고 액체 재료이기 때문에 후처리가 필요하다.
- **융해용착법(FDM, Fused Deposition Molding)**: 열가소성인 필라멘트 선으로 된 열가소성 일감을 노즐 안에서 가열하여 용해하고, 이를 짜내어 조형 면에 쌓아 올려 제품을 만드는 방법이다.
- **선택적 레이저 소결법(SLS, Selective Laser Sintering)**: 금속 분말 가루나 고분자 재료를 한 층씩 도포한 후 여기에 레이저빔을 쏘아 소결시키고 다시 한 층씩 쌓아 올려 형상을 만드는 방법이다.
- **3차원 인쇄(3DP, Three Dimentional Printing)**: 분말 가루와 접착제를 뿌리면서 형상을 만드는 방법으로, 3D 프린터를 생각하면 된다.
- **박판적층법(LOM, Laminated Object Manufacturing)**: 가공하고자 하는 단면에 레이저빔을 부분적으로 쏘아 절단하고 종이의 뒷면에 부착된 접착제를 사용하여 아래층과 압착시키고 한 층씩 적층하는 방법이다.

※ 초기 재료가 분말 형태인 신속조형법: 선택적 레이저소결법, 3차원 인쇄

24 열간가공의 특징으로 옳지 <u>못한</u> 것은 무엇인가?

① 조직의 미세화 효과가 있다.
② 재질이 균일화된다.
③ 마찰계수는 열간가공이 냉간가공보다 크다.
④ 균일성은 열간가공이 냉간가공보다 적다.

• 정답 풀이 •

열간가공은 재결정 온도 이상에서 가공하는 것이기 때문에 재결정을 시키고 가공하는 것을 말한다. 재결정을 시켰다는 것은 새로운 결정핵이 생성되었다는 것을 말한다. 새로운 결정핵은 크기도 작고 매우 무른 상태이기 때문에 강도가 약하다. 따라서 연성이 우수한 상태이므로 가공도가 커지게 되며, 가공시간이 빨라지므로 열간가공은 대량생산에 적합하다. 또한, 새로운 결정핵(작은 미세한 결정)이 발생했다는 것 자체를 조직의 미세화 효과가 있다고 말한다. 따라서 냉간가공은 조직 미세화라는 표현이 맞고, 열간가공은 조직 미세화 효과라는 표현이 맞다. 그리고 재결정 온도 이상으로 장시간 유지하면 새로운 신결정이 성장하므로 결정립이 커지게 된다. 이것을 조대화라고 보며, 성장하면서 배열을 맞추므로 재질의 균일화라고 표현한다.

※ 균일성은 균일화와 다르다.
균일성은 치수정밀도, 표면의 깨끗함을 의미하기 때문에 냉간가공이 열간가공보다 균일성이 우수하다.

※ $\mu = \tan(\rho)$ (단, μ: 마찰계수, ρ: 마찰각)
이해 방법은 책에 동전을 올려두고 서서히 경사를 증가시킨다고 가정한다. 어느 순간 동전이 미끄러지는데, 이때의 각도가 바로 마찰각이다. 열간가공은 높은 온도에서 가공하므로 일감 표면이 산화가 발생하여 표면이 거칠다. 따라서 동전이 미끄러지는 순간의 경사각이 더 클 것이다. 즉, 마찰각이 크기 때문에 위 식에 의거하여 마찰계수도 커지게 된다.

25 잔류응력에 대한 설명으로 옳지 <u>못한</u> 것은 무엇인가?

① 외력을 가하고 제거해도 소재 내부에 남은 응력을 말한다.
② 상의 변화, 온도구배, 불균일 변형이 제일 큰 원인이다.
③ 인장잔류응력은 응력부식균열을 발생시킬 수 있다.
④ 숏피닝으로 발생시킨 압축잔류응력은 피로한도, 피로수명을 저하시킨다.

• 정답 풀이 •

압축잔류응력은 피로한도, 피로수명을 향상시킨다.

참고 잔류응력이 존재하는 표면을 드릴로 구멍을 뚫으면 그 구멍이 타원형상으로 변형될 수 있다

정답 24 모두 옳음　　25 ④

26 극압유에 첨가되는 원소가 <u>아닌</u> 것은 무엇인가?

① Pb   ② Cl   ③ Cr   ④ S

• 정답 풀이 •

[윤활유의 종류]
- **액체윤활유**: 동물섬유(유동성이 좋다), 식물섬유
- **고체윤활유**: 활성, 운모, 흑연
- **반고체윤활유**: 그리스
- **특수윤활유**: 극압유(Pb, Cl, S, P 첨가), 부동성 기계유, 실리콘유 등

27 강도 및 기밀을 필요로 하는 동시에 압력에 견딜 수 있는 리벳 이음은 무엇인가?

① 저압용 리벳   ② 구조용 리벳
③ 보일러용 리벳   ④ 열간 리벳

• 정답 풀이 •

[리벳의 용도에 따른 분류]
- **보일러용**: 강도, 기밀을 필요로 하고 압력에 견딜 수 있는 리벳이음(보일러, 고압탱크)
- **저압용**: 강도보다는 기밀만 필요로 하는 리벳이음(물탱크, 저압탱크)
- **구조용**: 기밀보다는 강도를 필요로 하는 리벳이음(철교, 차량, 선박 등)

28 코킹 및 플러링에 대한 설명으로 옳지 <u>못한</u> 것은 무엇인가?

① 강판과 같은 두께의 플러링 공구로 옆면을 타격하는 공정은 플러링이다.
② 플러링은 기밀을 더욱 완전하게 하기 위해 실시하는 작업이다.
③ 아주 얇은 강판일 때는 기름 먹인 종이, 패킹 등을 판 사이에 끼워 기밀을 유지한다.
④ 코킹은 보통 5 [mm] 이하의 판에 적용한다.

• 정답 풀이 •

코킹은 일반적으로 5 [mm] 이상의 판에 적용하여 기밀을 유지한다. 5 [mm] 이하의 너무 얇은 판이라면 판이 뭉개지는 불상사가 일어날 수 있다.

5 [mm] 이하 판 기밀 유지 방법
판 사이에 패킹, 개스킷, 기름 먹인 종이 등을 끼워 기밀을 유지할 수 있다.

29 금속의 용융점 이하의 온도이지만 미세한 조직 변화가 발생하는 부분은 무엇인가?

① 열영향부 ② 용착금속부
③ 용착부 ④ 변질부

• 정답 풀이 •

[용접부의 명칭 설명]
- **용착부**: 모재 일부가 녹아 응고된 부분
- **용접금속부**: 용착부 부분의 금속
- **용착금속부**: 용접봉에 의한 금속 부분으로 용가재로부터 모재에 용착한 금속의 부분
- **열영향부(변질부, HAZ)**: 금속의 용융점 이하의 온도이지만 미세한 조직 변화가 일어나는 부분

30 사이클로이드 곡선의 특징으로 옳지 <u>못한</u> 것은 무엇인가?

① 미끄럼이 적어 마멸과 소음이 적다.
② 잇면이 마멸이 균일하다.
③ 치형의 가공이 어렵고 호환성이 적다.
④ 언더컷이 발생한다.

• 정답 풀이 •

[사이클로이드 곡선의 특징]
- 언더컷이 발생하지 않으며, 중심거리가 정확해야 조립이 가능하다. 또한 시계 부품에 사용된다.
- 미끄럼이 적어 소음과 마멸이 적고, 잇면의 마멸이 균일하다.
- 피치점이 완전히 일치하지 않으면 물림이 불량하다.
- 치형의 가공이 어렵고, 호환성이 적다.
- 압력각이 일정하지 않다.
- 효율이 우수하다.

[인벌류트 곡선의 특징]
- 동력전달장치에 사용하며, 값이 싸고 제작이 쉽다.
- 치형의 가공이 용이하고, 정밀도와 호환성이 우수하다.
- 압력각이 일정하며, 물림에서 축간거리가 다소 변해도 속비에 영향이 없다.
- 이뿌리 부분이 튼튼하나, 미끄럼이 많아 소음과 마멸이 크다
- 인벌류트 치형은 압력각과 모듈이 모두 같아야 호환이 가능하다.

참고 [영구주형법의 가스 배출이 불량한 이유]
금속형 주형을 사용하기 때문에 표면이 차갑다. 따라서 급냉이 되므로 용탕에서 발생된 가스가 주형에서 배출되기 전에 급냉으로 인해 응축되어 가스 응축액이 생긴다. 따라서 가스 배출이 불량하고, 이 가스 응축액이 용탕 내부로 흡입되어 결함을 발생시킬 수 있으며, 내부가 거칠게 된다.

정답 29 ①, ④ 30 ④

31 냉각쇠에 대한 설명으로 옳지 <u>못한</u> 것은 무엇인가?

① 주물 두께 차이에 따른 응고 속도 차이를 줄이기 위해 사용된다.
② 냉각쇠는 주물 두께가 얇은 부분에 설치한다.
③ 수축공을 방지하기 위해 사용된다.
④ 주물의 응고속도를 증가시킨다.

> • 정답 풀이 •
>
> 냉각쇠는 주물 두께에 따른 응고 속도 차이를 줄이기 위해 사용한다. 어떤 주물을 주형에 넣어 냉각시키는 데 있어 주물 두께가 다른 부분이 있다면, 두께가 얇은 쪽이 먼저 응고되면서 수축하게 된다. 따라서 그 부분은 쇳물의 부족으로 인해 수축공이 발생하게 된다. 그러므로 주물 두께가 두꺼운 부분에 냉각쇠를 설치하여 두꺼운 부분의 응고 속도를 증가시킨다. 결국, 주물 두께 차이에 따른 응고 속도를 줄일 수 있으므로 수축공을 방지할 수 있다.
> 또한, 냉각쇠 종류로는 핀, 막대, 와이어가 있으며, 주형보다 열흡수성이 좋은 재료를 사용한다. 그리고 고온부와 저온부가 동시에 응고되도록 또는 두꺼운 부분과 얇은 부분이 동시에 응고되도록 하는 목적으로 설치하는 것임을 다시 강조한다.
> 마지막으로 가장 중요한 것으로 냉각쇠(chiller)는 가스 배출을 고려하여 주형의 상부보다는 하부에 부착해야 한다. 만약, 상부에 부착한다면 가스는 주형 위로 배출되려고 하다가 상부에 부착된 냉각쇠에 의해 빠르게 냉각되면서 응축하여 가스액이 되고, 그 가스액이 주물 내부로 떨어져 결함을 발생시킬 수 있기 때문이다.

32 여러 베어링에 대한 설명으로 옳지 <u>못한</u> 것은?

① 공기 정압 베어링은 초고속 및 고정밀 가공을 위한 주축의 베어링에 사용된다.
② 미끄럼 베어링은 충격 부하가 가장 크다.
③ 니들 베어링은 롤러의 지름이 2~5 [mm]로 길이에 비해 지름이 작은 베어링이다.
④ 미첼 베어링은 구름 베어링의 특수형으로 고부하 용량에 매우 잘 견딘다.

> • 정답 풀이 •
>
> • 공기 정압 베어링: 초고속 및 고정밀 가공을 위한 주축의 베어링에 사용한다.
> • 미끄럼 베어링: 충격 부하가 가장 크다.
> • 니들 베어링: 롤러의 지름이 2~5 [mm]로 길이에 비해 지름이 작은 베어링이다.
> • 미첼 베어링: 미끄럼 베어링의 특수형으로, 고부하 용량에 매우 잘 견딘다.

정답 31 ②   32 ④

33 하중에 의해 자동적으로 제동이 걸리는 브레이크의 종류로 옳지 <u>못한</u> 것은?

① 웜브레이크　　　　　　　　　　② 캠브레이크
③ 코일브레이크　　　　　　　　　　④ 원추브레이크

• 정답 풀이 •

• **자동하중브레이크**: 하중에 의해 자동적으로 제동이 걸리는 브레이크
• **자동하중브레이크의 종류**: 웜, 나사, 원심, 로프, 캠, 코일 등

참고
• 반경 방향으로 밀어붙이는 형식: 외부수축식(블록브레이크, 밴드브레이크), 드럼브레이크(내확브레이크)
• 축 방향으로 밀어붙이는 형식: 축압브레이크(원판브레이크, 원추브레이크)

34 잇수 $Z_1=40$, $Z_2=60$인 2개의 평기어가 외접하여 전동되고 있다. 이 두 기어의 중심거리는 얼마인가? (단, 모듈은 3)

① 150 [mm]　　　　　　　　　　② 180 [mm]
③ 200 [mm]　　　　　　　　　　④ 220 [mm]

• 정답 풀이 •

$$C=\frac{D_1+D_2}{2}=\frac{mZ_1+mZ_2}{2}=\frac{m(Z_1+Z_2)}{2}=\frac{3(40+60)}{2}=150\,[\text{mm}]$$

참고

$$i(\text{속비})=\frac{N_2}{N_1}=\frac{D_1}{D_2}=\frac{mZ_1}{mZ_2}$$

정답 33 ④　　　34 ①

35 타이밍벨트의 특징으로 옳지 못한 것은 무엇인가?

① 미끄럼이 없어 일정한 속도비를 얻을 수 있다.
② 고속운전에서 소음 및 진동이 없다.
③ 바로걸기와 엇걸기가 가능하며, 유연성이 좋고 작은 풀리에도 사용이 가능하다.
④ 벨트 무게에 비해 큰 동력을 전달할 수 있다.

• 정답 풀이 •

타이밍벨트는 안쪽 표면에 이가 달려 있는 벨트로, 미끄럼 없이 일정한 속비를 얻는다. 따라서, 타이밍벨트를 엇걸기로 이용하면 벨트가 반대로 꼬아져 안쪽 표면에 있는 이가 바깥 표면으로 돌출되므로 풀리에 접촉될 수 없다. 따라서 바로걸기로만 사용한다.
[타이밍벨트의 특징]
• 미끄럼이 없어 일정한 속도비를 얻을 수 있고, 고속운전에서 소음 및 진동이 없다.
• 바로걸기만 가능하며, 유연성이 좋고 작은 풀리에도 사용이 가능하다.
• 벨트 무게에 비해 큰 동력을 전달할 수 있다.
• 축간거리가 짧아 좁은 장소에서 사용할 수 있다.

36 로딩의 원인으로 옳지 못한 것은 무엇인가?

① 조직이 치밀할 때
② 공작물의 경도가 숫돌의 경도보다 높을 때
③ 숫돌의 회전속도가 느릴 때
④ 부적당한 연삭액을 사용할 때

• 정답 풀이 •

• 로딩(눈메움＝눈메꿈): 숫돌로 연삭 시, 칩이 기공이나 숫돌 입자 사이에 끼는 현상
• 로딩의 원인: 숫돌의 조직이 치밀 즉, 숫돌 경도＞공작물 경도일 때 발생함을 꼭 기억한다!

참고 로딩은 눈메움이며, 글레이징은 눈무딤이다.

37 이의 간섭의 원인으로 옳지 못한 것은?

① 피니언의 잇수가 적을 때
② 압력각이 작을 때
③ 유효 이높이가 클 때
④ 잇수비가 작을 때

• 정답 풀이 •

- **이의 간섭**: 큰 기어의 이 끝이 피니언의 이뿌리에 부딪혀서 회전할 수 없는 현상으로, 피니언의 잇수가 적을수록 이뿌리 간격이 넓어져 이의 간섭이 발생할 확률이 커진다.

[이의 간섭의 원인]
- 피니언의 잇수가 적을 때
- 압력각이 작을 때
- 유효 이높이가 클 때
- 잇수비가 클 때 (충분히 참고 내용으로 도출할 수 있는 이론)

참고 속도비는 $N_b/N_a = Z_a/Z_b$이므로 피니언의 잇수가 작으면 잇수비가 커진다.

38 금에 여러 원소나 금속을 첨가하면 더 단단해지는 이유는 무엇과 관계가 있는가?

① 시효경화   ② 가공경화
③ 고용경화   ④ 변태경화

• 정답 풀이 •

24K 금반지는 무르고, 14K 금반지는 더 단단하다. 바로 그 이유가 고용경화 때문이라는 것을 반드시 기억하기 바란다.

39 인발가공의 4단계를 옳게 서술한 것으로 옳지 못한 것은?

① 벨 → 어프로치 → 베어링 → 릴리프
② 벨 → 베어링 → 어프로치 → 릴리프
③ 베어링 → 어프로치 → 벨 → 릴리프
④ 베어링 → 벨 → 어프로치 → 릴리프

• 정답 풀이 •

벨(도입부) → 어프로치(안내부) → 베어링(정형부) → 릴리프(안내부)이다. 또한, 정형부는 실제 형태가 만들어지는 곳임을 꼭 기억하기 바란다!

정답 37 ④   38 ③   39 ①

40 소재의 옆면이 볼록해지는 불완전한 상태인 베럴링 현상에 대한 설명으로 옳지 <u>못한</u> 것은?

① 마찰에 기인한 베럴링은 초음파로 압축판을 진동시켜 최소화시킬 수 있다.

② 고온의 소재를 가열된 금형으로 업세팅할 때도 발생한다.

③ 열간가공 시, 가열된 금형을 사용하여 베럴링을 감소시킬 수 있다.

④ 열간가공 시, 금형과 소재 간의 접촉면에 열 차폐물을 사용하여 베럴링을 줄일 수 있다.

· 정답 풀이 ·

· 베럴링: 소재의 옆면이 볼록해지는 불완전한 상태를 말하며, 고온의 소재를 냉각된 금형으로 업세팅할 때 발생할 수 있다.

[베럴링 현상을 방지하는 방법]

· 열간가공 시 다이(금형)를 예열한다.

· 금형과 제품 접촉면에 윤활유나 열 차폐물을 사용한다.

· 초음파로 압축판을 진동시킨다.

---

04 2019 상반기 서울주택도시공사 기출변형문제

01 여러 커플링에 대한 설명으로 옳지 <u>못한</u> 것은 무엇인가?

① 분할원통커플링은 클램프커플링이라고 하며, 두 축을 주철 및 주강제 분할원통에 넣고 볼트로 체결하는 커플링이다.

② 셀러커플링은 2개의 주철제 원뿔통을 3개의 볼트로 죄며 원추형이 중앙으로 갈수록 지름이 가늘어진다.

③ 올덤커플링은 두 축이 서로 평행하거나 중심선이 서로 어긋날 때 사용하고, 각속도의 변화로 회전력을 전달하고자 할 때 사용하는 커플링이다.

④ 마찰원통커플링은 2개로 된 원추형 원통에 2개의 축을 끼우고 2개의 링으로 결합하여 이 마찰력으로 동력을 전달할 수 있는 커플링이다.

• 정답 풀이 •

올덤커플링은 두 축이 서로 평행하거나 중심선이 서로 어긋날 때 사용하고 각속도의 변화없이 회전력을 전달하고자 할 때 사용하는 커플링이다.

02 충격파에 대한 설명으로 옳지 <u>못한</u> 것은?

① 충격파는 비가역 현상이므로 엔트로피가 증가한다.

② 충격파의 영향으로 압력, 온도, 밀도, 비중량이 증가한다.

③ 충격파의 영향으로 마찰열이 발생하며, 속도가 증가한다.

④ 아음속을 초음속으로 만들려면 축소−확대노즐을 사용한다.

• 정답 풀이 •

[충격파로 인한 영향]
• 수력 도약과 비슷하다.
• 비가역 현상이므로 엔트로피가 증가한다.
• 압력, 온도, 밀도, 비중량이 증가하며, 속도는 감소한다. (속도만 감소한다는 것을 기억하라!)
• 충격파의 영향으로 마찰열이 발생한다.

※ 아음속 → 초음속으로 만들려면 축소−확대노즐을 사용한다.
※ 마하수가 0.3보다 클 때 압축성 효과가 발생한다.

정답 01 ③   02 ③

03 강도성 상태량의 종류로 옳지 <u>못한</u> 것은 무엇인가?

① 압력
② 온도
③ 체적
④ 밀도

▸ 정답 풀이 ◂

- **강도성 상태량**: 물질의 질량에 관계없이 그 크기가 결정되는 상태량(온도, 압력, 밀도, 비체적)
- **종량성 상태량**: 물질의 질량에 따라 그 크기가 결정되는 상태량(체적, 내부에너지, 질량, 엔탈피, 엔트로피)

04 강도성, 종량성 상태량에 대한 설명으로 옳지 <u>못한</u> 것은 무엇인가?

① 강도성 상태량은 물질의 질량과 관계가 없다.
② 강도성 상태량에는 온도, 압력, 체적 등이 있다.
③ 종량성 상태량에는 내부에너지, 엔탈피, 엔트로피 등이 있다.
④ 종량성 상태량은 어떤 계를 n등분하면 그 크기도 n등분만큼 줄어드는 상태량이다.

▸ 정답 풀이 ◂

- **강도성 상태량**: 물질의 질량에 관계없이 그 크기가 결정되는 상태량(온도, 압력, 밀도, 비체적)
- **종량성 상태량**: 물질의 질량에 따라 그 크기가 결정되는 상태량(체적, 내부에너지, 질량, 엔탈피, 엔트로피)

05 심압대에 삽입하여 가장 정밀한 작업을 할 때 사용하는 센터는?

① 회전센터
② 하프센터
③ 정지센터
④ 베어링센터

▸ 정답 풀이 ◂

- 회전센터는 주축에 삽입한다.
- 정지센터는 심압대에 삽입하여 가장 정밀한 작업에 사용된다.
- 베어링센터는 대형공작물, 고속절삭에 사용되고 센터 끝이 공작물과 같이 회전한다.
- 파이프센터는 구멍이 큰 일감 작업에 사용한다.

정답 03 ③　　04 ②　　05 ③

06 다음 중 방향제어밸브는?

① 릴리프밸브
② 감속밸브
③ 감압밸브
④ 스톱밸브

• 정답 풀이 •

- **압력제어밸브(일의 크기를 결정):** 릴리프밸브, 감압밸브, 시퀀스밸브, 카운터밸런스밸브, 무부하밸브, 압력스위치, 이스케이프밸브, 안전밸브, 유체퓨즈
- **유량제어밸브(일의 속도를 결정):** 교축밸브, 유량조절밸브, 집류밸브, 스톱밸브, 바이패스유량제어밸브
- **방향제어밸브(일의 방향을 결정):** 체크밸브, 셔틀밸브, 감속밸브, 전환밸브, 포핏밸브, 스풀밸브

07 열경화성 수지로 옳지 못한 것은?

① 폴리에스테르
② 아미노수지
③ 폴리아미드수지
④ 멜라닌수지

• 정답 풀이 •

열경화성수지	열가소성수지
폴리에스테르	폴리염화비닐
아미노수지	불소수지
페놀수지	스티롤수지
프란수지	폴리에틸렌수지
에폭시수지	초산비닐수지
실리콘수지	메틸아크릴수지
멜라닌수지	폴리아미드수지
요소수지	염화비닐론수지

정답 06 ②　　07 ③

08 니켈에 대한 설명으로 옳지 못한 것은 무엇인가?

① 니켈은 전연성이 있어 동전의 재료로 사용될 수 있다.
② 니켈은 면심입방격자이며, 358도 이상이 되면 강자성체에서 상자성체로 변한다.
③ 니켈은 산에 약하다.
④ 니켈은 알칼리에 약하다.
⑤ 니켈은 페라이트 조직을 안정화시킨다.

• 정답 풀이 •

[니켈의 추가적 특징]
• 담금질성을 증가시키며 특수강에 첨가하면 강인성, 내식성, 내산성을 증가시킨다.
• 자기변태점이 358도이며, 358도 이상이 되면 강자성체에서 상자성체로 변한다.
• 니켈은 동소변태를 하지 않고, 자기변태만 한다. 페라이트 조직을 안정화시킨다.

	산	알칼리	염기성
청동	×	×	○
마그네슘	×	○	×
알루미늄	×	×	×
니켈	×	○	
강	×	○	

위의 표에서 ○는 강함을 의미하며, ×는 약함을 의미한다.

09 돌턴의 분압법칙에 대해 옳게 설명한 것은?

① 같은 압력 및 같은 온도의 경우, 모든 가스의 같은 분자량이 차지하는 부피는 같다.
② 혼합 기체의 전체 압력은 각 성분 기체의 부분 압력의 합과 같다.
③ 온도가 일정할 때 기체의 비체적은 절대압력에 반비례한다.
④ 압력이 일정할 때 기체의 비체적은 절대온도에 비례한다.
⑤ 절대온도와 압력은 항상 비례한다.

• 정답 풀이 •

• **돌턴의 분압법칙**: 완전가스를 혼합할 때, 혼합가스의 압력은 각 성분 가스의 분압의 합과 같다.
① $P_{혼합가스}V_{혼합가스} = P_1V_1 + P_2V_2$
② $M_{혼합가스}R_{혼합가스} = M_1R_1 + M_2R_2$
③ $M_{혼합가스}C_{혼합가스} = M_1C_1 + M_2C_2$

※ **아보가드로 법칙**: 압력과 온도가 같을 때, 모든 가스는 단위체적 속에 같은 수의 분자를 가진다.

정답 08 ④   09 ②

10 가스터빈 사이클의 종류로 옳지 <u>못한</u> 것은?

① 에릭슨 사이클   ② 스털링 사이클   ③ 사바테 사이클

④ 아트킨슨 사이클   ⑤ 르누아 사이클

• 정답 풀이 •

[가스터빈 사이클의 종류]

• 브레이턴 사이클: 2개의 정압과정＋2개의 단열과정으로 구성되어 있으며, 가스터빈의 이상 사이클이다. 또한, 가스터빈의 3대 요소는 압축기, 연소기, 터빈으로 구성되어 있다.

• 에릭슨 사이클: 2개의 정압과정＋2개의 등온과정으로, 사이클의 순서는 등온압축 → 정압가열 → 등온팽창 → 정압방열이다.

• 스털링 사이클: 2개의 정적과정＋2개의 등온과정으로, 사이클의 순서는 등온압축 → 정적가열 → 등온팽창 → 정적방열이다. 또한, 증기원동소의 이상 사이클인 랭킨사이클에서 이상적인 재생기가 있다면 스털링 사이클에 가까워진다. 참고로 역스털링 사이클은 헬륨을 냉매로 하는 극저온 가스냉동기의 기본 사이클이다.

• 아트킨슨 사이클: 2개의 단열과정＋1개의 정압과정＋1개의 정적과정으로, 사이클의 순서는 단열압축 → 정적가열 → 단열팽창 → 정압방열이다. 디젤사이클과 구성 과정은 같으나 아트킨슨 사이클은 가스동력 사이클임을 알고 있어야 한다.

• 르누아 사이클: 1개의 단열과정＋1개의 정압과정＋1개의 정적과정으로, 사이클의 순서는 정적가열 → 단열팽창 → 정압방열이다. 동작물질의 압축과정이 없으며, 펄스제트 추진 계통의 사이클과 유사하다.

※ 사바테 사이클은 가열과정이 정압 및 정적과정에서 동시에 이루어지기 때문에 정압－정적 사이클 즉, 복합 사이클 또는 이중 연소 사이클이라고 한다. (디젤 사이클＋오토 사이클, 고속디젤기관의 기본 사이클)

※ 오토 사이클은 2개의 정적과정＋2개의 단열과정으로, 정적 연소 사이클이라고 하며, 불꽃점화 즉, 가솔린 기관의 이상 사이클이다.

※ 디젤 사이클은 2개의 단열과정＋1개의 정압과정＋1개의 정적과정으로 정압하에서 열이 공급되고 정적하에서 열이 방출된다. 정압하에서 열이 공급되므로 정압사이클이라고 하며, 저속디젤기관의 기본 사이클이다.

※ 랭킨 사이클은 2개의 단열과정＋2개의 정압과정으로, 화력발전소의 기본 사이클이다.

11 방전가공에서 사용되는 전극재료의 조건으로 옳지 <u>못한</u> 것은?

① 융점이 높을 것   ② 공작물보다 경도가 높을 것

③ 가공 속도가 클 것   ④ 방전 시 가공전극의 소모가 적을 것

⑤ 열전도도, 전기전도도가 높을 것

• 정답 풀이 •

[방전가공 전극재료의 조건]

• 기계가공이 쉬우며, 열전도도 및 전기전도도가 높을 것

• 방전 시, 가공전극의 소모가 적어야 하며, 내열성이 우수할 것

• 공작물보다 경도가 낮으며, 융점이 높을 것

• 가공 정밀도와 가공 속도가 클 것

정답 10 ③   11 ②

12 여러 용접에 대한 설명으로 옳지 <u>못한</u> 것은 무엇인가?

① 업셋 용접은 작은 단면적을 가진 선, 봉, 관의 용접에 적합하다.
② 플라즈마 용접은 발열량의 조절이 쉬워 아주 얇은 박판 접합에 사용이 가능하다.
③ 일렉트로 슬래그 용접은 반지름이 2.5~3.2 [mm]인 와이어전극을 용융슬래그 속에 공급하여 그에 따른 슬래그 전기저항열로 접합을 실시한다.
④ 전자빔 용접은 진공 상태에서 용접을 실시한다.
⑤ 프로젝션 용접은 판금 공작물을 접합하는 데 가장 적합한 용접이다.

·정답 풀이·

- **업셋 용접**: 작은 단면적을 가진 선, 봉, 관의 용접에 적합하다.
- **플라즈마 용접**: 발열량의 조절이 쉬워 아주 얇은 박판의 용접이 가능하다.
- **일렉트로 슬래그 용접**: 지름이 2.5~3.2 [mm] 정도인 와이어전극을 용융슬래그 속에 공급하여 그에 따른 슬래그 전기저항열로 용접을 진행
- **전자빔 용접**: 진공 상태에서 용접을 실시하며, 융점이 높은 금속에 적용이 가능하고, 용입이 깊고 변형이 적다. 다만, 장비가 고가이다.
- **플러그 용접**: 용접하고자 하는 한쪽 모재에 구멍을 뚫고, 다른 판의 표면까지 가득하게 채우고 용접하는 방법이다.
- **프로젝션 용접**: 판금 공작물을 접합하는 데 가장 적합하다.

13 유량제어밸브에서 유체가 흐르기 시작할 때 유량이 과도적으로 설정값을 넘어서는 현상은 무엇인가?

① 채터링   ② 점핑   ③ 케비테이션
④ 디더   ⑤ 인터플로

·정답 풀이·

- **점핑**: 유량제어밸브에서 유체가 흐르기 시작할 때 유량이 과도적으로 설정값을 넘어서는 현상
- **채터링**: 스프링에 의해 작동되는 릴리프 밸브에 발생하기 쉽고, 밸브시트를 두들겨서 비교적 높은 음을 발생시키는 일종의 자력 진동 현상이다.
- **케비테이션**: 유체가 관속을 흐를 때 국부적으로 압력이 저하되어 그 부분에서 액체가 기화되어 기포가 생기는 현상
- **디더**: 스풀 밸브 등으로 마찰 및 고착 현상 등의 영향을 감소시켜서 그 특징을 개선시키기 위해 가하는 비교적 높은 주파수의 진동
- **인터플로**: 밸브의 변화 도중에 과도적으로 생기는 밸브포트 사이의 흐름

14 판재를 접어 접합시키는 공정은 무엇인가?

    ① 해밍   ② 시밍   ③ 코깅

    ④ 웰시코깅   ⑤ 벌징

・정답 풀이・

- **시밍**: 판재를 접어서 굽히거나 말아 넣어 접합시키는 공정
- **해밍**: 판재의 끝단을 접어 포개는 작업
- **코깅**: 단조공정의 일종으로, 아래 위의 다이로 두께를 연속적으로 줄이는 공정
- **웰시코깅**: 다리가 짧은 가축물이 개로 엉덩이가 귀여운 강아지
- **벌징**: 주름 형상을 만드는 공정

15 탭 작업 중, 탭이 부러지는 원인으로 옳지 <u>않은</u> 것은?

    ① 구멍이 작을 때

    ② 탭이 구멍바닥에 닿아 충격을 받았을 때

    ③ 구멍이 바르지 못할 때

    ④ 구멍이 클 때

    ⑤ 칩의 배출이 불량할 때

・정답 풀이・

[탭이 부러지는 원인]
- 구멍이 작을 때
- 탭이 구멍바닥에 닿아 충격을 받았을 때
- 구멍이 바르지 못할 때
- 핸들이 무리한 힘을 주거나 탭이 구멍바닥에 닿아 충격을 받았을 때
- 작업 중 역회전을 할 때
- 칩의 배출이 불량할 때

정답 14 ②   15 ④

16 작동유에 공기가 혼입되었을 때의 영향으로 옳지 <u>못한</u> 것은?

① 비압축성이 되어 유압기기의 작동이 원활해진다.
② 공동현상이 발생한다.
③ 작동유의 열화가 촉진된다.
④ 윤활작용이 저하된다.
⑤ 숨돌리기 현상이 발생한다.

> **· 정답 풀이 ·**
>
> **[작동유에 공기가 혼입될 때의 영향]**
> • 윤활작용이 저하되고, 작동유의 열화가 촉진된다.
> • 숨돌리기 현상 및 공동현상이 발생된다.
> • 실린더의 작동이 불량해지며, 압축성이 증대되어 유압기기의 작동이 불규칙해진다.

17 구상인선(빌트업 에지)에 관한 설명으로 옳지 <u>못한</u> 것은 무엇인가?

① 구상인선은 발생−성장−분열−탈락의 과정을 거친다.
② 구상인선은 공구면을 덮어 보호하는 역할을 한다.
③ 구상인선의 경도값은 공작물이나 정상적인 칩보다 상당히 크다.
④ 공작물의 변형경화지수가 크면 구상인선의 발생률이 커진다.
⑤ 구상인선의 끝단반경은 실제 공구의 끝단 반경보다 작다.

> **· 정답 풀이 ·**
>
> **[구상인선=빌트업 에지]**: 날 끝에 칩이 달라붙어 마치 절삭날의 역할을 하는 현상
> • 구상인선이 발생하면 날 끝에 칩이 달라붙어 날 끝이 울퉁불퉁해진다. 따라서 표면을 거칠게 하거나 동력 손실을 유발할 수 있다.
> • 구상인선 방지법은 절삭속도 크게, 절삭깊이 작게, 윗면 경사각 크게, 마찰계수가 작은 공구 사용, 30도 이상 바이트의 전면 경사각을 크게, 120 [m/min] 이상의 절삭속도 사용 등이 있다. 다시 말해, 고속으로 절삭하면 칩이 날 끝에 용착되기 전에 칩이 떨어져나가고, 절삭 깊이가 작으면 그만큼 날끝과 칩의 접촉 면적이 작아져 칩이 날 끝에 용착될 확률이 적어진다. 그리고 윗면 경사각이 커야 칩이 윗면에 충돌하여 붙기 전에 떨어져 나간다.
> • 구상인선의 끝단 반경은 실제 공구의 끝단 반경보다 크다(칩이 용착되어 날 끝의 둥근 부분[노즈]가 커지므로).
> • 일감의 변형경화지수가 클수록 구상인선의 발생 가능성이 커진다.
> • 구상인선의 경도값은 공작물이나 정상적인 칩보다 상당히 크다.
> • 구상인선은 '발생 → 성장 → 분열 → 탈락'의 과정을 거친다.
> • 구상인선은 공구면을 덮어 공구면을 보호하는 역할도 할 수 있다.
> • 구상인선을 이용한 절삭방법은 SWC이다. 은백색의 칩을 띠며 절삭저항을 줄일 수 있는 방법!
> • 구상인선이 발생하지 않을 임계속도: 120 [m/min]

18 내면연삭에 대한 설명으로 옳지 <u>못한</u> 것은 무엇인가?

① 외경연삭에 비해 정밀도가 떨어진다.
② 외경연삭보다 숫돌의 마모가 적다.
③ 내경연삭은 외경연삭보다 숫돌의 회전수가 빨라야 한다.
④ 가공 중에는 안지름 측정이 어렵기 때문에 자동치수측정장치가 사용된다.
⑤ 숫돌의 바깥지름이 구멍의 지름보다 작아야 한다.

• 정답 풀이 •

내면연삭기는 숫돌이 중공일감 내부에서 회전하기 때문에 상대적으로 큰 일감이 회전하는 만큼 작은 숫돌은 더 많이 돌아야 하므로 숫돌의 회전수가 커야 하며, 이에 따라 마모가 심하다.

19 여러 금속침투법에 대한 설명으로 옳지 <u>못한</u> 것은 무엇인가?

① 칼로라이징은 철강 표면에 알루미늄을 확산 침투시키는 방법으로, 확산제로는 알루미늄, 알루미나 분말 및 염화암모늄을 첨가한 것을 사용하며, 800~1000 [℃] 정도로 처리한다.
② 실리콘나이징은 철강 표면에 규소를 침투시켜 방식성을 향상시키는 방법이다.
③ 보로나이징은 강재의 표면에 베릴륨을 침투 확산시켜 경도가 높은 보론화층을 형성시키는 방법이다.
④ 세라다이징은 고체 아연을 침투시키는 방법으로, 원자 간의 상호 확산이 일어난다.
⑤ 크로마이징은 강재 표면에 크롬을 침투시키는 방법으로, 담금질한 부품의 줄질 목적으로 사용한다.

• 정답 풀이 •

[금속침투법]: 철과 친화력이 좋은 금속을 표면에 침투시켜 내식/내열층을 만드는 방법
• **칼로라이징**: 철강 표면에 알루미늄(Al)을 확산 침투시키는 방법으로, 확산제로는 알루미늄, 알루미나 분말 및 염화암모늄을 첨가한 것을 사용하며, 800~1000 [℃] 정도로 처리한다. 또한, 고온산화에 견디기 위해서 사용된다.
• **실리콘나이징**: 철강 표면에 규소(Si)를 침투시켜 방식성을 향상시키는 방법이다.
• **보로나이징**: 재의 표면에 붕소(B)을 침투 확산시켜 경도가 높은 보론화층을 형성시키는 방법으로, 저탄소강의 기어 이 표면의 내마모성 향상을 위해 사용된다.
• **크로마이징**: 강재 표면에 크롬(Cr)을 침투시키는 방법으로, 담금질한 부품을 줄질할 목적으로 사용된다.
• **세라다이징**: 고체 아연(Zn)을 침투시키는 방법으로, 원자 간의 상호 확산이 일어나며, 대기 중 부식 방지 목적으로 사용된다.

정답 18 ② 19 ③

20 다음 중 압출결함의 종류로 옳게 묶인 것은 무엇인가?

콜드셧, 솔기결함, 파이프결함, 세브론결함, 표면균열

① 콜드셧, 솔기결함, 파이프결함
② 솔기결함, 파이프결함, 세브론결함
③ 파이프결함, 세브론결함, 표면균열
④ 솔기결함, 세브론결함, 표면균열
⑤ 콜드셧, 파이프결함, 세브론결함

• 정답 풀이 •

[압출결함]: 파이프결함, 세브론결함, 표면균열 (**파세표**라고 암기하라!)
※ **솔기결함(심결함)**: 인발에서 발생하는 결함으로, 길이 방향으로 생긴 흠집을 말한다.

21 동점성계수가 15×10^{-3} [m²/s]인 공기가 평판 위를 흐르고 있다. 이때, 선단으로부터 100 [cm]되는 곳에서의 레이놀즈수는 얼마인가? (단, 자유흐름의 속도는 2 [m/s])

① 122　　　　　　　② 133　　　　　　　③ 144
④ 155　　　　　　　⑤ 166

• 정답 풀이 •

$$R_e = \frac{u_\infty x}{\nu} = \frac{2 \times 1}{15 \times 0.001} = 133.33$$

※ 평판의 임계 레이놀즈: 500000(50만)
※ 개수로 임계 레이놀즈: 500
※ 상임계 레이놀즈 수(층류에서 난류로 변할 때): 4000
※ 하임계 레이놀즈 수(난류에서 층류로 변할 때): 2000~2100
※ 층류는 $R_e < 2000$, 천이 구간은 $2000 < R_e < 4000$, 난류는 $R_e > 4000$

일반적으로 임계 레이놀즈라고 하면 하임계 레이놀즈 수를 말한다.

22 축압기에 대한 설명으로 옳지 <u>못한</u> 것은 무엇인가?

① 축압기의 용량을 계산할 때 보일의 법칙에 기초를 둔다.
② 가스봉입형식인 것은 미리 소량의 작동유(내용적의 약 30 [%])를 넣은 다음, 가스를 소정의 압력으로 봉입한다.
③ 봉입가스는 질소가스 등의 불활성가스를 사용하며, 산소는 사용하지 않는다.
④ 펌프와 축압기 사이에는 체크밸브를 설치하여 유압유가 펌프에 역류하지 않도록 한다.
⑤ 축압기에는 용접이나 가공, 구멍을 뚫어서는 안된다.

• 정답 풀이 •

[축압기 추가적인 주의사항]
• 가스봉입형식인 것은 미리 소량의 작동유(내용적의 약 10 [%])를 넣은 다음, 가스를 봉입한다.
• 봉입가스는 질소가스 등의 불활성을 사용하고, 산소는 폭발성이 있으므로 사용하지 않는다.
• 충격완충용은 충격이 발생하는 곳 가까이에 설치하며, 봉입가스압은 6개월마다 점검 및 소정압력은 항상 예압한다.
• 축압기와 관로 사이에 스톱밸브를 넣어 토출압이 봉입가스 압력보다 낮을 때는 차단 후 가스를 봉입한다.

23 유압모터에 대한 설명으로 옳지 <u>못한</u> 것은 무엇인가?

① 작동유의 온도변화에 의해 유압모터의 특성이 변한다.
② 관성력이 적고 정역회전에 강하다.
③ 최대 출력토크의 제한이 용이하다.
④ 보수가 용이하다.
⑤ 고속 추동성이 우수하다.

• 정답 풀이 •

[유압모터의 특징]
• 시동, 역전, 변속, 정지, 가속 등의 제어가 간단하고, 출력당 소형 경량으로 큰 힘을 얻을 수 있다.
• 무단변속이 가능하며, 관성력이 적고, 정역회전에 강하다. 또한, 내폭성이 우수하다.
• 고속 추동성이 우수하다. 즉, 신호 시 응답이 빠르다.
• 속도나 방향의 제어, 토크제어, 최대 출력토크의 제한이 모두 용이하다.
• **작동유의 온도 변화에 의해 유압모터의 특성이 변한다. (작동유 사용 온도: 20~80 [%])**
• 보수가 복잡하며, 작동유에 먼지가 침입하지 않도록 주의해야 한다.
• 화재의 사고가 발생할 가능성이 있는 곳에서는 사용을 피해야 한다.

정답 22 ②　　23 ④

24 테일러의 공구수명식에 대한 설명으로 옳지 못한 것은?

① 공구수명에 가장 큰 영향을 미치는 것은 절삭속도이다.
② 테일러의 공구수명식은 절삭속도와 공구수명과 관련이 있다.
③ $VT^n=C$에서 C는 공구수명상수로, 공구수명을 1초로 할 때의 절삭속도이다.
④ n의 값은 세라믹이 초경합금보다 크다.
⑤ n의 값은 초경합금이 고속도강보다 크다.

• 정답 풀이 •

[테일러의 공구수명식]: $VT^n=C$
· V는 절삭속도, T는 공구수명이며, 공구수명에 가장 큰 영향을 주는 것은 절삭속도이다.
· C는 공구수명을 1분으로 했을 때의 절삭속도이며, 일감, 절삭조건, 공구에 따라 변한다.
· n은 공구와 일감에 의한 지수로, '세라믹 > 초경합금 > 고속도강' 순으로 크다.
· 테일러의 공구수명식을 대수선도로 표현하면 직선으로 표현된다.

25 접촉면의 바깥지름이 125 [mm], 안지름 75 [mm], 접촉면의 수 4개인 다판클러치가 있다. 이때 1000 [N]의 힘을 다판클러치에 작용시킬 때 전달토크([N·m])는 얼마인가? (단, 다판클러치의 평균마찰계수: 0.1, 균일 압력으로 가정)

① 20 [N·m] ② 40 [N·m] ③ 60 [N·m]
④ 80 [N·m] ⑤ 100 [N·m]

• 정답 풀이 •

$T=\mu P \dfrac{D_m}{2} Z$ [T: 토크, μ: 마찰계수, P: 하중, D_m: 평균지름, Z: 판 수(접촉면의 수)],

단, $D_m=\dfrac{D_1+D_2}{2}$ (D_1: 바깥지름, D_2: 안지름)

$T=\mu P \dfrac{D_m}{2} Z=\mu P \dfrac{\dfrac{D_1+D_2}{2}}{2} Z=\mu P \dfrac{(D_1+D_2)}{4} Z=0.1 \times 1000 \times \left(\dfrac{0.125+0.075}{4}\right) \times 4=20\,[\text{N·m}]$

26 어떤 베어링의 한계속도지수가 5000이다. 이때 주어진 조건을 보고 베어링의 최대 회전수를 구하면 얼마인가? (단, 베어링의 안지름 50 [mm])

① 50 ② 100 ③ 150 ④ 200 ⑤ 250

• 정답 풀이 •

한계속도지수 $=d \cdot N$ (베어링 안지름 × 최대 회전수), $5000=50 \times N$이므로 $N=100$ [mm]

정답 **24** ③ **25** ① **26** ②

27 탕구계에 대한 설명으로 옳지 <u>못한</u> 것은?

① 탕구계는 쇳물받이 → 탕구 → 탕도 → 주입구로 구성되어 있다.
② 탕구계의 크기는 단위 시간당 주입량에 따라 결정된다.
③ 탕구로부터 가까운 곳부터 응고해 가도록 온도구배를 가져야 한다.
④ 쇳물의 온도가 낮을수록 단위 시간당 주입량을 많게 한다.
⑤ 탕도는 용융금속을 주형 내부의 각 부분으로 유도 배분해 주는 역할을 한다.

> **• 정답 풀이 •**
>
> [탕구계 설계 고려사항]
> • 크기는 단위시간당 주입량에 따라 결정되며, 단면은 원형으로 한다.
> • 탕구로부터 먼 곳부터 응고해 가도록 온도구배를 가져야 탕구가 막히지 않는다.
> • 쇳물온도가 낮을수록 빨리 응고되어 통로를 막게 할 수 있으므로 단위시간 당 주입량을 많게 한다.
> ----
> ※**탕구**: 주형에 쇳물이 유입되는 통로
> ※**탕도**: 용융금속을 주형 내부의 각 부분으로 유도 배분해 주는 통로

28 이상기체 방정식의 조건으로 옳지 <u>못한</u> 것은?

① 분자 간 인력이 작용하지 않을 것   ② 비체적이 클 것
③ 압력이 클 것   ④ 온도가 높을 것
⑤ 분자량이 작을 것

> **• 정답 풀이 •**
>
> [이상기체 방정식 조건]
> • 압력과 분자량이 작을 것, 체적과 온도가 높을 것, 분자 간 인력이 작용하지 않을 것

29 연속방정식과 관련이 있는 법칙은?

① 에너지 보존 법칙   ② 오일러 운동 방정식
③ 게이뤼삭의 법칙   ④ 질량 보존 법칙
⑤ 관성의 법칙

> **• 정답 풀이 •**
>
> 연속방정식은 질량 보존의 법칙을 적용한 것이다.

정답 27 ③   28 ③   29 ④

30 평면응력 상태에서 $\sigma_x = 20\,[\text{MPa}]$, $\sigma_y = 4\,[\text{MPa}]$, $\tau_{xy} = 6\,[\text{MPa}]$이라면, 최대주응력 σ_1은 얼마인가?

① 2　　　　　② 22　　　　　③ 11　　　　　④ 30　　　　　⑤ 18

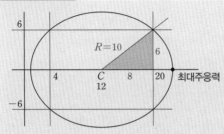
31 가역열기관이 227 [℃]의 열원과 27 [℃]의 대기 사이에서 작동한다. 이때, 열기관이 사이클당 200 [kJ]의 일을 한다면 사이클당 227 [℃]의 열원으로부터 받은 열량은 얼마인가?

① 200 [kJ]　　　　　② 250 [kJ]　　　　　③ 300 [kJ]
④ 400 [kJ]　　　　　⑤ 500 [kJ]

32 냉동용량이 50 [kW]인 어느 냉동기를 작동하는 데 필요한 동력이 20 [kW]라면, 이 냉동기의 성능계수는 얼마인가?

① 0.4　　　　　② 0.8　　　　　③ 2
④ 2.5　　　　　⑤ 3

정답 30 ②　　31 ⑤　　32 ④

33 압입체를 사용하지 않고 낙하체를 이용하는 반발경도 시험법은 쇼어경도 시험법이다. 어느 날 진리가 쇼어경도 시험법을 통해 제품의 경도를 측정했다. 낙하체를 떨어뜨렸을 때, 초기 낙하체의 높이가 100 [cm], 반발하여 올라간 높이는 130 [cm]로 측정되었다. 쇼어경도값은 얼마인가?

① 50 　　　　　　　② 100 　　　　　　　③ 150

④ 200 　　　　　　　⑤ 250

• 정답 풀이 •

쇼어경도: 압입체를 사용하지 않고 낙하체를 이용하는 반발경도 시험법

$H_s = \dfrac{10000}{65} \times \dfrac{h}{h_0}$ (단, h: 반발 높이, h_0: 낙하체의 높이)

즉, $\dfrac{10000}{65} \times \dfrac{130}{100} = 200$

[쇼어경도 추가 특징]
• 주로 완성된 제품의 경도 측정에 적합하다.
• 비교적 탄성률에 큰 차이가 없는 제품에 적용해야 한다.
• 이용 범위가 넓으며, 경도치의 신뢰성이 높으나 개인 측정차가 나오기 쉽다.

34 숏피닝에 대한 설명으로 옳지 <u>못한</u> 것은?

① 금속재료 표면에 강이나 주철의 작은 입자들을 고속으로 분사해 표면층의 경도를 높인다.
② 반복하중을 받는 재료에 적용한다.
③ 일종의 냉간가공법이다.
④ 두께가 큰 재료에 효과가 크다.
⑤ 표면에 인장잔류응력을 발생시킨다.

• 정답 풀이 •

[숏피닝에 대한 설명]
• 숏피닝은 일종의 냉간가공법이다.
• 숏피닝 작업에는 청정작업과 피닝작업이 있다.
• 숏피닝은 표면에 강구를 고속으로 분사하여 표면에 압축잔류응력을 발생시킨다.
• 숏피닝은 피로한도와 피로수명을 증가시킨다.
• 두께가 큰 재료에 효과가 크다. 강구를 고속으로 분사하기 때문에 두께가 작은 재료에 숏피닝을 하게 된다면, 재료에 구멍이나 파손 등의 문제가 발생할 수 있다.

※ 숏피닝은 표면에 압축잔류응력을 발생시켜 반복하중에 의한 약점을 방지함으로써 피로수명을 증대시킨다.!

정답 33 ④ 　　　34 ⑤

35 표준대기압, 즉 1기압과 같은 표현이 <u>아닌</u> 것은?

① 1013250 [dyne/cm^2]

② 1013.25 [mb]

③ 14.696 [psi]

④ 29.92126 [inchhg]

⑤ 1.01325 [bar]

• 정답 풀이 •

[1 atm, 1기압]
- 101325 [Pa], 10.332 [mH$_2$O]
- 1013.25 [hPa], 1013.25 [mb]
- 1013250 [dyne/cm^2]
- 1.01325 [bar]
- 14.696 [psi]
- 1.033227 [kgf/cm^2]
- 760 [mmhg], 29.92126 [inchhg], 406.782 [inchH$_2$O]

36 원판 형태의 피스톤 A와 B가 설치되어 있다. A와 B의 반경은 ϕ30, ϕ60이고, 피스톤 A에는 추가 올려져 있으며, 피스톤 B에는 80 [N]인 진리가 서 있다. 이때, A 피스톤과 B 피스톤이 동일한 높이에 위치하려면 피스톤 A의 추의 무게(kgf)는 얼마인가? (단, 피스톤의 무게는 제외, 중력가속도: 10 [m/s^2])

① 2 [kgf]

② 20 [kgf]

③ 10 [kgf]

④ 15 [kgf]

⑤ 5 [kgf]

• 정답 풀이 •

파스칼의 원리를 사용하면 된다. (같은 위치에서의 압력은 동일하다.)
$F_1/A_1 = F_2/A_2$이므로, $F_1/D_1^2 = F_2/D_2^2$
➡ $F_1/3600 = 80/14400$, $F_2 = 20$ N, 즉 2 [kgf]

정답 35 모두 맞음   36 ①

37 강재에서 탄소 함유량 증가에 따른 영향으로 옳지 <u>못한</u> 것은?

① 용융점이 저하된다.
② 충격값이 증가된다.
③ 전기저항이 증가된다.
④ 비열이 증가한다.
⑤ 연신율이 저하된다.

• 정답 풀이 •

[탄소 함유량이 많아질수록 나타나는 현상]
• [강도, 경도, 전기저항, 비열] 증가
• [용융점, 비중, 열팽창계수, 열전도율, 충격값, 연신율] 감소

※ 탄소가 많아지면 주철에 가까워지므로 취성이 생기게 된다. 즉, 취성과 반대 의미인 인성이 저하된다는 것을 뜻하므로 충격값도 저하된다.

• **인성**: 충격에 대한 저항 성질
• 충격값과 인성도 비슷한 의미를 가지고 있다. 즉, 같게 봐도 무방하다.

38 등류의 정의로 옳은 것은?

① 시간에 관계없이 속도가 일정한 흐름
② 거리에 관계없이 속도가 변하는 흐름
③ 시간에 관계없이 속도가 변하는 흐름
④ 거리에 관계없이 속도가 일정한 흐름
⑤ 시간에 관계없이 거리가 일정한 흐름

• 정답 풀이 •

• **등류**: 거리에 관계없이 속도가 일정한 흐름 $\left(\dfrac{dV}{ds}=0 \right)$ =평균속도
※**정상류**: 유동장의 임의의 한 점에서 시간의 변화에 대한 유동 특성이 일정한 유체의 흐름
※**비정상류**: 유도장의 임의의 한 점에서 시간에 따라 유동 특성이 변하는 흐름
(여기서 유동 특성이란 속도, 압력, 온도, 밀도를 말한다)

정답 37 ② 　　 38 ④

39 물방울이 떨어지기 시작하여 5초 후의 속도는 몇 [m/s]인가? (단, 공기 저항은 무시하며, 초기 속도는 0으로 간주한다. 또한, 중력가속도는 10 [m/s²])

① 5 [m/s]   ② 25 [m/s]   ③ 49 [m/s]

④ 50 [m/s]   ⑤ 98 [m/s]

> **• 정답 풀이 •**
>
> [등가속도 운동 관련 공식]
> - $V = V_0 + a \cdot t$
> - $S = V_0 \cdot t + 0.5 \cdot a \cdot t^2$
> - $2aS = V^2 - V_0^2$
>
> 첫 번째 공식을 사용하면, $V = V_0 + a \cdot t$이므로, $V = 0 + 10 \times 5 = 50 \, [\text{m/s}]$

40 영구주형의 특징으로 옳지 <u>못한</u> 것은?

① 냉각속도가 빠르기 때문에 가스 배출이 용이하다.
② 소형주물의 대량생산에 적합하며, 생산속도가 빠르다.
③ 주물의 결정립이 미세화되며, 표면이 깨끗하고, 치수정밀도가 우수하다.
④ 주형의 반복사용이 가능하며, 코어를 사용할 수 있다.
⑤ 철강의 경우에는 흑연주형을 사용한다.

> **• 정답 풀이 •**
>
> [영구주형법의 가스 배출이 불량한 이유]
> 금속형 주형을 사용하기 때문에 표면이 차갑다. 따라서 급냉이 되므로 용탕에서 발생된 가스가 주형에서 배출되기 전에 급냉으로 인해 응축되어 가스응축액이 생긴다. 따라서 가스배출이 불량하며, 이 가스응축액이 용탕 내부로 흡입되어 결함을 발생시킬 수 있으며, 내부가 거칠게 된다.
>
> ---
>
> [소모성주형 설명]
> - 사형주조라고 하며, 모래 및 석고를 사용한 주형이다.
> - 용융점이 높은 금속을 사용할 때 사용하고, 부분적으로 마무리 공정이 필요하다.

정답 39 ④   40 ①

41 압력이 $1000\,[\text{kPa}]$, 내부 반지름 $1.5\,[\text{m}]$, 두께 $10\,[\text{mm}]$인 원형 단면의 원통형 용기가 있다. 이때, 후프응력과 축방향 응력을 각각 구하면 얼마인가?

① $75\,[\text{kPa}]$, $37.5\,[\text{kPa}]$ ② $150\,[\text{kPa}]$, $75\,[\text{kPa}]$

③ $75\,[\text{MPa}]$, $37.5\,[\text{MPa}]$ ④ $150\,[\text{MPa}]$, $75\,[\text{MPa}]$

⑤ $150\,[\text{MPa}]$, $37.5\,[\text{MPa}]$

> **• 정답 풀이 •**
>
> $$\sigma_1(\text{원주, 후프}) = \frac{pd}{2t} = \frac{1000 \times 1000 \times 3}{2 \times 0.01},\ \sigma_2(\text{축방향}) = \frac{pd}{4t} = \frac{1000 \times 1000 \times 3}{4 \times 0.01}$$
>
> 즉, $\sigma_1 = 150\,[\text{MPa}]$, $\sigma_2 = 75\,[\text{MPa}]$

42 습한 포화증기를 가열하면 증기 속 수분이 증발하여 수분이 전혀 없는 상태가 된다. 이 증기는 무엇인가?

① 습증기   ② 과열증기   ③ 건포화증기

④ 과냉액체   ⑤ 포화수

> **• 정답 풀이 •**
>
> - **습증기(습포화증기)**: 증기와 습분이 섞여 있는 것으로, 포화온도 상태이며, 건도는 0과 1 사이이다.
> - **과열증기**: 포화증기를 가열하여 증기의 온도를 높인 것으로, 포화온도 이상인 증기이다.
> - **건포화증기(포화증기)**: 습포화증기를 가열하면 포화온도 이상이 되면서 수분이 모두 증발한 증기이다.
> - **과냉액체(압축수)**: 포화온도 이하이며, 건도가 0인 액체를 말한다.
> - **포화수(포화액)**: 포화온도에 도달한 상태이며, 건도는 0이고, 이제 막 증발을 준비하는 액이다.
>
> ---
>
> ※ **과열도**: 과열증기의 온도와 포화온도의 차이로, 이 값이 높을수록 완전가스에 가까워진다.

43 단면계수와 극단면계수의 관계는 무엇인가?

① $Z = 0.5 \cdot Z_p$ ② $Z = Z_p$ ③ $Z = 3 \cdot Z_p$

④ $Z = 2 \cdot Z_p$ ⑤ $Z = 4 \cdot Z_p$

> **• 정답 풀이 •**
>
> [단면계수와 극단면계수의 관계]
> $$Z = 0.5 \cdot Z_p$$

정답 41 ④   42 ③   43 ①

44 축의 설계에 있어서 고려할 사항이 <u>아닌</u> 것은?

① 강성 ② 부식 ③ 열팽창 ④ 탄성 ⑤ 진동

[축의 설계 고려사항]
- 축은 위험속도로부터 25 [%] 이상 떨어진 상태에서 사용해야 한다. 위험속도란 축의 고유진동수와 축의 회전수가 일치하여 진폭이 갑자기 급증하여 위험한 상태의 속도를 말한다.
- 축 설계에서는 먼저 강성 조건하에서 설계를 한 후 강도 설계를 해야 한다.
- 축의 설계 시 고려요인은 강성, 굽힘변형(처짐), 강도, 진동, 비틀림변형, 부식, 열팽창, 열응력, 응력집중이 있다.

45 테르밋 용접에 대한 설명으로 옳지 <u>못한</u> 것은?

① 알루미늄과 산화철을 혼합하여 발생하는 발생열로 용접을 실시한다.
② 용접시간이 짧으며, 설비비가 싸다.
③ 전력이 필요없고, 반응으로 인한 발생열은 3000 [K]이다.
④ 용접접합강도가 작으며, 용접변형도 적다.
⑤ 보수용접에 사용한다.

[테르밋용접]
- 알루미늄과 산화철을 혼합하여 발생하는 발생열로 용접을 실시한다.
- 용접시간이 짧고, 설비비가 싸다.
- 전력이 필요없고, 반응으로 인한 발생열은 3000 [℃]이다.
- 용접접합강도가 작으며, 용접 변형이 적다.
- 기차레일접합, 차축, 선박 등의 맞대기용접과 보수용접에 사용된다.
- 알루미늄 산화철 1 : 3 비율로 혼합

46 어떤 강재의 세로탄성계수가 200 [GPa]이다. 이때, 이 강재의 전단탄성계수 G는? (단, 푸아송비: 0.4)

① 28.57 [GPa] ② 2,857 [GPa] ③ 71.43 [GPa]
④ 7.143 [GPa] ⑤ 714.3 [GPa]

$mE = 2G(m+1) = 3K(m-2)$ ➡ $E = 2G(1+\nu) = 3K(1-2\nu)$ (단, m: 포아송수, ν: 푸아송비)
m(푸아송수)와 ν(푸아송비)는 서로 역수관계이므로 m으로 나누면, 위의 식처럼 식이 변형되는 것을 알 수 있다.
$E = 2G(1+\nu)$, $200 = 2G(1+0.4)$ $\therefore G = 71.43 \,[GPa]$

정답 44 ④ 45 ③ 46 ③

47 $-13\,[℃]$와 $27\,[℃]$ 사이에서 작동하는 열펌프가 있다. 이때, 성능계수는 얼마인가? (단, 열펌프는 역카르노 사이클로 작동한다.)

① 0.675
② 6.75
③ 7.5
④ 0.75
⑤ 15

> **• 정답 풀이 •**
>
> $$\varepsilon_h = \frac{T_1}{T_1 - T_2} = \frac{300}{300 - 260} = 7.5 \ (T_1 = 27 + 273 = 300, \ T_2 = -13 + 273 = 260)$$
> 온도는 반드시 절대온도를 사용해야 한다.

48 열역학 제2법칙에 대한 설명으로 옳지 못한 것은?

① 열역학 제2법칙은 에너지 전환의 방향성을 제시한다.
② '성능계수가 무한대인 냉동기의 제작은 가능하다.'라는 것과 관련이 있는 것은 Clausius의 표현이다.
③ '열효율이 100 [%]인 기관은 존재할 수 없다.'라는 것과 관련이 있는 것은 Kelvin-Plank의 표현이다.
④ '자연계에 어떤 변화도 남기지 않고 열을 계속해서 일로 바꾸는 제2종 영구기관은 존재하지 않는다.'라는 것과 관련이 있는 것은 Ostwald의 표현이다.
⑤ 열역학 2법칙은 엔트로피를 정의하는 법칙이다.

> **• 정답 풀이 •**
>
> **[열역학 제1법칙]:** 에너지 보존의 법칙
> **[열역학 제2법칙]:** 에너지 전환의 방향성 제시
> • **Clausius의 표현:** 열은 그 자신만으로 저온체에서 고온체로 이동할 수 없다. 즉, 에너지의 방향성을 제시한다. 그리고 성능계수가 무한대인 냉동기의 제작은 불가능하다.
> • **Kelvin-Plank의 표현:** 단열 열저장소로부터 열을 공급받아 자연계에 어떤 변화도 남기지 않고 계속적으로 열을 일로 변환시키는 열기관은 존재할 수 없다. 즉, 열효율이 100 [%]인 기관은 존재할 수 없다.
> • **Ostwald의 표현:** 자연계에 어떤 변화도 남기지 않고, 어느 열원의 열을 계속 일로 바꾸는 제2 영구기관은 존재하지 않는다.
> -
> ※**제1종 영구기관:** 입력보다 출력이 더 큰 기관으로 열효율이 100 [%] 이상인 기관, 열역학 제1법칙 위배
> ※**제2종 영구기관:** 입력과 출력이 같은 기관으로 열효율이 100 [%]인 기관, 열역학 제2법칙에 위배
>
> **[열역학 제3법칙]:** 네른스트 → 어떤 방법으로도 어떤 계를 절대온도 0 [K]에 이르게 할 수 없다. 즉, 온도가 절대온도 0 [K]에 근접하면 엔트로피는 0에 근접한다.

정답 47 ③ 48 ②

49 잔류응력에 대한 설명으로 옳지 <u>못한</u> 것은?

① 상의 변화, 온도구배, 불균일 변형이 주 원인이다.

② 인장잔류응력은 피로한도 및 피로수명을 증가시킨다.

③ 외력을 가한 후 소재 내부에 남은 응력을 말한다.

④ 잔류응력은 풀림 처리하여 해소시킬 수 있다.

⑤ 외부에 장시간 방치하면 잔류응력이 점차 사라지는데, 이것을 탄성여효라고 한다.

> **· 정답 풀이 ·**
>
> 압축잔류응력이 피로한도와 피로수명을 증가시킨다.

50 그림은 블록브레이크이다. 드럼은 그림에 지시된 회전 방향으로 회전하고 있다. F는 브레이크 레버에 가하는 힘이며, Q는 블록을 누르는 힘이다. 이때, 브레이크의 제동력을 구하면? (단, $F=2000\,[\text{N}]$, $a=4000\,[\text{mm}]$, $b=2100\,[\text{mm}]$, $c=400\,[\text{mm}]$, D(드럼 지름): $1200\,[\text{mm}]$, $\mu=0.25$)

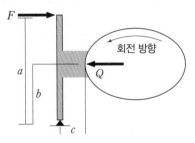

① 1000 [N]　　　　② 2000 [N]　　　　③ 3000 [N]

④ 4000 [N]　　　　⑤ 5000 [N]

> **· 정답 풀이 ·**
>
>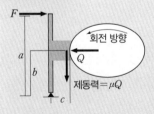
>
> $\sum M_c = 0$
>
> $F_a - Q_b + \mu Q_c = 0,\ F_a - Q(b - \mu c) = 0$
>
> $F_a = Q(b - \mu c),\ Q = \dfrac{Fa}{b - \mu c} = \dfrac{200 \times 4000}{2100 - 0.25 \times 400} = 400\,[\text{N}]$
>
> ➡ 제동력 $= \mu Q = 0.25 \times 4000 = 1000\,[\text{N}]$

04 2019 상반기 서울주택도시공사 기출변형문제

Truth of Machine

공기업 역학
기출변형 및 출제예상
201문제

001 임계압 이상의 압력이 되면 증발과정을 거치지 않고 바로 과열증기가 된다. 이때의 기준점을 무엇이라고 하는가?

① 천이점
② 삼중점
③ 기화점
④ 융해점

> • 정답 풀이 •
>
> 실제 초임계압 발전소는 임계압 이상으로 운전되며, 임계점의 압력 이상이 되면 증발과정을 거치지 않고 바로 과열증기가 된다. 이때의 기준점을 천이점이라고 한다. 따라서 임계압에 가까워질수록 증발잠열은 점차적으로 작아지며, 임계점에서는 증발잠열이 0이 된다.

002 오토사이클과 디젤사이클을 혼합한 사이클로 균일한 압력에서 연료의 고속분사로 출력을 높이는 데 적절한 사이클은?

① 재열사이클
② 재생사이클
③ 스털링사이클
④ 사바테사이클

> • 정답 풀이 •
>
> • **사바테사이클**: 고속디젤기관의 기본 사이클로, 정압—정적 사이클 또는 복합 사이클이다.

003 역학적 상사가 성립하기 위해 프루드 수를 같게 해야 되는 흐름은?

① 점성계수가 큰 유체의 흐름
② 압축성을 고려해야 되는 유체의 흐름
③ 표면장력이 문제가 되는 흐름
④ 자유 표면을 가지는 유체의 흐름

> • 정답 풀이 •
>
> $$프루드\ 수 = \frac{V}{\sqrt{gl}} = \frac{관성력}{중력}$$
>
> • 자유 표면을 가지는 유체의 흐름, 즉 대기압을 받는 유체의 흐름은 역학적 상사가 성립하기 위해 프루드 수를 같게 해야 한다.

정답 001 ①   002 ④   003 ④

004 Rankine 사이클에 대한 설명으로 옳지 못한 것은?

① 팽창일에 비해 압축일이 적은 편이다.
② 증기의 최고온도는 터빈 재료의 내열특성에 의해 제한된다.
③ 응축기에서의 열방출 온도가 낮을수록 열효율이 좋다.
④ 터빈 출구에서 건도가 낮을수록 효율이 좋아진다.

▶ 정답 풀이 ◀

[랭킨 사이클]
• 팽창일(터빈이 만들어내는 일)이 압축일(펌프일)보다 훨씬 크다.
• 과열증기의 최고온도는 터빈 재료의 내열특성에 의해 제한되기 때문에 현재도 재료가 연구되고 있다.
• 응축기에서의 열방출 온도가 낮다는 것은 터빈에서 과열증기가 일을 많이 했다는 증거이다. 모든 과열증기는 팽창일을 하면 압력과 온도가 떨어지게 된다. 따라서 터빈에서 일을 하고 나온 증기는 압력과 온도가 떨어져 응축기로 들어갈 것이고, 떨어진 만큼 응축기에서는 열량을 덜 배출해도 되기 때문에 응축기 열방출 온도가 낮을수록 효율이 좋다. 물론, T−S선도에서 응축기의 열방출 온도가 낮을수록 터빈 W_t 구간이 늘어나기 때문에 효율이 좋아진다고 봐도 좋다. 개인적으로는 선도로 해석하기보다는 원리를 이해하는 것을 추천한다.
• 터빈 출구에서 건도가 낮다는 것은 증기의 비율이 적고 습분이 많다는 의미이다. 습분이 많으면 블레이드를 손상시킬 수 있어 효율이 저하된다.

005 정지 유체 표면과 임의의 깊이 사이의 압력차를 구하는 공식은?

① 밀도×비중   ② 밀도×비중량   ③ 비중량×깊이   ④ 비체적×깊이

▶ 정답 풀이 ◀

정지 유체 표면과 임의의 깊이 사이의 압력차는 $\Delta P = \gamma \times h =$ 비중량×깊이

006 비압축성 유체에서 베르누이 정리를 설명한 것으로 옳지 않은 것은? (단, 관의 직경이 일정)

① 밀도가 일정하다.
② 속도 수두의 변화는 없다.
③ 압력 수두가 커지면 위치 수두도 커진다.
④ 위치 수두와 압력 수두의 합에서 에너지 보존의 법칙이 성립한다.

▶ 정답 풀이 ◀

$\dfrac{p}{\gamma} + \dfrac{V^2}{2g} + Z = C$, 관의 직경이 일정하면 속도가 일정하므로 속도 수두는 변함이 없다.
압력 수두＋속도 수두＋위치 수두의 합이 일정하므로 압력 수두가 증가하면 위치 수두는 감소하게 된다.

007 구형 단면에서 도심을 지나는 X축과 Y축에 대한 극관성모멘트의 식으로 옳은 것은? (단, b: 구형 단면의 가로, d: 원의 지름, h: 구형 단면의 세로이다.)

① $I_p = I_x + I_y = \pi d^4 / 32$
② $I_p = I_x + I_y = \pi d^4 / 64$
③ $I_p = I_x + I_y = bh^3 / 12$
④ $I_p = I_x + I_y = bh(b^2 + h^2) / 12$

> • 정답 풀이 •
>
> 구형 단면은 사각형 단면임을 꼭 기억해야 한다. 원의 모양은 원형 단면이라고 나온다!
>
> ※ 사각형 단면의 단면 2차 모멘트(I_x, I_y)
> $I_x = bh^3 / 12, I_y = hb^3 / 12, I_p$(극관성 모멘트) $= I_x + I_y = bh(b^2 + h^2) / 12$

008 이상기체의 등온 과정에서 압력이 증가하면 엔탈피는?

① 증가 또는 감소
② 불변
③ 증가
④ 감소

> • 정답 풀이 •
>
> 이상기체의 엔탈피와 내부에너지는 온도만의 함수이므로 등온이면 불변이다.

009 이상기체의 폴리트로프 변화에 대한 식이 $PV^n = C$라고 할 때, 다음 변화에 대해 표현이 **틀린** 것은 무엇인가?

① $n = \infty$일 때는 isochoric 변화를 한다.
② $n = 1$일 때는 adiabatic 변화를 한다.
③ $n = 0$일 때는 isobaric 변화를 한다.
④ $n = k$일 때는 isothermal 변화를 한다.

> • 정답 풀이 •
>
> $PV^n = C$
>
> | $n = \infty$ | 정적변화(isochoric) | $n = 1$ | 등온변화(isothermal) |
> | --- | --- | --- | --- |
> | $n = 0$ | 정압변화(isobaric) | $n = k$ | 단열변화(adiabatic) |

010 세장비와 관련된 설명으로 옳지 <u>않은</u> 것은?

① 세장비가 30보다 작으면 단주이다.

② 세장비가 30~160 사이이면 중간주이다.

③ 장주는 축 방향으로 압축하중이 작용하면 휘어지게 된다.

④ 세장비는 단면 1차 모멘트와 회전반경과 관련이 있다.

> ・정답 풀이 ・
>
> ・세장비: 기둥이 얼마나 가는지를 알려주는 척도
>
> 세장비: $\dfrac{L}{k}$ (I: 단면 2차 모멘트, K: 회전반경), $\left(K = \sqrt{\dfrac{I}{A}}\right)$
>
> ---
>
> [세장비 범위]
> ・단주: 30 이하 [단주는 짧은 기둥으로, 축방향 압축력이 작용하면 휘지 않고 파괴된다.]
> ・중간주: 30~160
> ・장주: 160 이상 [장주는 긴 기둥으로, 축방향 압축력이 작용하면 크게 휘면서 파괴된다.]
>
> ---
>
> ※ 단주는 장주에 비해 훨씬 큰 하중에 저항 가능
> ※ 장주가 휘어지면서 파괴되는 현상은 좌굴!

011 카르노 사이클이 $800\,[\text{K}]$의 고온 열원과 $500\,[\text{K}]$의 저온 열원 사이에서 작동한다. 이 사이클에 공급하는 열량이 사이클 당 $800\,[\text{kJ}]$이라 할 때, 한 사이클 당 외부에 하는 일은 약 몇 $[\text{kJ}]$인가?

① 200 ② 300

③ 400 ④ 500

> ・정답 풀이 ・
>
> $\eta = 1 - \dfrac{T_2}{T_1} = \dfrac{W}{Q}$ $\qquad 1 - \dfrac{500}{800} = \dfrac{W}{800}$ $\qquad \therefore W = 300\,[\text{kJ}]$

012 일단 고정 타단 롤러 지지된 부정정보의 중앙에 집중하중 P가 가해지고 있을 때, 고정단의 반력은 얼마인가?

① $5/16P$　　　　　　　　　　② $7/16P$

③ $3/16P$　　　　　　　　　　④ $11/16P$

・정답 풀이・

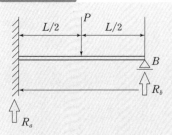

평형방정식을 세워 반력을 각각 구한다. (보는 항상 안정한 상태를 유지하므로 집중하중 P에 의한 처짐과 반력 B에 의한 처짐이 같아야 한다)

$$\delta_1 = \frac{5PL^3}{48EI}, \ \delta_2 = \frac{R_b L^3}{3EI}, \ \frac{5PL^3}{48EI} = \frac{R_b L^3}{3EI}, \ R_b = \frac{5P}{16}$$

$R_a + R_b = P$이므로 $R_a = \dfrac{11P}{16}$

※ 길이 L의 외팔보 중앙에 집중하중 P가 가해졌을 때 끝단의 처짐 $=\dfrac{5PL^3}{48EI}$를 기억하는 것이 좋다.

013 Hydraulic Grade Line은 Energy Grade Line에서 어떤 것을 뺀 값인가?

① 위치 수두값

② 속도 수두값

③ 압력 수두값

④ 위치 수두와 압력 수두를 합한 값

・정답 풀이・

[베르누이 가정]

• 정상류, 비압축성, 유선을 따라 입자가 흘러야 한다. 비점성(유체 입자는 마찰이 없다는 의미)

• $\dfrac{\rho}{\gamma} + \dfrac{V^2}{2g} + Z = C$ 즉, 압력 수두+속도 수두+위치 수두=Constant

• 압력 수두+속도 수두+위치 수두=에너지선　　　• 압력 수두+위치 수두=수력 구배선

정답 012 ④　　　013 ②

014 열역학에 관련된 설명으로 틀린 것은?

① 열역학은 일과 역학의 합성어이다.
② 가역 단열 과정에서 계의 엔트로피 변화는 $\Delta S = 0$이다.
③ 열역학 제1법칙은 에너지 보존과 관련이 있다.
④ 엔트로피는 경로에 관계없이 특정한 값을 가지므로 점함수이다.

• 정답 풀이 •

열역학은 열과 동력의 합성어이다.
• **점함수**: 엔트로피, 엔탈피 등
• **경로함수**: 일과 열

015 카르노 사이클과 관계가 없는 것은?

① 두 개 의 등온과정과 두 개의 단열과정으로 이루어진 사이클이다.
② 동작 물질의 밀도가 높을수록 효율이 좋다.
③ 주어진 두 온도 사이에서 작동하는 가역 열기관의 효율은 온도만의 함수이다.
④ 일의 전달은 등온과정과 단열과정에서 둘 다 일어난다.

• 정답 풀이 •

[카르노 사이클, 2개의 등온＋2개의 단열]
• 열기관의 이상 사이클, 이상 기체를 동작 물질로 사용하는 이상 사이클이다.
• 사이클을 역으로 작동시키면 냉동기의 원리가 된다.
• 열의 공급은 등온과정에서만 이루어지지만, 일의 전달은 단열과정과 등온과정에서 둘 다 일어난다.
• 동작 물질의 밀도가 높으면 마찰이 발생하여 효율이 떨어지므로 밀도가 낮은 것이 좋다. 다만, 카르노 사이클의 효율은 동작 물질과 관계가 없다. 밀도에만 관계가 있다.
• 카르노 사이클의 효율은 온도만의 함수이다.

016 오토 사이클의 열효율을 나타낸 식은? (단, ε: 압축비, k: 비열비이다.)

① $1-(1/\varepsilon)^{k}$
② $1-(1/\varepsilon)^{(k-1)}$
③ $1-(1/\varepsilon)^{(k+1)}$
④ $1-(1/\varepsilon)^{(k+2)}$

• 정답 풀이 •

오토 사이클의 효율: $1-(1/\varepsilon)^{(k-1)}$

정답 014 ①　　015 ②　　016 ②

017 길이 L의 고정 지지보에 등분포하중 W가 작용한다면, 최대 처짐량은? (단, EI, W, L의 단위는 생략한다.)

① 1/185 ② 9/128

③ 1/196 ④ 7/768

・ **정답 풀이** ・

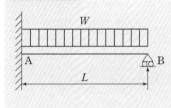

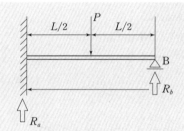

위 보의 최대 처짐량 $\delta_{max} = \dfrac{1}{185}WL^4$ 위 보의 최대 처짐량 $\delta_{max} = \dfrac{7}{768}PL^3$

018 검사체적에 대한 운동량방정식의 근원이 되는 법칙 또는 방정식은?

① 연속 방정식 ② 베르누이 방정식

③ 뉴턴의 운동 제2법칙 ④ 질량보존의 법칙

・ **정답 풀이** ・

[뉴턴의 운동 제2법칙]
・힘과 가속도와 질량과의 관계를 나타낸 법칙으로 $F=ma$를 운동 방정식이라고 한다.
・검사 체적에 대한 운동량 방정식의 근원이 되는 법칙이다.

019 이상기체에서의 정압비열과 정적비열의 관계식으로 옳은 것은?

① $C_P = C_V$ ② $C_P = C_V + R$

③ $C_V = C_P + R$ ④ $C_P = C_V + 2R$

・ **정답 풀이** ・

・**기체상수**: 정압비열(C_P) − 정적비열(C_V) (※ 기체상수는 열역학적 상태량이 아니다.)
・**비열비**: C_P/C_V, 정압비열은 정적비열보다 크므로 비열비는 항상 1보다 크다.

정답 017 ① 018 ③ 019 ②

020 표면장력에 대한 설명으로 옳지 <u>않은</u> 것은?

① 온도가 오르면 표면장력은 낮아진다.
② 부착력<응집력인 경우 발생하게 된다.
③ 액체의 표면이 스스로 수축하여 표면적을 최소화하려는 힘의 일종이다.
④ 표면장력이 클수록 분자 간의 인력이 강하기 때문에 증발이 빨리 일어난다.

• 정답 풀이 •

[**표면장력**]: 응집력이 부착력보다 큰 경우 표면장력이 발생한다.
• 액체 표면이 스스로 수축하여 되도록 작은 면적을 취하려는 힘의 성질
• 분자 사이에 작용하는 힘에 따라 분자가 서로 접촉하여 응축하려고 하며, 이에 따라 표면적이 작은 원 모양이 되려고 한다. 또한, 모든 방향으로 같은 크기의 힘이 작용하여 합력은 0이다.
• 수은>물>비눗물>에탄올 순으로 크며, 합성 세제 및 비누 같은 계면활성제는 물에 녹아 물의 표면장력을 감소시킨다. 또한, 표면장력은 온도가 높아지면 낮아진다.
• 표면장력이 클수록 분자 간의 인력이 강하기 때문에 증발하는 데 시간이 많이 걸린다.

021 등온에서 이상기체의 부피가 두 배로 된다면 그때의 엔트로피 변화는?

① $\Delta S = R \cdot \ln 2$
② $\Delta S = R \cdot \ln 1/2$
③ $\Delta S = R \cdot \ln 4$
④ $\Delta S = R \cdot \ln 1/4$

• 정답 풀이 •

$\Delta S = C_V \ln \dfrac{T_2}{T_1} + R \ln \dfrac{V_2}{V_1}$ 이므로, $\Delta S = 0 + R \ln 2$ 이다. (등온이므로 $\ln 1 = 0$)

022 벤츄리미터와 관련이 있는 2개는 무엇인가?

① 베르누이 방정식, 질량 보존의 법칙
② 베르누이 방정식, 뉴턴의 운동 제2법칙
③ 베르누이 방정식, 보일의 법칙
④ 베르누이 방정식, 게이뤼삭의 법칙

• 정답 풀이 •

벤츄리미터: 압력강하를 이용하여 유량을 측정하는 기구로, 가장 정확한 유량을 측정할 수 있다.
• **상류 원뿔**: 유속이 증가하면서 압력이 감소하며, 이 압력강하를 이용하여 유량을 측정한다.
• **하류 원뿔**: 유속이 감소하면서 원래 압력의 90 [%]를 회복한다.
• 베르누이 법칙과 질량 보존의 법칙이 적용된다.

정답 020 ④   021 ①   022 ①

023 관로 내에 흐르는 완전발달 층류유동에서 유속을 1/4로 줄이면 관로 내 마찰 손실 수두는 어떻게 되는가?

① 16배로 증가한다.　　　　　　　　　② 1/16배로 늘어난다.

③ 4배로 줄어든다.　　　　　　　　　　④ 1/4배로 줄어든다.

· 정답 풀이 ·

실수를 유발할 수 있는 문제이다. 손실 수두 식에 V^2이 있기 때문에 바로 '1/16배로 줄어든다.'라고 선택할 수 있다. 하지만, 관마찰계수 $f=\dfrac{64}{R_e}$, $R_e=\dfrac{\rho V d}{\mu}$

$H_l = f \cdot \dfrac{L}{d} \cdot \dfrac{V^2}{2g}$　즉, 손실수두 식에 위 식을 모두 대입하여 넣으면 V가 하나 소거된다.

결국, $H_l \propto V$

024 카르노 사이클에 대한 효율은 어떻게 표현할 수 있는가? (단, $T_1 > T_2$이다.)

① $1 - (T_1/T_2)$　　　　　　　　　　② $1 + (Q_1/Q_2)$

③ $1 - (T_2/T_1)$　　　　　　　　　　④ $1 + (Q_1/Q_2)$

· 정답 풀이 ·

$\eta = 1 - (Q_2/Q_1) = 1 - (T_2/T_1)$　　　T_1: 고열원의 온도, T_2: 저열원의 온도
• 카르노 사이클은 등온팽창 → 단열팽창 → 등온압축 → 단열압축의 순서로 구성되어 있다.
• 열기관의 이상 사이클로 이론상 가장 높은 효율을 나타낸다.
• 같은 두 열원에서 사용되는 가역 사이클인 카르노 사이클로 작동되는 기관은 열효율이 동일하다.
• 카르노 사이클의 열효율은 동작 물질에 관계없이 두 열 저장소의 절대온도에만 관계된다.
• 카르노 사이클의 열효율은 열량의 함수로 온도의 함수를 치환할 수 있다.

025 주어진 온도에서 순수물질의 상이 변화하는 압력을 무엇이라고 하는가?

① 정체압력　　　　　　　　　　　　　② 포화압력

③ 절대압력　　　　　　　　　　　　　④ 임계압력

· 정답 풀이 ·

$T-S$선도에서 포화압력에 도달하면 액체 → 기체로 변하는 구간에 도달하게 된다. 그 구간이 바로 습증기 구간이며, 상이 변화하기 시작하는 구간이다.

정답 023 ④　　　024 ③　　　025 ②

026 단면에 평행하게 작용하는 하중은?

① 인장하중
② 교변하중
③ 압축하중
④ 접선하중

> **• 정답 풀이 •**
>
> • **인장, 압축하중**: 단면에 수직으로 작용하는 응력
> • **전단하중(접선하중)**: 단면에 평행하게 작용하는 응력

027 카르노 사이클과 관련된 설명으로 옳지 <u>못한</u> 것은?

① 같은 두 열원에서 작용하는 모든 비가역 사이클의 효율은 동일하다.
② 카르노 사이클의 열효율은 동작 물질에 관계없다.
③ 카르노 사이클은 열기관의 이상 사이클로 가장 최고의 효율을 갖는다.
④ 역카르노 사이클은 냉동기의 이상사이클이다.

> **• 정답 풀이 •**
>
> 같은 두 열원에서 작용하는 모든 가역사이클은 효율이 동일하다.
> 비가역사이클이라면, 각각 마찰로 인한 손실로 효율이 저하되므로 모두 동일하지 않을 때도 있다.
>
> ------
>
> **[카르노 사이클]**
> • 카르노 사이클은 등온팽창 → 단열팽창 → 등온압축 → 단열압축의 순서로 구성되어 있다.
> • 열기관의 이상 사이클로 이론상 가장 높은 효율을 나타낸다.
> • 같은 두 열원에서 사용되는 가역 사이클인 카르노 사이클로 작동되는 기관은 열효율이 동일하다.
> • 카르노 사이클의 열효율은 동작 물질에 관계없이 두 열 저장소의 절대온도에만 관계된다.
> • 카르노 사이클의 열효율은 열량의 함수로 온도의 함수를 치환할 수 있다.

---

028 경사진 관로의 유체 흐름에서 수력 기울기선의 위치로 옳은 것은?

① 언제나 에너지선보다 위에 있다.
② 에너지선보다 속도 수두만큼 위에 있다.
③ 에너지선보다 속도 수두만큼 아래에 있다.
④ 개수로의 수면보다 속도 수두 만큼 위에 있다.

· 정답 풀이 ·

[베르누이 가정]
· 정상류, 비압축성, 유선을 따라 입자가 흘러야 한다, 비점성 (유체 입자는 마찰이 없다는 의미)
· $\dfrac{\rho}{\gamma}+\dfrac{V^2}{2g}+Z=C$　즉, 압력 수두+속도 수두+위치 수두=Constant
· 압력 수두+속도 수두+위치 수두=에너지선　　· 압력 수두+위치 수두=수력 구배선

029 핀으로 지지되어 있어 보의 회전은 자유롭지만 수평, 수직 이동은 불가능한 지점은 무엇인가?

① 가동지점　　　　　　　　　　② .고정지점
③ 부동지점　　　　　　　　　　④ 자유지점

· 정답 풀이 ·

· **가동지점**: 롤러로 지지되어 보의 회전, 수평 이동은 자유로우나 수직 이동은 불가능하다. (수직반력 1개 발생)
· **부동지점**: 핀으로 지지되어 보의 회전은 자유롭지만 수평, 수직 이동은 불가능하다. (수직, 수평반력 2개 발생)
· **고정지점**: 보의 회전, 수평, 수직 이동이 불가능하다. (수직, 수평반력, 반력모멘트 3개가 발생)

030 냉동능력에 관련된 설명으로 옳은 것은?

① 1냉동톤은 3024 [kcal/hr]이다.
② 단위시간 동안 온도 변화량이다.
③ 이론적으로 1시간당 1마력이 발생한다면 1 [RT]라고 한다.
④ 1제빙톤은 1.65 [RT]이다.

· 정답 풀이 ·

· **1냉동톤 정의**: 0도의 물 1톤을 24시간 이내에 0도의 얼음으로 바꾸는 데 제거해야 할 열량 및 그 능력
· **1냉동톤(RT)**: 3320 [kcal/hr]
· **1미국냉동톤(USRT)**: 3024 [kcal/hr]
· **1제빙톤**: 1.65 [RT]

정답 028 ③　　　029 ③　　　030 ④

031 절대압력을 나타낸 것으로 옳은 것은?

① 절대압력＝계기압력/대기압
② 절대압력＝계기압력×대기압
③ 절대압력＝계기압력＋대기압
④ 절대압력＝계기압력－대기압

· 정답 풀이 ·

· 절대압력＝국소대기압＋계기압력
· 절대압력＝국소대기압－진공압 (진공도＝(진공압/대기압)×100 [%])

032 관마찰계수가 일정할 때, 배관 속을 흐르는 유체의 손실 수두에 관한 설명으로 옳은 것은 무엇인가?

① 관의 길이에 반비례한다.
② 유속의 제곱에 비례한다.
③ 관 내경의 제곱에 반비례한다.
④ 유체의 밀도에 반비례한다.

· 정답 풀이 ·

$H_l = f \cdot \dfrac{L}{d} \cdot \dfrac{V^2}{2g}$ 에서 보면 유속의 제곱에 비례한다는 것을 알 수 있다.

033 교축과정에 대한 설명 중 옳은 것은?

① 온도가 변하지 않는다.
② 엔트로피가 변하지 않는다.
③ 압력이 변하지 않는다.
④ 엔탈피가 변하지 않는다.

· 정답 풀이 ·

팽창밸브는 교축과정이며, 등엔탈피 과정이다.

정답 031 ③　　　032 ②　　　033 ④

034 1보일러 마력에 대한 설명으로 옳은 것은?

① 100도의 물 15.65 [kg]을 24시간 이내에 100도의 증기로 만드는 데 필요한 열량
② 100도의 물 15.65 [kg]을 1시간 이내에 100도의 증기로 만드는 데 필요한 열량
③ 100도의 물 1 [kg]을 24시간 이내에 100도의 증기로 만드는 데 필요한 열량
④ 100도의 물 1 [kg]을 1시간 이내에 100도의 증기로 만드는 데 필요한 열량

> • 정답 풀이 •
>
> 1보일러마력: 100도의 물 15.65 [kg]을 1시간 이내에 100도의 증기로 만드는 데 필요한 열량
> • 0도의 물에서 100도의 증기까지 만드는 데 필요한 증발잠열: 598 [kcal/kg]
> • 100도의 물에서 100도의 증기까지 만드는 데 필요한 증발잠열: 539 [kcal/kg]
> • 1보일러마력: $539 \times 15.65 = 8435.35$ [kcal/hr]

035 밀도의 차원을 고르면? (M: 질량, L: 길이, T: 시간)

① $M \cdot L^{-3}$ ② $L^2 \cdot T^{-1}$
③ $M \cdot L^{-1} \cdot T^{-1}$ ④ $M \cdot L^2 \cdot T^{-2}$

> • 정답 풀이 •
>
> 밀도＝질량/부피＝[kg/m³]이므로 $M \cdot L^{-3}$

036 굽힘모멘트에 의한 수평전단응력에 대한 설명으로 옳지 않은 것은? (단, τ: 수평전단응력, F: 전단력, Q: τ에 대한 단면 1차 모멘트, b: τ에 대한 폭, I: 단면 전체 2차 모멘트)

① 수평전단응력은 $\tau = \dfrac{FQ}{bI}$로 나타낼 수 있다.
② 사각형 단면 모양에서는 수평전단응력이 평균전단응력보다 약 1.5배 크다.
③ 상하 표면에서는 0이 되며, 중립축에서는 최댓값을 갖는다.
④ 원형 단면 모양에서는 수평전단응력이 평균전단응력보다 약 2배 크다.

> • 정답 풀이 •
>
> • 원형단면의 수평전단응력: $\dfrac{4}{3} \times \dfrac{F}{A}$ (F는 전단력, A는 단면적), 평균전단응력의 1.33배 크다.
> • 사각단면의 수평전단응력: $\dfrac{3}{2} \times \dfrac{F}{A}$ (F는 전단력, A는 단면적), 평균전단응력의 1.5배 크다.

정답   034 ②   035 ①   036 ④

037 물질의 온도 변화 형태로 나타나는 열에너지는?

① 비열   ② 증발열

③ 잠열   ④ 현열

> **· 정답 풀이 ·**
>
> - **비열**: 어떤 물질 1 [g]을 1 [℃] 높이는 데 필요한 열량
> - **증발열**: 어떤 물질이 기화할 때 외부로부터 흡수하는 열량
> - **잠열**: 온도의 변화 없이 상태 변화에 사용되는 열량
> - **현열**: 물체의 온도가 가열, 냉각에 따라 변화하는 데 필요한 열량
>
> ---
>
> ※ 1chu: 어떤 물질 1 [lb]를 1 [℃] 올리는 데 필요한 열량으로, 0.4536 [kcal]이다.
> ※ 1btu: 어떤 물질 1 [lb]를 1 [F°] 올리는 데 필요한 열량으로, 0.252 [kcal]이다.

038 이상기체의 운동에 대한 설명으로 옳은 것은?

① 분자 사이에 척력이 항상 작용한다.
② 분자 자신의 체적은 거의 무시할 수 있다.
③ 분자 사이에 인력이 항상 작용한다.
④ 분자가 충돌할 때 에너지 손실이 있다.

> **· 정답 풀이 ·**
>
> 이상기체의 운동은 분자 자신의 체적을 거의 무시하며 관찰한다.
>
> ---
>
> **참고** [이상기체 방정식 조건]
> - 압력과 분자량이 작을 것
> - 체적과 온도가 높을 것
> - 분자 간 인력이 작용하지 않을 것

039 모세관 현상의 설명으로 옳지 <u>않은</u> 것은?

① 관이 경사가 지면 액면 상승 높이가 변하게 된다.
② 액체의 응집력과 관과 액체 사이의 부착력에 의해 발생된다.
③ 동일한 조건에서 표면장력만 2배가 된다면 액면 상승 높이도 2배가 된다.
④ 물의 경우 응집력보다 부착력이 크기 때문에 모세관 현상이 발생한다.

• 정답 풀이 •

[모세관현상]
• 액체의 응집력과 관과 액체 사이의 부착력에 의해 발생된다.
• 물의 경우 응집력보다 부착력이 크기 때문에 모세관 현상이 위로 향한다.
• 수은의 경우 응집력이 부착력보다 크기 때문에 모세관 현상이 아래로 향한다.
• 관이 경사져도 액면 상승 높이에는 변함이 없다.
• 접촉각이 90도보다 클 때에는 액체의 높이는 하강한다.

[모세관 현상의 예]
• 고체(파라핀) → 액체 → 모세관 현상으로 액체가 심지를 타고 올라간다.
• 식물이 토양 속의 수분을 모세관 현상에 의해 끌어올려 물속에 용해된 영양물질을 흡수하는 경우

[액면 상승 높이]
• 관의 경우: $\dfrac{4\sigma \cos \beta}{\gamma d}$ (σ: 표면장력, β: 접촉각)
• 평판일 경우: $\dfrac{2\sigma \cos \beta}{\gamma d}$ (σ: 표면장력, β: 접촉각)

040 아래 설명 중 옳지 <u>않은</u> 것은?

① 유맥선은 주어진 순간에 모든 점에서 속도의 방향에 접한 선이다.
② 유적선은 유체 입자가 지나간 흔적을 의미한다.
③ 유맥선의 예로는 담배연기가 있다.
④ 정상상태 유체의 유동에서 유선＝유적선＝유맥선이 성립한다.

• 정답 풀이 •

[유선, 유맥선, 유적선에 대한 설명]
• 유적선은 서로 교차 가능하며, 유체 입자가 지나간 흔적을 말한다.
• 유맥선은 어떤 특정한 점을 지난 유체 입자들을 이은 선을 말한다. (유맥선의 예: 담배연기)
• 유동 내 한 점의 속도는 유일하므로 유선은 서로 교차하지 않는다.
• 유선은 주어진 순간에 모든 점에서 속도의 방향에 접한 선이다.

정답 039 ①　　　 040 ①

041 흡수식 냉동사이클에서 흡수기와 재생기는 증기 압축식 냉동사이클의 무엇과 같은 역할을 하는가?

① 압축기 ② 팽창밸브
③ 증발기 ④ 응축기

[증기압축식 냉동장치]
• 증기압축식 냉동장치는 압축기를 사용하여 냉매를 기계적으로 압축하는 방식이다.
• 증기압축식 냉동장치의 냉매 순환 경로는 '증발기 → 압축기 → 응축기 → 수액기 → 팽창밸브'이다.

[흡수식 냉동장치]
• 흡수식 냉동장치는 압축기를 사용하지 않고 냉매의 증발에 의한 냉동을 한다. 즉, 열적으로 압축하는 방식이다.
• 흡수식 냉동장치의 냉매 순환 경로는 '증발기 → 흡수기 → 열교환기 → 발생기(재생기) → 응축기'이다.

※ 흡수식 냉동장치는 증기압축식 냉동장치의 압축기 대신에 흡수기와 재생기를 사용한다.

042 냉동장치 압축기에서 이상적인 압축과정은 무엇인가?

① 정압 압축 ② 등온 압축
③ 등엔트로피 압축 ④ 등엔탈피 압축

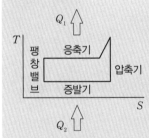

증기압축식 냉동사이클 $T-S$ 선도에서 압축기의 압축과정을 보면 등엔트로피 $\Delta S = 0$ 임을 알 수 있다.

정답 041 ① 042 ③

043 3개 이상의 지점으로 지지된 일체의 보를 말하며, 특히 교량 등에서 많이 사용되는 보는 무엇인가?

① 단순보   ② 돌출보

③ 연속보   ④ 외팔보

> • 정답 풀이 •
>
> [보의 종류]
> • **단순보**: 한 끝은 고정힌지, 다른 끝은 가동힌지로 구성되어 있는 보로, 미지수반력은 가동힌지에서는 수직반력 1개, 고정힌지에서 수직반력과 수평반력 2개이다.
> • **돌출보**: 보가 지점 밖으로 돌출된 보로, 반력은 3개이다. 같은 말로는 내다지보, 내민보라고 한다.
> • **연속보**: 3개 이상의 지점으로 지지된 일체의 보를 말하며, 특히 교량 등에서 많이 사용된다.
> • **외팔보**: 한 끝은 고정되고 다른 끝은 자유로운 보이다.

044 베르누이 방정식은 총 3가지의 유체 에너지로 구성되어 있다. 무엇인가?

① 압력＋위치＋열에너지   ② 압력＋위치＋운동 에너지

③ 열＋위치＋운동 에너지   ④ 열＋압력＋운동 에너지

> • 정답 풀이 •
>
> 베르누이 방정식: 유선 상에서 모든 형태의 에너지 합이 일정하다는 것을 설명하는 법칙
>
> [베르누이 가정]
> • 정상류, 비압축성, 유선을 따라 입자가 흘러야 한다. 비점성(유체 입자는 마찰이 없다는 의미)
> • $\dfrac{P}{\gamma}+\dfrac{V^2}{2g}+Z=C$ 즉, 압력 수두＋속도 수두＋위치 수두＝Constant
> • 압력 수두＋속도 수두＋위치 수두＝에너지선   • 압력 수두＋위치 수두＝수력 구배선
>
> [베르누이 예시]
> • 2개의 공 사이에 기류를 불어 넣으면 속도가 증가하여 압력이 감소하게 되어 2개의 공이 달라붙는다.

045 시간 Δt 사이에 유체의 선운동량이 ΔP만큼 변했을 때 $\Delta P/\Delta t$는 무엇을 의미하는가?

① 유체 운동량의 변화량   ② 유체 충격량의 변화량

③ 유체에 작용하는 힘   ④ 유체의 가속도

> • 정답 풀이 •
>
> 시간에 대한 운동량의 변화량은 mv/t이므로, $=mv/t \rightarrow ma \rightarrow F$로 도출된다. ($F=ma$)

정답   043 ③   044 ②   045 ③

046 정정보의 종류로 옳지 <u>못한</u> 것은 무엇인가?

① 외팔보
② 게르먼보
③ 고정지지보
④ 돌출보

> **• 정답 풀이 •**
>
> • **정정보**: 외팔보(켄틸레버보), 단순보(양단지지보, 받침보), 돌출보(내민보, 내다지보), 겔버보(게르먼보)
> • **부정정보**: 양단고정보, 고정지지보(일단고정 타단지지보), 연속보

047 하겐−푸아즈(Hagen−poiseuille)식이 성립하기 위한 유체의 흐름과 관련된 조건이 <u>아닌</u> 것은?

① 난류
② 뉴턴 유체
③ 완전발달 흐름
④ 수평관을 흐르는 유체

> **• 정답 풀이 •**
>
> [Hagen−poiseuille 성립 조건]
> • 수평관을 흐르는 유체, 완전발달 흐름, 뉴턴 유체
> • Hagen−poiseuille 식은 층류에만 적용
>
> ※ 원관: $Q = \dfrac{\Delta P \pi d^4}{128 \mu l}$ (ΔP=압력차, Q=유량)
>
> ※ 평판: $Q = \dfrac{\Delta P b h^3}{12 \mu l}$ (ΔP=압력차, Q=유량)

048 단열압축, 등온압축, 폴리트로픽 압축에 관한 사항으로 옳지 <u>못한</u> 것은?

① 압축일량은 등온압축이 가장 작다.
② 압축가스 온도는 폴리트로픽 압축이 가장 높다.
③ 실제 냉동기의 압축 방식은 폴리트로픽 압축이다.
④ 압축일량은 단열압축이 가장 크다.

> **• 정답 풀이 •**
>
> • 정상류의 압축일 크기 순서: 정적 과정 > 단열압축 과정 > 폴리트로픽 과정 > 등온압축 과정 > 정압 과정
> • 압축가스 온도(토출가스 온도) 크기 순서: 단열압축 과정 > 폴리트로픽 과정 > 등온압축 과정
> • 실제 냉동기의 압축 방식은 폴리트로픽 압축이다.

정답 046 ③   047 ①   048 ②

049 증기압축식 냉동사이클의 압축 과정동안 냉매의 상태변화로 옳지 못한 것은?

① 온도 상승
② 엔탈피 증가
③ 압력 상승
④ 비체적 증가

• 정답 풀이 •

압축되면 V(체적)가 감소하기 때문에 분자 간 충돌이 많아져 P(압력)가 증가한다. 그리고 분자 간 거리가 가까워져 서로 충돌하여 온도가 증가한다. 결국, 엔탈피도 온도만의 함수이므로 엔탈피도 증가한다. 또한 압축한 만큼 V(체적)가 감소하므로 비체적도 감소한다.

050 등엔트로피 과정과 관련된 것은?

① 단열변화
② 정압변화
③ 정적변화
④ 등온변화

• 정답 풀이 •

$\Delta S = \dfrac{Q}{T}$에서 단열과정은 Q가 0이므로 $\Delta S = 0$
• 단열변화: 매우 빨리 진행되거나 열을 차단하기 때문에 열교환이 없어 등엔트로피 변화이다.
• 정압변화: 압력이 일정하게 유지되며, 열과 일의 출입이 있거나 온도 및 부피가 변하는 과정이다.
• 정적변화: 부피가 일정하게 유지되며, 열의 출입이 있거나 온도 및 압력이 변하는 과정이다.
• 등온변화: 온도 변화가 없는 과정이다. (등온변화이면 등엔탈피, 내부에너지의 변화가 없다)

051 평면벽의 두께는 $200\,[\text{mm}]$, 열전도도는 $0.3\,[\text{kcal/m} \cdot \text{hr} \cdot ℃]$이다. 또한, 양쪽 표면온도의 차가 $100\,[℃]$이다. 그렇다면 이 벽의 $1\,[\text{m}^2]$당 전열량(kcal/hr)은 얼마인가?

① 75
② 150
③ 300
④ 750

• 정답 풀이 •

전도 공식: $\dfrac{Q}{T} = k\dfrac{\Delta T}{\Delta x}$ (Q: 전열량, A: 면적, K: 열전도도, T: 온도, x: 두께)

$\dfrac{Q}{T} = k\dfrac{\Delta T}{\Delta x} = \dfrac{0.3 \times 100}{0.2} = 150$

052 전도계수에 대한 대류계수를 나타내는 무차원 수는?

① Prandt 수 　　　　　　　　　② Grashof 수
③ Nusselt 수 　　　　　　　　　④ Stranton 수

> **• 정답 풀이 •**
>
> 누셀수: 대류계수/전도계수

053 스테판−볼츠만 상수 값으로 옳은 것은?

① $4.88 \cdot 10^{-8} \, [\text{kcal/hm}^2\text{K}^4]$ 　　　② $5.67 \cdot 10^{-8} \, [\text{kcal/hm}^2\text{K}^4]$
③ $5.67 \cdot 10^{-6} \, [\text{W/m}^2\text{K}^4]$ 　　　　④ $4.88 \cdot 10^{-6} \, [\text{W/m}^2\text{K}^4]$

> **• 정답 풀이 •**
>
> 스테판−볼츠만 상수 값은 아래와 같다. (단위 조심)
> $\sigma = 4.88 \cdot 10^{-8} \, [\text{kcal/hm}^2\text{K}^4]$
> $\sigma = 5.67 \cdot 10^{-8} \, [\text{W/m}^2\text{K}^4]$
>
> ---
>
> ※ 완전 복사체(흑체)로부터 에너지 방사 속도: $q/A = \sigma \cdot T^4$
> ※ 완전 복사체(흑체)에 의한 방출 에너지: $W = \sigma T^4$
> ※ 흑체: 자신에게 쪼여지는 모든 복사선을 흡수하는 물체 또는 일정 온도에서 열적 평형을 이루고, 복사만으로
> 　 열을 방출하는 물체(단, q/A: 단위면적당 전열량, σ: 스테판−볼츠만 상수, T: 절대온도)

054 $1.0332 \, [\text{kgf/cm}^2]$의 대기압이 작용하는 위치에 설치된 펌프가 있다. 펌프의 흡입측 압력이 완전 진공일 때 실제 흡입 가능한 양정(수두)은 약 얼마인가?

① 3 m 　　　　　　　　　　② 4 m
③ 7 m 　　　　　　　　　　④ 10 m

> **• 정답 풀이 •**
>
> $1.0332 \, [\text{kgf/cm}^2]$의 대기압이 작용하는 위치에 설치된 펌프의 흡입측 압력이 완전 진공일 때
> • 이론적 최대 흡입 수두: $10.332 \, [\text{m}]$
> • 실제 흡입 가능한 수두: $6\sim7 \, [\text{m}]$
>
> ---
>
> ※ 양정: 펌프가 액체를 퍼 올릴 수 있는 높이
> ※ 실제 수두와 이론적 수두가 차이 나는 이유는 마찰 손실, 액체의 습증기압 등의 이유가 있다. 따라서 실제 흡입
> 　 가능한 수두는 $6\sim7 \, [\text{m}]$이다.

정답 052 ③ 　　053 ① 　　054 ③

055 열역학적 평형이란 무엇을 말하는가?

① 열적, 화학적, 역학적으로 평형을 이루는 것을 말한다.
② 열적, 화학적, 위치적으로 평형을 이루는 것을 말한다.
③ 역학적, 열적, 기하학적으로 평형을 이루는 것을 말한다.
④ 위치적, 운동학적, 기하학적으로 평형을 이루는 것을 말한다.

• 정답 풀이 •

열역학적 평형은 열적, 화학적, 역학적으로 평형을 이루는 것을 말한다.

056 상사법칙의 종류로 옳지 못한 것은 무엇인가?

① 역학적 상사   ② 운동학적 상사   ③ 위치적 상사   ④ 기하학적 상사

• 정답 풀이 •

• **상사법칙**: 모형실험을 통해 원형에서 발생하는 여러 특성을 예측하는 수학적 기법을 말하며, 이론적으로 해석이 어려운 경우 실제 구조물과 주변 환경 등 원형을 축소시켜 작은 규모로 제작한 모형을 통해 원형에서 발생하는 현상 및 역학적인 특성을 미리 예측하고 설계에 반영, 원형과 모형 간의 특성의 관계를 연구하는 기법이다.

[상사법칙 종류]: 역학적 상사, 운동학적 상사, 기하학적 상사

참고 [상사법칙]
• 원형과 모형은 닮은 꼴의 대응하는 각 변의 길이의 비가 같아야 기하학적 상사를 만족한다.
• 모형과 원형에서 서로 대응하는 입자가 대응하는 시간에 대응하는 위치로 이동할 경우 운동학적 상사를 만족한다.
• 역학적 상사는 모형과 원형의 유체에 작용하는 상응하는 힘의 비가 전체 흐름 내에서 같아야 한다는 것을 의미한다.

057 물체에 외력을 가했을 때, 물체가 현 상태를 유지하고 있다. 그럼에도 불구하고 물체 내부의 응력이 시간에 따라 점점 감소하는 현상은 무엇인가?

① 크리프   ② 스프링백   ③ 응력이완   ④ 탄성여효

• 정답 풀이 •

• **크리프**: 연성재료가 고온에서 정하중을 받을 때, 시간에 따라 변형이 증가되는 현상
• **스프링백**: 물체가 외력을 받은 후, 제거하면 다시 원래 상태로 돌아가는 현상
• **응력이완**: 물체가 외력을 받아 상태를 유지하고 있더라도 물체 내부 응력이 시간에 따라 감소하는 현상
• **탄성여효**: 외부에 장시간 방치하면 자연스럽게 시간에 따라 잔류응력이 감소하는 현상

정답 055 ①   056 ③   057 ③

058 세로탄성계수를 구하는 식으로 옳은 것은? (단, G: 전단탄성계수, ν: 푸와송비)

① $E=G(1+\nu)$ ② $E=2G(1+\nu)$

③ $E=G/[2(1+\nu)]$ ④ $E=G/(1+\nu)$

• 정답 풀이 •

$mE=2G(m+1)=3K(m-2)$, $E=2G(1+\nu)=3k(1-2\nu)$ (m: 푸아송수, ν: 푸아송비)

059 평면응력 상태에서 $\sigma_x=20$ [MPa], $\sigma_y=4$ [MPa], $\sigma_{xy}=6$ [MPa]이라면, 최대주응력 σ_1과 최소주응력 σ_2의 크기(kPa)는 얼마인가?

① $\sigma_1=22$, $\sigma_2=2$ ② $\sigma_1=11$, $\sigma_2=1$ ③ $\sigma_1=22$, $\sigma_2=1$ ④ $\sigma_1=11$, $\sigma_2=2$

• 정답 풀이 •

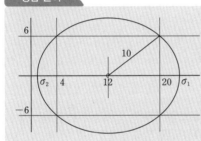

모어원에서 삼각형 부분을 보면, 피타고라스 정리에 의해 모어원의 반경이 10이 도출된다.

즉, 최대주응력은 12+반지름(10), 최소주응력은 12−반지름(10)으로 구해진다.

※ 위와 같은 모든 문제는 모어원으로 처리하는 것이 편리하다. 모어원을 자세히 알고 싶으면 1 : 1 오픈채팅방에서 질문하기 바란다.

060 어떤 재료의 항복응력이 30 [kgf/mm²]이다. 이 재료의 응력상태가 $\sigma_x=20$ [kgf/mm²], $\sigma_y=4$ [kgf/mm²], $\tau_{xy}=6$ [kgf/mm²]라면, 이 재료의 최대전단응력이론에 의한 안전계수는 얼마인가?

① 1.5 ② 2 ③ 3 ④ 4.5

• 정답 풀이 •

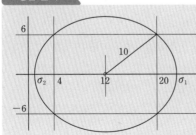

위의 모어원과 동일하기 때문에 모어원의 반지름=τ_{max}이므로 최대전단응력은 10으로 도출된다.

최대전단응력설에서 항복응력은 $\sigma_y=2\tau_{max}$이므로,

$\sigma_y=2\times10=20$ [kgf/mm²]

➡ $S=\dfrac{\sigma}{\sigma_y}=\dfrac{30}{20}=1.5$

정답 058 ② 059 ① 060 ①

061 양단지지 단순보에서 중앙에 집중하중(P)가 작용하고 있다. 최대전단응력(V)과 최대 굽힘모멘트(M)를 옳게 짝지은 것은 무엇인가? (단, 보의 길이: L)

① $V = P/2$, $M = PL/2$
② $V = P/2$, $M = PL/4$
③ $V = P/4$, $M = PL/6$
④ $V = P/4$, $M = PL/8$

> **· 정답 풀이 ·**
>
>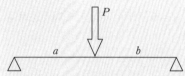
>
> 양단지지 단순보의 중앙에 P가 작용한다면, 양 끝점의 반력은 각각 $\dfrac{P}{2}$, 그러므로 $V_{전단력} = \dfrac{P}{2}$
>
> 양단지지 단순보에 집중하중 P 작용 시 최대굽힘모멘트(M_{max}) $= \dfrac{Pab}{L}$
>
> 중앙에 집중하중이 작용하므로 $a = \dfrac{L}{2}$, $b = \dfrac{L}{2}$ 즉, $\dfrac{P \times \dfrac{L}{2} \times \dfrac{L}{2}}{L} = \dfrac{PL}{4}$

062 단면의 폭 $6\,[\text{mm}]$, 높이 $8\,[\text{mm}]$의 직사각형 외팔보의 길이가 $1\,[\text{m}]$이다. 자유단에 $100\,[\text{N}]$의 집중하중을 받을 때 이 보에 생기는 최대굽힘응력(MPa)은 얼마인가?

① $1562.5\,[\text{MPa}]$
② $156.25\,[\text{MPa}]$
③ $15.625\,[\text{MPa}]$
④ $1.5625\,[\text{MPa}]$

> **· 정답 풀이 ·**
>
> $$\sigma_{max} = \frac{M_{max}}{Z} = \frac{PL}{\dfrac{bh^2}{6}} = \frac{PL}{bh^2} = \frac{6 \times 100 \times 1000}{6 \times 8^2} = 1562.5\,[\text{MPa}]$$

정답 061 ②   062 ①

063 랭킨 사이클과 비교한 재생 사이클의 특징으로 옳지 <u>못한</u> 것은?

① 사이클의 효율이 크다.
② 응축기의 방열량이 작다.
③ 터빈 일이 크다.
④ 보일러의 공급 열량이 작다.

· 정답 풀이 ·

터빈 일이 큰 것은 재열 사이클이다.

[재생 사이클]
재생 사이클은 터빈으로 들어가는 과열 증기의 일부를 추기(뽑다)하여 보일러로 들어가는 급수를 미리 예열해 준다. 따라서 급수는 미리 달궈진 상태이기 때문에 보일러에서 공급하는 열량을 줄일 수 있다. 또한, 기존 터빈에 들어간 과열 증기가 가진 열에너지를 100이라고 가정하면, 일을 하고 나온 증기는 일한 만큼 열에너지가 줄어들어 50 정도가 있을 것이다. 이때, 50의 열에너지는 응축기에서 버려질 것인데, 이 버려지는 열량을 미리 일부를 추기하여 급수를 예열하는 데 사용했으므로 응축기에서 버려지는 방열량은 자연스럽게 감소하게 된다.

그리고 $\eta = \dfrac{W}{Qb}$ 의 효율 식에서 보일러의 공급 열량이 줄어들어 효율은 상승하게 된다.

064 흡수식 냉동기에 관한 설명으로 옳지 <u>못한</u> 것은?

① 압축식에 비해 소음과 진동이 적다.
② 증기, 온수 등 배열을 이용할 수 있다.
③ 흡수식은 냉매를 기계적으로 압축하는 방식이다.
④ 압축식에 비해 설치 면적 및 중량이 크다.

· 정답 풀이 ·

흡수식 냉동기는 압축기를 사용하지 않으므로 소음과 진동이 적고, 재생기(발생기)에서 냉매와 흡수제를 유리(분리)시켜야 하므로 열이 필요하다. 따라서 열을 공급하기 위해 중유, 증기, 온수 등의 폐열을 이용한다. 또한, 압축기 대신 흡수기와 발생기 등을 사용하므로 설치 면적과 중량이 늘어나게 된다.

- **증기압축식 냉동기**: 냉매를 기계적으로 압축
- **흡수식 냉동기**: 냉매를 열적으로 압축

065 흡수식 냉동기에 대한 설명으로 옳지 못한 것은?

① 성적계수는 증기 압축식 냉동기보다 낮다.
② 보조기기 설비비가 많이 들어간다.
③ 초기 운전 시 정격 성능을 발휘할 때까지 도달 속도가 느리다.
④ 가스, 중유 등의 연료비가 들어 운전 비용이 비싸다.

• 정답 풀이 •

흡수식 냉동기는 압축기를 사용하지 않으므로 소음과 진동이 적고, 재생기(발생기)에서 냉매와 흡수제를 유리(분리)시켜야 하므로 열이 필요하다. 따라서 열을 공급하기 위해 중유, 증기, 온수 등의 폐열을 이용한다. 즉, 전력을 사용하는 증기 압축식보다는 저렴한 연료를 사용하므로 운전 비용이 저렴하다. 또한, 압축기 대신에 흡수기와 발생기 등을 사용하므로 설치 면적과 중량이 늘어나게 된다.

066 유체에 관한 설명으로 옳지 못한 것은?

① 실제 유체는 유동 시 마찰로 인한 손실이 생긴다.
② 이상 유체는 높은 압력에서 밀도가 변하는 유체이다.
③ 유체에 압력을 가하면 체적이 줄어드는 유체는 압축성 유체이다.
④ 전단력을 받았을 때 저항하지 못하고 연속적으로 변형하는 물질이 유체이다.

• 정답 풀이 •

[유체의 정의]
전단력을 받았을 때 저항하지 못하고 연속적으로 변형하는 물질

• **실제 유체**: 압축성과 점성을 고려한 유체
• **이상 유체**: 비압축성, 비점성을 고려한 유체로, 높은 압력에서도 변화가 없다.
• **압축성 유체**: 압력을 가하면 체적이 줄어드는 유체

정답 065 ④   066 ②

067 베르누이 방정식을 실제 유체에 적용시키는 방법은?

① 실제 유체에는 적용이 불가능하다.
② 베르누이 방정식의 위치 수두를 수정해야 한다.
③ 손실 수두 항을 삽입시킨다.
④ 베르누이 방정식은 이상 유체와 실제 유체에 같이 적용된다.

$$\frac{P_1}{\gamma}+\frac{V_1^2}{2g}+Z_1=\frac{P_2}{\gamma}+\frac{V_2^2}{2g}+Z_2+H_l$$

실제 유체에 베르누이 방정식을 적용시키려면 손실 수두 항을 삽입시키면 된다.

068 굽힘응력은 중립축에서 0이고, 상하 표면에서 최대이다. 즉, 분포 형태는 중립축에서 상하 표면으로 갈수록 선형적으로 증가한다. 이것과 관계된 법칙은?

① Navier의 굽힘응력분포법칙
② 네른스트의 굽힘응력분포법칙
③ 켈빈의 굽힘응력분포법칙
④ 훅의 굽힙응력분포법칙

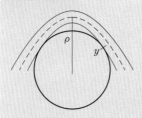

$\sigma(굽힘응력)=E\dfrac{y}{\rho}$ (y: 강선의 중립축으로부터의 거리)

위 식에서 보면, $y=0$(중립축)일 때 굽힘응력은 0이고, 상하 표면으로 갈수록 선형적으로 증가한다.

---

069 원형단면보의 지름을 3배로 증가시키면 최대전단응력은 어떻게 되는가? (단, 동일한 전단력이 작용한다고 가정한다.)

① 최대전단응력은 9배 증가한다. ② 최대전단응력은 3배 감소한다.
③ 최대전단응력은 9배 감소한다. ④ 최대전단응력은 3배 증가한다.

• 정답 풀이 •

- 원형단면의 수평전단응력: $\frac{4}{3} \times \frac{F}{A}$ (F: 전단력, A: 단면적), 평균전단응력의 1.33배 크다.
- 사각단면의 수평전단응력: $\frac{3}{2} \times \frac{F}{A}$ (F: 전단력, A: 단면적), 평균전단응력의 1.5배 크다.

원형단면이므로 첫 번째 식을 통해 수평최대전단응력은 단면적에 반비례함을 알 수 있다. 즉, d_2에 반비례하므로 수평최대전단응력은 9배 감소함을 알 수 있다.

070 기체의 점성에 가장 크게 영향을 미치는 것은 무엇인가?

① 기체 분자 사이에 작용하는 인력
② 기체 분자가 서로 충돌할 때 에너지 손실
③ 기체 분자가 서로 충돌할 때 운동량 교환
④ 기체 분자의 부피 감소

• 정답 풀이 •

기체의 점성은 기체 분자가 서로 충돌할 때 운동량 교환과 관련이 가장 크다.

※기체의 점성은 온도가 증가함에 따라 증가한다.
※액체의 점성은 온도가 증가함에 따라 감소한다.

071 이상기체의 가역과정에서 등온과정의 전열량(Q)은 무엇인가?

① 무한대이다. ② 0이다.
③ 비유동 과정의 일과 같다. ④ 엔트로피 변화와 같다.

• 정답 풀이 •

이상기체의 가역과정에서 등온과정은 $W_{12} = W_t = Q_{12}$ (절대일=공업일=열량)
※ 절대일=밀폐계일=비유동일=팽창일=가역일
※ 공업일=개방계일=유동일=압축일=소비일=가역일

정답 069 ③   070 ③   071 ③

072 열역학 제1법칙에 관한 설명으로 거리가 먼 것은?

① 열역학적 계에 대한 에너지 보존법칙을 나타낸다.
② 열은 에너지의 한 형태로서 일을 열로 변환하거나 열을 일로 변환하는 것이 가능하다.
③ 열을 일로 변환하거나 일을 열로 변환할 때 에너지의 총량은 변하지 않고 일정하다.
④ 외부에 어떠한 영향을 남기지 않고 계가 열원으로부터 받은 열을 모두 일로 바꾸는 것은 불가능하다.

> • 정답 풀이 •
>
> 열역학 제1법칙은 에너지의 보존 법칙을 나타낸다.
> 보기 ④는 열역학 제2법칙에 대한 것을 명시하고 있다.
>
> ----
>
> **[열역학 제2법칙]**: 에너지 전환의 방향성 제시
> • **Clausius의 표현**: 열은 그 자신만으로 저온체에서 고온체로 이동할 수 없다. 즉, 에너지의 방향성을 제시한다. 그리고 성능계수가 무한대인 냉동기의 제작은 불가능하다.
> • **Kelvin-Plank의 표현**: 단열 열저장소로부터 열을 공급받아 자연계에 어떤 변화도 남기지 않고 계속적으로 열을 일로 변환시키는 열기관은 존재할 수 없다. 즉, 열효율이 100 [%]인 기관은 존재할 수 없다.
> • **Ostwald의 표현**: 자연계에 어떤 변화도 남기지 않고 어떤 열원의 열을 계속 일로 바꾸는 제2 영구기관은 존재하지 않는다.

073 오일러의 운동방정식은 유체운동에 대하여 어떤 관계를 표시하는가?

① 유선에 따라 유체의 질량이 어떻게 변화하는가를 표시한다.
② 유체 입자의 운동 경로와 힘의 관계를 나타낸다.
③ 유체가 가지는 에너지와 이것이 하는 일과의 관계를 표시한다.
④ 비점성 유동에서 유선상의 한 점을 통과하는 유체 입자의 가속도와 그것에 미치는 힘과의 관계를 표시한다.

> • 정답 풀이 •
>
> • **오일러의 운동 방정식**: 비점성 유동에서 유선상의 한 점을 통과하는 유체 입자의 가속도와 그것에 미치는 힘과의 관계를 표시한다.

정답 072 ④   073 ④

074 장치들에 대한 설명으로 옳은 것은?

① 터빈은 작동 유체의 압력을 이용하여 열을 생성하는 회전식 기계이다.

② 압축기의 목적은 외부에서 유입된 동력을 이용하여 유체의 압력을 높이는 것이다.

③ 노즐은 유체를 서서히 낮은 압력으로 팽창하여 속도를 감속시키는 기구이다.

④ 디퓨저는 저속의 유체를 가속하는 기구이며, 그 결과 유체의 압력이 증가한다.

• 정답 풀이 •

- **터빈**: 열에너지를 기계 에너지로 변환시키는 기구
- **압축기**: 외부 동력을 사용하여 유체의 압력을 높이는 기구
- **노즐**: 압력 에너지를 속도 에너지로 변환하여 속도를 증가시키는 기구
- **디퓨저**: 속도 에너지를 압력 에너지로 변환시켜 압력 수두를 회복시키는 기구

075 밀폐된 실린더 내의 기체를 피스톤으로 압축하는 동안 100 [kJ]의 열이 방출되었다. 압축일의 양이 400 [kJ]이라면 내부 에너지 증가는?

① 700 [kJ]   ② 400 [kJ]

③ 100 [kJ]   ④ 300 [kJ]

• 정답 풀이 •

$Q = dU + PdV$에서 $-100 = dU - 400$ $\therefore dU = 300 \, [kJ]$

076 단면적을 포함해서 모든 조건이 동일하다면 I형, 삼각형, 원형, 사각형의 단면계수가 가장 큰 순서로 옳은 것은 무엇인가?

① I형 > 사각형 > 삼각형 > 원형

② 사각형 > 삼각형 > 원형 > I형

③ 원형 > 사각형 > 삼각형 > I형

④ I형 > 삼각형 > 사각형 > 원형

• 정답 풀이 •

[단면적을 포함해서 모든 조건이 동일할 때 단면계수의 크기 순서]
I형 > 사각형 > 삼각형 > 원형 (아사삼원)

---

077 다음 설명 중 옳은 것은?

① 주평면에서 전단응력은 작용하지 않고, 수직응력만 작용한다.
② 주평면에서 전단응력의 최대값은 주응력의 1/2이다.
③ 주평면에서는 수직응력과 전단응력의 합이 작용하게 된다.
④ 주평면에서는 수직응력은 작용하지 않고, 전단응력만이 작용한다.

· 정답 풀이 ·

주평면은 전단응력은 작용하지 않고 수직응력(최대, 최소주응력)만 작용하는 평면으로 정의

078 순수한 물질의 압력을 정압 상태로 유지한다. 그렇다면 엔트로피를 증가시키면 엔탈피는 어떻게 될까?

① 증가
② 불변
③ 감소
④ 엔트로피와 엔탈피는 관계없다.

· 정답 풀이 ·

$dQ=dh-VdP$에서 정압이므로 $VdP=0$이다. 즉, $dQ=dH$이고, 변형시키면 $TS=dH$로 도출된다. 따라서 엔트로피와 엔탈피는 비례 관계이므로 엔트로피가 증가하면 엔탈피도 증가한다.

079 파이프 내 유동에 대한 설명 중 **틀린** 것은?

① 레이놀즈 수가 특정 범위를 넘어가면 유체 내 불규칙한 혼합이 증가한다.
② 입구 길이란 파이프 입구에서부터 완전 발달된 유동이 시작하는 위치까지의 거리이다.
③ 층류인 경우 파이프 내에 주입된 염료는 관을 따라 하나의 선을 이룬다.
④ 유동이 완전 발달되면 속도 분포는 반지름 방향으로 균일하다.

· 정답 풀이 ·

원관 내 유동에서 속도 분포는 중앙에서 최대이며, 관 벽에 가까워질수록 0에 수렴하는 포물선 형태의 분포를 나타낸다.

정답 077 ①　　078 ①　　079 ④

080 베르누이 방정식에 적용된 법칙은?

① 질량 보존 법칙　　　　　　　　　② 연속 방정식
③ 에너지 보존 법칙　　　　　　　　④ 상사 법칙

• 정답 풀이 •

베르누이 방정식에는 에너지 보존 법칙이 적용된다.

081 일반적으로 뉴턴 유체에서 온도 상승에 따른 액체의 점성계수 변화를 가장 바르게 설명한 것은?

① 분자의 무질서한 운동이 커지므로 점성계수가 감소한다.
② 분자 간의 응집력이 약해지므로 점성계수가 감소한다.
③ 분자의 무질서한 운동이 커지므로 점성계수가 증가한다.
④ 분자 간의 응집력이 약해지므로 점성계수가 증가한다.

• 정답 풀이 •

※ 액체는 온도가 상승함에 따라 점성이 작아지는데, 그 이유는 분자 간의 응집력이 약해져 점성계수가 작아지기
　때문이다.
※ 기체는 온도가 상승함에 따라 점성이 커지는데, 그 이유는 분자 간의 충돌 시 운동량을 교환하기 때문이다.

082 저온 열원의 온도가 T_L, 고온 열원의 온도가 T_H인 두 열원 사이에서 작동하는 이상적인 냉동 사이클의 성능계수를 향상시키는 방법으로 옳은 것은?

① T_L을 올리고 $(T_H - T_L)$을 올린다.
② T_L을 내리고 $(T_H - T_L)$을 줄인다.
③ T_L을 올리고 $(T_H - T_L)$을 줄인다.
④ T_L을 내리고 $(T_H - T_L)$을 올린다.

• 정답 풀이 •

$\varepsilon_r = \dfrac{T_L}{T_H - T_L}$이므로 $(T_H - T_L)$을 줄이고, T_L을 높이면 냉동기의 성능계수가 향상된다.

083 보의 길이 l에 등분포하중 W를 받는 직사각형 단순보의 최대 처짐량에 대하여 옳게 설명한 것은? (단, 보의 자중은 무시한다.)

① l의 3승에 정비례한다.　　　　② 세로탄성계수에 정비례한다.

③ 보의 높이의 3승에 반비례한다.　　④ 보의 폭에 정비례한다.

· 정답 풀이 ·

$$\delta = \frac{5Wl^4}{384EI} = \frac{5Wl^4}{384E\frac{bh^3}{12}} = \frac{5Wl^4}{32Ebh^3}$$

084 직사각형($b \times h$) 단면을 가진 보의 곡률에 관한 설명으로 옳은 것은?

① 높이(h)의 3승에 반비례한다.　　② 폭(b)의 3승에 반비례한다.

③ 폭(b)의 2승에 반비례한다.　　　④ 높이(h)의 2승에 반비례한다.

· 정답 풀이 ·

$\dfrac{1}{\rho} = \dfrac{M}{EI}$ (단, ρ: 곡률 반지름, $\dfrac{1}{\rho}$: 곡률)

$\dfrac{1}{\rho} = \dfrac{M}{\frac{bh^3}{12}} = \dfrac{12M}{bh^3}$ 이므로, 높이의 3승에 반비례함을 알 수 있다.

085 오토사이클에 관한 설명 중 **틀린** 것은?

① 압축비가 클수록 효율이 높다.

② 연소 과정을 정적 가열 과정으로 간주한다.

③ 불꽃 점화 기관의 공기 표준 사이클이다.

④ 효율은 작업 기체의 종류와 무관하다.

· 정답 풀이 ·

오토사이클은 2개의 정적＋2개의 단열 과정으로, 정적하에서 열이 공급되어 연소되기 때문에 정적 연소 사이클이라고 한다. 또한, 불꽃 점화 사이클인 가솔린 기관의 이상사이클이다. 참고로 디젤사이클은 압축 착화 기관의 이상사이클이다. 그리고 작업 기체의 종류에 따라 비열비가 달라지므로 효율이 달라질 수 밖에 없다.

$\eta_{\text{오토}} = 1 - \left(\dfrac{1}{\varepsilon}\right)^{k-1}$ (단, ε: 압축비, k: 비열비)

오토사이클의 열효율은 압축비가 클수록, 비열비가 클수록, 최고온도가 클수록 커진다.

정답 083 ③　　084 ①　　085 ④

086 과열기가 있는 랭킨 사이클에 이상적인 재열 사이클을 적용할 경우에 대한 설명으로 **틀린** 것은?

① 재열 사이클의 열효율이 더 높다.
② 재열 사이클의 기기 비용이 더 많이 요구된다.
③ 재열 사이클의 경우 터빈 출구 건도가 감소한다.
④ 재열 사이클의 경우 터빈 출구 온도를 더 높일 수 있다.

◦ 정답 풀이 ◦

보일러에서 나온 과열 증기가 터빈에서 일을 하고 나오면 일을 한 만큼 온도와 압력이 강하된다. 이때 온도가 강하되면 터빈 출구 온도가 감소하여 터빈 출구에서 습분이 발생할 가능성이 커지고, 이 습분이 터빈 블레이드를 손상시켜 효율을 저하시킬 수 있다. 따라서 1차 팽창일을 하고 나온 압력과 온도가 강하된 증기를 다시 재열기에 넣어 온도를 높여 2차로 터빈을 통과시켜 2차 팽창일을 얻는 것이 바로 재열 사이클이다. 따라서 재열 사이클은 터빈일이 커져 효율이 증가하게 된다. 즉, 재열 사이클의 가장 큰 목적은 터빈 출구 건도를 증가시키는 것이다.

087 기체의 체적탄성계수에 관한 설명으로 옳지 **않은** 것은?

① 체적탄성계수의 역수를 압축률이라 한다.
② 체적탄성계수는 압력의 차원을 가진다.
③ 압축률이 큰 기체는 압축하기가 어렵다.
④ 이상 기체를 등온 압축시킬 때 체적탄성계수는 절대 압력과 같은 값이다.

◦ 정답 풀이 ◦

※ 체적탄성계수$(K) = \dfrac{\Delta P}{-\dfrac{\Delta V}{V}}$ $(-)$ 부호는 압력이 증가함에 따라 체적이 감소한다는 의미이다.

※ 체적탄성계수는 압력에 비례하고, 압력과 같은 차원을 갖는다.
※ 체적탄성계수의 역수는 압축률이며, 체적탄성계수가 클수록 압축하기 어렵다.

088 증기 압축 냉동 사이클에서 응축온도가 일정할 때 증발온도가 높을수록 성능계수는?

① 감소한다.   ② 증가한다.
③ 증발온도는 성능계수와 관계없다.   ④ 증가할 수도 있고, 감소할 수도 있다

◦ 정답 풀이 ◦

$\varepsilon_r = \dfrac{T_2}{T_1 - T_2} = \dfrac{T_{증발기}}{T_{응축기} - T_{증발기}}$ 에서 응축온도가 일정하고 증발온도가 높다면 성능계수가 증가함을 알 수 있다.

정답 **086** ③   **087** ③   **088** ②

089 지름이 [d]인 원형봉의 지름을 2배로 했을 때 비틀림 강도는 몇 배가 되는가?

① 2배　　　　　　　　　　　　　　② 1/8배

③ 8배　　　　　　　　　　　　　　④ 1/2배

> **• 정답 풀이 •**
>
> 비틀림 강도를 따질 때에는 Z_P로 따진다.
> 비틀림 강성을 따질 때에는 GI_P로 따진다.
> 비틀림 강도를 물어보는 문제이므로 Z_P로 접근한다.
>
> $T = \tau Z_P = \tau \dfrac{\pi d^3}{16}$ 이므로 지름의 3승에 비례함을 알 수 있다. 즉, 비틀림 강도는 8배 증가한다.

090 전압과 정압의 차이를 이용하여 유체의 속도를 측정하는 기구는?

① 피토정압관　　　　　　　　　　② 로타미터

③ 열선속도계　　　　　　　　　　④ 레이저도플러유속계

> **• 정답 풀이 •**
>
> 전압과 정압의 차이는 동압이다. 즉, 동압을 측정하는 것은 피토정압관이다.
> 피토정압관은 동압을 측정하여 유속을 측정하는 기구이다.

091 엔트로피에 관한 내용 중 옳지 못한 것은?

① 기체에 대한 값이 액체보다 크다.

② 경로함수이다.

③ 이상기체 혼합 과정에서는 엔트로피가 증가한다.

④ 열을 가역적으로 받을 때, 엔트로피가 생성되지 않는다.

> **• 정답 풀이 •**
>
> • 일반적으로 기체에 대한 값이 액체보다 크다.
> • 엔트로피는 점함수의 종류이다. 경로함수는 열과 일이 있다.
> • 엔트로피는 가역일 때 일정하며, 비가역일 때 항상 증가한다.
> • 비가역의 예시로는 혼합, 자유팽창, 확산, 삼투압, 마찰 등이 있다.
> • 단열과정일 때에는 등엔트로피 과정이다.

정답 089 ③　　　090 ①　　　091 ②

092 부르돈관 압력계에서 압력에 대한 설명으로 옳은 것은?

① 액주의 중량과 평형을 이룬다.
② 마찰력과 평형을 이룬다.
③ 탄성력과 평형을 이룬다.
④ 절대압력과 평형을 이룬다.

· 정답 풀이 ·

부르돈관 압력계에서 압력은 탄성력과 평형을 이룬다.

[탄성식 압력계 종류]
벨로즈형 압력계, 부르돈관 압력계, 다이어프램 압력계　✏ 암기법: 어! (벨)(브)(다) !

093 단순보에서 등분포하중 W를 받을 때, 굽힘모멘트 선도 모양과 최대굽힘모멘트의 값으로 옳은 것은?

① 직선, $Wl^2/8$
② 포물선, $Wl^2/8$
③ 직선, $Wl^2/4$
④ 포물선, $Wl^2/4$

· 정답 풀이 ·

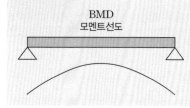

모멘트 선도는 위와 같이 포물선 형태를 가진다.
중앙점에서 모멘트가 최대이며, 그 값은 $Wl^2/8$을 가진다.

094 전단력(V)과 굽힘모멘트(M)의 관계로 옳은 것은?

① $V = dx/dM$
② $V = dM/dx$
③ $V = d^2x/dM^2$
④ $V = d^2M/dx^2$

· 정답 풀이 ·

$V = dM/dx, W = dV/dx$
모멘트(M)를 x에 대해 미분하면 전단력
전단력(V)을 x에 대해 미분하면 등분포하중
즉, d^2M/dx^2은 등분포하중을 의미(모멘트를 x에 대해 2번 미분하면 등분포하중)

정답　092 ③　　093 ②　　094 ②

095 전단력(V)과 굽힘모멘트(M)에 관한 설명으로 옳은 것은?

① V가 직선으로 변화하면 M은 포물선으로 변화한다.
② V가 일정하면 M은 곡선으로 변화한다.
③ V가 일정하면 M도 일정하다.
④ V가 직선으로 변화하면 M도 직선으로 변화한다.

• 정답 풀이 •

모멘트(M)를 x에 대해 미분하면 전단력 ($V=dM/dx$)
전단력(V)을 x에 대해 미분하면 등분포하중 ($W=dV/dx$)
즉, d^2M/dx^2은 등분포하중을 의미(모멘트를 x에 대해 2번 미분하면 등분포하중)

미분의 관계를 따져보면 답이 도출된다. V가 일정하다는 것은 상수를 의미하고, 미분 전단계인 M이 x에 대한 1차함수임을 알 수 있다. 그리고 V가 직선인 1차함수였다는 것은 미분 전단계인 M이 x에 대한 2차함수 즉, 포물선임을 알 수 있다. 또한, 전단력이 0이 되는 단면에서 최대굽힘모멘트가 발생하는 것을 알 수 있다.

096 정역학적인 평형방정식만으로 모든 미지수가 해결되는 보를 말하며 미지수의 반력이 3개 존재하는 보는 무엇인가?

① 정정보
② 부정정보
③ 연속보
④ 고정지지보

• 정답 풀이 •

• **정정보**: 정역학적인 평형방정식만으로 모든 미지수가 해결되는 보를 말하며, 미지수의 반력이 3개 존재하는 보
• **부정정보**: 정역학적 평형방정식만으로는 모든 미지수의 해결이 불가능하기 때문에 방정식의 수를 늘리기 위해서는 보의 처짐을 고려하면서 경계 조건을 따져 미지수를 해결하는 보로, 미지수의 반력이 3개 이상인 보

097 원형단면축을 비틀 때, 비틀림을 작게 하려면 어떻게 해야 하는가? (단, G는 가로탄성계수)

① 지름이 크고, G의 값을 작게 한다.
② 지름이 크고, G의 값을 크게 한다.
③ 지름이 작고, G의 값을 작게 한다.
④ 지름이 작고, G의 값을 크게 한다.

• 정답 풀이 •

$\theta=\dfrac{TL}{GI_P}=\dfrac{32TL}{G\pi d^4}$ 이므로 지름이 크고, G의 값을 크게 하면 비틀림각이 작아진다.

정답 095 ① 096 ① 097 ②

098 비틀림에 의한 탄성에너지와 관련된 최대 탄성에너지는?

① $u = \dfrac{U}{v} = \dfrac{\tau^2}{2G}$ ② $u = \dfrac{U}{v} = \dfrac{\tau^2}{4G}$

③ $u = \dfrac{U}{v} = \dfrac{\tau^2}{6G}$ ④ $u = \dfrac{U}{v} = \dfrac{\tau^2}{8G}$

• 정답 풀이 •

비틀림에 대한 최대 탄성에너지(=변형 에너지 밀도=레질리언스 값)

$$u = \dfrac{U}{v} = \dfrac{\tau^2}{4G}$$

099 비틀림 응력에 대한 설명으로 옳은 것은? (단, 단면은 원형이라고 가정한다.)

① 비틀림 응력은 중립축에서 최대이다.
② 비틀림 응력은 중립축에서 0이며, 축의 표면 상하로 갈수록 포물선형으로 증가한다.
③ 비틀림 응력은 중립축에서 0이며, 축의 표면 상하로 갈수록 선형적으로 증가한다.
④ 비틀림 응력은 축의 표면 상하에서 0이다.

• 정답 풀이 •

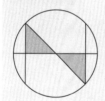 비틀림 응력은 그림처럼 보의 중립축에서 0이며, 상하 표면으로 갈수록 선형적으로 증가하고 있음을 알 수 있다.

100 단면의 주축에 관한 설명으로 옳은 것은?

① 주축에서는 단면 상승 모멘트가 0이다.
② 주축에서는 단면 2차 모멘트가 0이다.
③ 주축에서는 단면 상승 모멘트가 최대이다.
④ 주축에서는 단면 상승 모멘트가 최소이다.

• 정답 풀이 •

단면 상승 모멘트는 두 축 중에서 어느 한 축이라도 대칭하면 항상 0이 되며, 대칭이 된 축이 바로 주축이다.

정답 098 ②   099 ③   100 ①

101 단면계수에 대한 설명으로 옳지 못한 것은?

① 단면계수는 굽힘을 해석하는 데 매우 중요한 요소이다.
② 단면계수가 클수록 굽힘응력이 작아진다.
③ 단면계수가 클수록 경제적인 단면임을 알 수 있다.
④ 모든 도형은 단면계수를 1개 갖는다.

• 정답 풀이 •

단면계수는 굽힘을 해석하는 데 매우 중요한 값이다. $M = \sigma_b Z$의 식을 통해 단면계수 Z가 커질수록 굽힘응력 σ_b의 값이 작아지는 것을 알 수 있다. 즉, 단면계수가 클수록 경제적인 단면이다.
※ 평면도형이 상하 대칭이라면 단면계수는 1개만 존재하지만, 상하 비대칭이라면 2개가 존재한다.

102 다음 설명 중 옳은 것은 무엇인가?

① 도심에 대한 단면 2차 극모멘트는 0이다.
② 도심을 지나는 축에 대한 단면 1차 모멘트는 0이다.
③ 축이 하나라도 대칭이면 단면 상승 모멘트는 0이다.
④ 도심을 지나지 않는 축에 대한 단면 1차 모멘트는 0이다.

• 정답 풀이 •

$Q_x = A\bar{y}$ (x축에 대한 단면 1차 모멘트)
$Q_y = A\bar{x}$ (y축에 대한 단면 1차 모멘트)
도심을 지나면 $\bar{x}$, $\bar{y}$값이 0이므로 단면 1차 모멘트는 0이 된다.

103 종단면과 각 θ를 이루는 경사단면 위에 수직응력 $\sigma_n = 1200\,[\mathrm{MPa}]$, 전단응력 $\tau = 400\,[\mathrm{MPa}]$이 작용한다. 그렇다면 경사각 θ는 얼마인가?

① $\tan^{-1}(1/3)$　　② $\tan^{-1}(1/6)$　　③ $\cos^{-1}(1/3)$　　④ $\cos^{-1}(1/6)$

• 정답 풀이 •

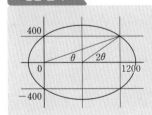

1축 응력의 모어원은 그림처럼 그려진다. 각도가 θ인 직각 삼각형을 보면 밑변은 1200이며, 높이는 400이다. 즉, tan를 활용하면,
$\tan(\theta) = \dfrac{400}{1200} = \dfrac{1}{3}$이 도출된다.
즉, $\tan^{-1}(1/3) = \theta$

정답 101 ④　　102 ②, ③　　103 ①

104 반지름이 $40\,[\text{cm}]$인 원형 단면의 단주에서 핵지름은 얼마인가?

① $10\,[\text{cm}]$　　　　② $20\,[\text{cm}]$　　　　③ $30\,[\text{cm}]$　　　　④ $40\,[\text{cm}]$

• 정답 풀이 •

원형 단면일 때 핵반경 $=d/8$　[★문제에서 핵직경이냐 핵반경이냐 항상 조심]
직사각형 단면일 때 핵반경은 $b/6$ 또는 $h/6$
즉, 원형이므로 핵반경은 $d/8$이다. 문제는 핵직경이므로 $d/4$가 된다. 즉, 핵지름은 $80\,[\text{cm}]/4=20\,[\text{cm}]$이다.

105 단말계수에 대한 설명으로 옳은 것은?

① 단말계수가 클수록 좌굴이 늦게 일어난다.　② 단말계수가 클수록 좌굴이 빨리 일어난다.
③ 단말계수가 클수록 강한 기둥이다.　　　　④ 단말계수가 클수록 약한 기둥이다.

• 정답 풀이 •

• 단말계수 n: 기둥을 지지하는 지점에 따라 정해지는 상수값

[단말계수 값]
• 일단고정 타단자유: 1/4　　　　　　• 일단고정 타단회전: 2
• 양단회전: 1　　　　　　　　　　　• 양단고정: 4

단말계수 n이 클수록 좌굴은 늦게 일어난다. 즉, 단말계수가 클수록 강한 기둥이다.

106 핵반경의 정의를 옳게 서술한 것은 무엇인가?

① 최소응력, 즉 $\sigma_{\min}=0$으로 하는 편심거리를 말하며, 인장응력만 일어나고 압축응력은 일어나지 않는다.
② 최대응력, 즉 $\sigma_{\min}=0$으로 하는 편심거리를 말하며, 압축응력만 일어나고 인장응력은 일어나지 않는다.
③ 최소응력, 즉 $\sigma_{\min}=0$으로 하는 편심거리를 말하며, 압축응력만 일어나고 인장응력은 일어나지 않는다.
④ 최대응력, 즉 $\sigma_{\min}=0$으로 하는 편심거리를 말하며, 인장응력만 일어나고 압축응력은 일어나지 않는다.

• 정답 풀이 •

• 핵반경(핵심)의 정의: 최소응력, 즉 $\sigma_{\min}=0$으로 하는 편심거리를 말하며, 압축응력만 일어나고 인장응력은 일어나지 않는다.

정답 104 ②　　105 ①, ③　　106 ③

107 다음의 설명 중 옳은 것은?

① 고정보는 같은 조건에서 단순보보다 강도가 강하다.
② 고정보는 같은 조건에서 단순보보다 강도가 약하다.
③ 고정보는 같은 조건에서 단순보보다 처짐이 크다.
④ 고정보는 같은 조건에서 단순보보다 처짐이 작다.

• 정답 풀이 •

동일한 조건이라면, 고정보는 단순보보다 처짐도 작고, 강도도 강하다.

108 막대의 한 끝이 고정되고 다른 끝에 집중하중이 작용할 때, 막대의 양단에서 국부변형이 발생하고 양단에서 멀어질수록 그 효과가 감소된다는 것과 관계가 있는 것은?

① 카스틸리아노 정리
② 트레스카 원리
③ 상베낭의 원리
④ 펠티어 효과

• 정답 풀이 •

• **상베낭의 원리**: 막대의 한 끝이 고정되고 다른 끝에 집중하중이 작용할 때, 막대의 양단에서 국부변형이 발생하고 양단에서 멀어질수록 그 효과가 감소된다는 원리

109 보 처짐을 작게 하게 위해서 같은 단면적의 모양을 어떻게 만드는 것이 좋은가?

① 높이가 작은 직사각형
② 높이가 긴 직사각형
③ 원형
④ 정사각형

• 정답 풀이 •

보의 처짐을 작게 하려면 단면계수가 큰 재료를 선택하면 된다. 단면계수가 클수록 보가 강하기 때문이다. 즉, 직사각형을 선택하고, 그 중에서도 높이가 길수록 좋다. 그 이유는 h의 제곱에 비례하기 때문이다.

정답 107 ①, ④   108 ③   109 ②

110 카스틸리아노 정리로 옳은 것은 무엇인가?

① $\delta = dU/dP$, $\theta = dU/dM$

② $\delta = dU/dM$, $\theta = dU/dP$

③ $\delta = dP/dU$, $\theta = dM/dU$

④ $\delta = dM/dU$, $\theta = dP/dU$

・정답 풀이・

- 탄성에너지가 하중의 함수로 표시되면 임의의 하중에 대한 편도함수는 처짐량과 같다.
- 탄성에너지가 모멘트 함수로 표시되면 임의의 모멘트에 대한 편도함수는 처짐각과 같다.

111 그림의 단순보에서 단순굽힘상태(순수굽힘)가 되는 구간은?

① AC 구간　　　② CD 구간　　　③ BD 구간　　　④ AB 구간

・정답 풀이・

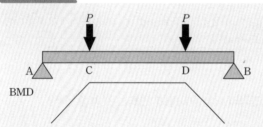

BMD

- 순수굽힘: 전단력은 0이며, 굽힘모멘트(휨모멘트)만 작용하는 것

CD 구간은 BMD에서 보이는 것처럼 굽힘모멘트의 값이 상수이므로 전단력은 0이 된다.

112 충격응력[σ] 및 충격신장[λ]은 정적응력[σ_0] 및 정적신장[λ_0]의 몇 배인가?

① 2배　　　② 3배　　　③ 4배　　　④ 5배

・정답 풀이・

$\sigma = \sigma_0 \left(1 + \sqrt{1 + \dfrac{2h}{\lambda_0}}\right)$, $\lambda = \lambda_0 \left(1 + \sqrt{1 + \dfrac{2h}{\lambda_0}}\right)$ (단, σ_0: 정적응력, λ_0: 정적신장)

갑자기 추를 낙하시킨다면 $h = 0$이므로 $\sigma = 2\sigma_0$, $\lambda = 2\lambda_0$로 도출된다.

즉, 충격응력, 충격신장은 정적응력, 정적신장의 2배가 된다.

정답 110 ①　　　111 ②　　　112 ①

113 원통형 보일러에서 배관이 과대한 압력으로 파열된다면 어떻게 균열이 생기는가?

① 길이방향응력이 원주응력보다 크므로 길이가 평행한 방향으로 균열이 생긴다.
② 길이방향응력이 원주응력보다 크므로 길이에 수직 방향으로 균열이 생긴다.
③ 원주응력이 길이방향응력보다 크므로 길이에 평행한 방향으로 균열이 생긴다.
④ 원주응력이 길이방향응력보다 크므로 길이에 수직 방향으로 균열이 생긴다.

· 정답 풀이 ·

σ_1(원주응력) $= \dfrac{Pd}{2t}$, σ_2(길이방향응력) $= \dfrac{Pd}{4t}$

원주응력이 길이방향응력보다 크므로 길이에 평행한 방향으로 균열이 생긴다.
즉, 세로 방향으로 균열이 생긴다.

114 얇은 회전체의 응력을 구하는 공식은 무엇인가?

① $\sigma = \dfrac{\gamma \pi^2 d^2 N^2}{60^2 g}$
② $\sigma = \dfrac{\gamma \pi d^2 N^2}{60^2 g}$
③ $\sigma = \dfrac{\gamma \pi^2 d^4 N^2}{60^2 g}$
④ $\sigma = \dfrac{\gamma \pi^2 d^2 N^2}{60 g}$

· 정답 풀이 ·

$\sigma = \dfrac{\gamma V^2}{g} = \dfrac{\gamma r^2 w^2}{g} = \dfrac{\gamma \pi^2 d^2 N^2}{60^2 g}$

115 길이가 L인 원추형봉의 자중에 의한 응력과 변형량으로 옳은 것은?

① $\sigma = \gamma L$, $\lambda = \dfrac{\gamma L^2}{2E}$
② $\sigma = \dfrac{\gamma L}{3}$, $\lambda = \dfrac{\gamma L^2}{2E}$
③ $\sigma = \dfrac{\gamma L}{3}$, $\lambda = \dfrac{\gamma L^2}{6E}$
④ $\sigma = \dfrac{\gamma L}{3}$, $\lambda = \dfrac{\gamma L^3}{6E}$

· 정답 풀이 ·

균일 단면봉의 경우: $\sigma = \gamma L$, $\lambda = \dfrac{\gamma L^2}{2E}$

원추형봉의 경우: $\sigma = \dfrac{\gamma L}{3}$, $\lambda = \dfrac{\gamma L^2}{6E}$

자중에 의한 응력의 값과 변형량의 값을 꼭 암기하기 바란다.

정답 113 ③　　114 ①　　115 ③

116 체적변형률 ε_v는 종변형률(세로변형률, ε)의 몇 배인가?

① 2배   ② 3배   ③ 4배   ④ 5배

· 정답 풀이 ·

$\varepsilon_v = 3 \cdot \varepsilon$

117 축에 두께가 얇은 링을 가열끼워맞춤하면 축과 링에는 각각 어떤 응력이 작용하는가?

① 축과 링은 모두 인장응력이 작용한다.
② 축과 링은 모두 압축응력이 작용한다.
③ 축은 압축응력, 링은 인장응력이 작용한다.
④ 축은 인장응력, 링은 압축응력이 작용한다.

· 정답 풀이 ·

가열끼워맞춤은 축과 링의 억지끼워맞춤에 사용된다. 또한, 가열끼워맞춤과 가장 관련이 있는 물리적 성질은 열팽창 계수이다.
두께가 얇은 링을 축에 가열끼워맞춤을 하면 링은 팽창한다. 결국, 링에는 인장응력이 작용하며, 축에는 압축응력이 작용한다.

118 수직응력에 의한 최대탄성에너지는 얼마인가?

① $\dfrac{U}{v}=u=\dfrac{\sigma}{2E}=\dfrac{E\varepsilon^2}{2}=\dfrac{\sigma\varepsilon}{2}$ ② $\dfrac{U}{v}=u=\dfrac{\sigma^2}{2E}=\dfrac{E\varepsilon^2}{2}=\dfrac{\sigma\varepsilon}{2}$

③ $\dfrac{U}{v}=u=\dfrac{\sigma^2}{2E}=\dfrac{E\varepsilon}{2}=\dfrac{\sigma\varepsilon}{2}$ ④ $\dfrac{U}{v}=u=\dfrac{\sigma^2}{2E}=\dfrac{E\varepsilon^2}{2}=\dfrac{\sigma\varepsilon}{2}$

· 정답 풀이 ·

$\dfrac{U}{v}=u=\dfrac{\sigma^2}{2E}=\dfrac{E\varepsilon^2}{2}=\dfrac{\sigma\varepsilon}{2}$

정답 116 ②   117 ③   118 ②

119 외팔보의 부재를 온도 T만큼 증가시키면 부재 내부에 발생하는 열응력은?

① $El\varDelta T$

② $\alpha E\varDelta T$

③ 0

④ $E\varDelta T$

· 정답 풀이 ·

부재를 온도 T만큼 증가시키면 부재는 늘어나지만 자유단에서 부재를 막아주는 즉, 저항해 주는 요소가 없기 때문에 부재는 응력을 받지 않는다. 열응력은 반드시 양단이 고정되어야 부재 내에서 응력이 발생한다. 그 이유는 응력은 외력이 작용할 때 내부에서 저항하기 위해 발생하는 단위면적당 힘이기 때문이다.

120 축방향으로 하중이 작용한다. θ만큼 경사가 진 단면에서 최대수직응력은 어디에서 발생하는가?

① $\theta=0$도 단면에 발생한다.

② $\theta=30$도 단면에 발생한다.

③ $\theta=45$도 단면에 발생한다.

④ $\theta=60$도 단면에 발생한다.

· 정답 풀이 ·

$\theta=0$도가 되어야 모어원에서 최대주응력의 값을 가진다.

참고

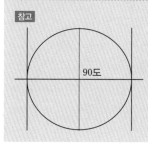

최대전단응력을 얻으려면, 그림의 모어원처럼 90도가 되어야 모어원의 반지름, 즉 최대전단응력을 얻는다. 즉, 경사각 $\theta=45$도가 되어야 한다.

121 2축 응력이 작용하는 모어원에서 σ_x가 인장응력, σ_y가 압축응력이다. 두 응력이 서로 수직하게 작용한다면 $\tau_{\max}$는 얼마인가? (단, $\sigma_x=\sigma_y$)

① 0

② σ_x

③ $2\sigma_x$

④ $3\sigma_x$

· 정답 풀이 ·

모어원을 도시하면 모어원이 지름이 $2\sigma_x$이므로 최대전단응력＝모어원의 반지름은 σ_x이다.

정답 119 ③　　120 ①　　121 ②

122 다음 설명 중 옳지 못한 것은 무엇인가?

① 레질리언스 계수는 비례한도까지 단위체적당 재료가 흡수한 에너지를 말한다.
② 인성계수는 재료가 파단될 때까지 단위체적의 재료가 흡수한 에너지를 말한다.
③ 비례한도 내에서는 응력과 변형률이 서로 비례한다.
④ 강도는 재료가 파단될 때까지 변형에 대해 저항하는 성질이다.

· 정답 풀이 ·

- **레질리언스 계수**: 비례한도까지 단위체적당 재료가 흡수한 에너지
- **인성계수**: 재료가 파단될 때까지 단위체적의 재료가 흡수한 에너지
- **강도**: 외력에 대한 저항력
- **강성**: 재료가 파단될 때까지 변형에 대해 저항하는 성질

123 압축성 효과는 마하수가 얼마보다 클 때 고려하는가?

① 0.1　　　　　② 0.2　　　　　③ 0.3　　　　　④ 0.4

· 정답 풀이 ·

압축성 효과는 마하수가 0.3보다 클 때 발생한다.

124 점도계의 종류 중에서 스토크스 법칙과 관련이 있는 점도계는?

① Brookfield falling ball viscometer
② Ostwald viscometer
③ Saybolt viscometer
④ Stomer viscometer

· 정답 풀이 ·

[점도계의 종류]
- **스토크스의 법칙**: 낙구식 점도계(Brookfield falling ball viscometer)
- **하겐-포아젤의 법칙**: 오스왈드 점도계, 세이볼트 점도계
- **뉴턴의 점성 법칙**: 맥마이첼 점도계, 스토머 점도계

정답 122 ④　　　123 ③　　　124 ①

125 길이가 2 [m], 반경이 50 [mm]인 철재 축이 있다. 끝단에서 45 [kN·m]의 토크를 전달하고 있을 때, 축의 비틀림각[rad]을 구하시오. (단, 철에 대해 $G=80$ [GPa], $\pi=3$으로 계산한다.)

① 0.06　　　　　② 1.92　　　　　③ 0.12　　　　　④ 0.18

> **· 정답 풀이 ·**
>
> $$\theta = \frac{TL}{GI_P} = \frac{32TL}{G\pi d^4} = \frac{32 \times 45 \times 1000 \times 2}{80 \times 10^9 \times 3 \times 0.1^4} = 0.12$$
>
> ② 1.92라고 생각한 분들이 있을 것이라고 생각된다. 실제 시험에서도 지름, 반지름으로 낚는 문제가 많으니 항상 문제를 꼼꼼하게 읽어 지름, 반지름을 실수하지 마세요!

126 다음 설명 중 옳은 것은 무엇인가?

① 분필과 같이 인장이 매우 약한 취성재료에 비틀림을 가하면 축 방향 기준으로 파단이 0° 방향으로 발생된다.
② 분필과 같이 인장이 매우 약한 취성재료에 비틀림을 가하면 축 방향 기준으로 파단이 30° 방향으로 발생된다.
③ 분필과 같이 인장이 매우 약한 취성재료에 비틀림을 가하면 축 방향 기준으로 파단이 45° 방향으로 발생된다.
④ 분필과 같이 인장이 매우 약한 취성재료에 비틀림을 가하면 축 방향 기준으로 파단이 90° 방향으로 발생된다.

> **· 정답 풀이 ·**
>
> 분필과 같이 인장이 매우 약한 취성재료에 비틀림을 가하면 축 방향 기준으로 파단이 45° 방향으로 발생된다.

127 부피가 0.5 [m³]인 용기에 투입된 공기의 압력이 200 [kPa]이다. 이때, 공기의 질량이 5 [kg]이라면, 공기의 온도[K]는? (단, 공기는 이상 기체이고, 기체 상수 $R=250$ [J/kg·K]이다.)

① 40　　　　　② 80　　　　　③ 120　　　　　④ 160

> **· 정답 풀이 ·**
>
> $$PV = mRT \;\Rightarrow\; 200 \times 1000 \times 0.5 = 5 \times 250 \times T \qquad \therefore\; T = 80 \,[\mathrm{K}]$$

정답 125 ③　　126 ③　　127 ②

128 압력 2 [MPa]의 이상기체 2 [kg]이 이상적인 단열과정으로 압력이 1 [MPa]으로 변화한다. 이때, 이상 기체가 외부에 한 일이 96 [kJ]이다. 그렇다면 이상 기체의 최초 온도는 얼마인가? (단, 폴리트로픽 지수 $n=1.4$, $2^{\frac{0.4}{1.4}}=0.6$이고, 정적비열 $C_V=0.8$ [kJ/kg · K]이다.)

① 150 [K]　　　　　　　　　　　② 200 [K]
③ 250 [K]　　　　　　　　　　　④ 300 [K]

· 정답 풀이 ·

$$T_2=T_1\left(\frac{P_2}{P_1}\right)^{\frac{n-1}{n}}=T_1\left(\frac{1}{2}\right)^{\frac{0.4}{1.4}}=T_1(2)^{-\frac{0.4}{1.4}}=T_1(0.6)$$

단열과정이므로 $Q_{12}=0$으로 도출된다.
$Q=du+Pdv$에서 $Q=0$이므로 $Pdv=W=-du$로 도출된다. 즉,
$W=-(U_2-U_1)=-m \cdot C_V \cdot (T_2-T_1)=-m \cdot C_V(0.6T_1-T_1)=-m \cdot C_V \times 0.4 \times T_1$
결국, 주어진 값을 대입하면 아래와 같다.
$96=2 \times 0.8 \times 0.4 \times T_1$　　$\therefore T_1=150$ [K]

129 체적이 0.4 [m³]으로 일정한 용기 안에 압력 4.5 [MPa], 온도 900 [K]의 이상기체가 냉각되어 압력이 1.5 [MPa]이 되었다. 이때, 엔트로피의 변화[kJ/K]를 구하면? (단, $R=0.25$ [kJ/kg · K], $C_V=0.8$ [kJ/kg · K], $\ln 3=1.1$)

① 7.03　　　　　　　　　　　② −0.88
③ 0.88　　　　　　　　　　　④ −7.03

· 정답 풀이 ·

$$PV=mRT \blacktriangleright m=\frac{P_1 V}{RT_1}=\frac{4500 \times 0.4}{0.25 \times 900}=8 \text{ [kg]}$$

정적과정이므로, $T_2=\frac{P_2}{P_1}T_1=\frac{1500}{4500} \times 900=300$ [K]

$$\Delta S=mC_V\ln\left(\frac{T_2}{T_1}\right)=8 \times 0.8 \times \ln\frac{300}{900}=8 \times 0.8 \times \ln\frac{1}{3}=8 \times 0.8 \times (-1.1)=-7.03$$

130 효율이 30 [%]인 열기관이 고열원에서 2000 [J]의 열을 받아 1순환 과정 동안 외부에 일을 하고 저온부로 열량을 방출한다. 이때, 저온부로 방출되는 열과 일의 양을 각각 구하면?

① 600 [J], 1400 [J]　　　　　　　　　② 1400 [J], 600 [J]

③ 1200 [J], 800 [J]　　　　　　　　　④ 800 [J], 1200 [J]

> **· 정답 풀이 ·**
>
> $$\eta = \frac{W}{Q_h} \;\Rightarrow\; 0.3 = \frac{W}{2000} \qquad \therefore W = 600 \,[\text{J}]$$
> $$W = Q_h - Q_l \;\Rightarrow\; 600 = 2000 - Q_l \qquad \therefore Q_l = 1400 \,[\text{J}]$$

131 열역학 제2법칙에 대한 설명으로 옳지 못한 것은?

① 과정의 방향성을 제시하는 법칙이다.

② 일이 열로 변화하는 현상은 가역 과정에서 일어난다.

③ 고립계로 생각되는 이 우주의 엔트로피는 계속 증가한다.

④ 열이 고온에서 저온으로 이동하는 현상은 비가역적 현상이다.

> **· 정답 풀이 ·**
>
> 열역학 제2법칙은 비가역 현상을 제시하므로 가역 과정과 관계가 없다.
>
> **[열역학 법칙]**
> - **열역학 제0법칙**: 열평형에 대한 법칙으로, 온도계 원리와 관련이 있는 법칙
> - **열역학 제1법칙**: 에너지 보존 법칙과 관련이 있는 법칙
> - **열역학 제2법칙**: 에너지 변환의 방향성을 제시, 비가역을 명시하는 법칙으로, 그에 따라 엔트로피가 항상 증가, 절대눈금을 정의하는 법칙
> - **열역학 제3법칙**: 절대 0도에서의 엔트로피에 관한 법칙
>
> -
>
> - **열역학 제0법칙**: 고온 물체와 저온 물체가 만나면 열교환을 통해 결국 온도가 같아진다. (열평형 법칙)
> - **열역학 제1법칙**: 에너지는 여러 형태를 취하지만 총 에너지양은 일정하다. (에너지 보존 법칙)
> - **열역학 제2법칙**: 하나의 열원에서 얻어진 열을 모두 일로 바꾸는 기관은 존재하지 않는다.
> - **열역학 제3법칙**: 절대 0도에서 계의 엔트로피는 항상 0이 된다.
>
> -
>
> ※ 비가역 예시: 열의 이동, 확산, 삼투압, 자유팽창, 마찰 등

정답 130 ② 　　　 131 ②

132 점성계수가 5×10^{-3} [kg/m·s]인 유체가 평판 위를 흐르고 있다. 이때, 유체의 속도 분포가 $u = 250y - (5.5 \times 10^{-6})y^3$ [m/s]일 때, 벽면에서의 전단응력[Pa]은? (단, y는 벽면에 대해 측정된 수직거리이다.)

① 0.0125 ② 0.125
③ 1.25 ④ 12.5

· 정답 풀이 ·

$$\tau = \mu \times \frac{du}{dy} = \mu \times \frac{250y - 5.5 \times 10^{-6}y^3}{dy} = \mu(250 - 3 \times 5.5 \times 10^{-6}y^2)$$

벽면에서의 전단응력이므로 $y = 0$이 된다. 즉, $5 \times 0.001 \times 250 = 1.25$

133 다음 보기의 표면장력에 대한 설명에서 옳은 것은 몇 개인가?

- 표면장력이 클수록 분자 간의 인력이 강하기 때문에 증발이 빨리 일어난다.
- 온도가 올라가면 표면장력이 커진다.
- 물에 함유된 염분은 표면장력을 감소시키는 작용을 한다.
- 유체의 표면에 작용하여 표면적을 최대화하려는 힘을 의미한다.

① 0개 ② 1개 ③ 2개 ④ 3개

· 정답 풀이 ·

[표면장력]
- 표면장력의 단위는 [N/m]이며, 표면장력은 물의 냉각효과를 떨어뜨린다.
- 물방울의 표면장력은 $\frac{\Delta Pd}{4}$, 비눗방울은 얇은 2개의 막을 가지므로 $\frac{\Delta Pd}{8}$
- 유체의 표면에 작용하며 표면적을 최소화하려는 힘의 일종
- 물에 함유된 염분은 표면장력을 증가시킨다.
- 온도가 상승하면 표면장력은 감소하며, 표면장력이 클수록 분자 인력이 강해 증발이 늦게 일어난다.
- 계면활성제는 물의 표면장력을 감소시킨다.

정답 132 ③ 133 ①

134 지름의 비가 $3:4:6$인 모세관을 물속에 세웠다. 이때, 각 모세관의 액면 상승 높이 비는 얼마인가?

① $2:3:4$　　　　　　　② $4:3:2$

③ $8:4:2$　　　　　　　④ $2:4:8$

> **· 정답 풀이 ·**
>
> [액면 상승 높이]
>
> 관의 경우: $\dfrac{4\sigma \cos \beta}{\gamma d}$ (σ: 표면장력, β: 접촉각)이다. 액면 상승 높이는 직경에 반비례함을 알 수 있다.
>
> 즉, $1/3 : 1/4 : 1/6 = 4 : 3 : 2$임을 알 수 있다.

135 그림과 같이 수조에 비중이 1.03인 액체가 담겨 있다. 이 수조의 바닥면적이 $4\,[\text{m}^2]$일 때의 수조 바닥 전체에 작용하는 힘은 약 몇 $[\text{kN}]$인가? (단, 대기압은 무시)

① 25　　　　　　　② 50

③ 101　　　　　　　④ 202

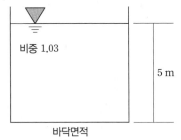

비중 1.03

5 m

바닥면적

> **· 정답 풀이 ·**
>
> $F = \gamma h A$
>
> z즉, $1.03 \times 9800 \times 5 \times 4 = 201,800\,[\text{N}] = 201.88\,[\text{kN}]$

136 그림은 한 액체가 가득 채워진 탱크이다. 이때, 점 P에 가해지는 압력은 얼마인가? (단, 액체의 비중량은 $2000\,[\text{kgf/m}^3]$이고, 대기압은 무시)

① $12\,[\text{kPa}]$　　　　　② $120\,[\text{kPa}]$

③ $117.6\,[\text{kPa}]$　　　④ $11.76\,[\text{kPa}]$

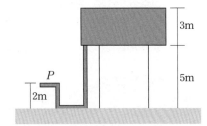

P

3m

5m

2m

> **· 정답 풀이 ·**
>
> $P = \gamma h = 2000 \times 9.8 \times (8-2) = 117.6\,[\text{kPa}]$

정답 **134** ②　　　**135** ④　　　**136** ③

137 어떤 배관 내를 흐르는 물의 평균유속이 $19.6\,[\text{m/s}]$일 때, 속도 수두는 약 몇 [m]인가? (단, 중력 가속도는 $9.8\,[\text{m/s}^2]$이다.)

① $9.8\,[\text{m}]$
② $4.9\,[\text{m}]$
③ $19.6\,[\text{m}]$
④ $384.16\,[\text{m}]$

▶ 정답 풀이 ◀

$$\text{속력 수두} = \frac{V^2}{2g} = \frac{19.6^2}{2 \times 9.8} = 19.6\,[\text{m}]$$

138 물체가 외력을 받으면 물체 내부에는 잔류응력이 생기기 마련이다. 하지만 외부에 장시간 방치하면 시간에 따라 잔류응력이 감소하게 되는데, 이 현상은?

① 응력이완
② 피로
③ 크리프
④ 탄성여효

▶ 정답 풀이 ◀

• **응력이완**: 물체가 외력을 받아 상태를 유지하고 있더라도 물체 내부 응력이 시간에 따라 감소하는 현상
• **피로**: 장시간 재료가 반복하중을 받으면 파괴되는 현상
• **크리프**: 연성재료가 고온에서 정하중을 받을 때, 시간에 따라 변형이 증가되는 현상
• **탄성여효**: 외부에 장시간 방치하면 자연스레 시간에 따라 잔류응력이 감소하는 현상

139 당신은 여자친구와 싸운 후, 화가 무척 나서 질량이 $3\,m$인 공을 $2\,V$ 속도로 벽에 던졌다. 이때, 공은 다시 같은 속력으로 튕겨져 나왔다. 그렇다면, 벽과 충돌하는 과정에서 벽이 공에 작용한 충격량의 크기는 얼마인가?

① $3\,mV$
② $6\,mV$
③ $8\,mV$
④ $12\,mV$

▶ 정답 풀이 ◀

충격량(역적) = 운동량의 변화량이다.
즉, 충격량 $= (mV_2 - mV_1) = (-3\,m \times 2V) - (3\,m \times 2V) = -12\,mV$

※ $(-)$ 부호의 의미는 튕겨져 나온 방향을 의미
※ 충격량의 단위: $[\text{kg} \cdot \text{m/s}]$

정답 137 ③　　138 ④　　139 ④

140 반지름이 $20\,[\text{cm}]$이고, 세장비가 80인 기둥의 길이는?

① $4\,[\text{m}]$ ② $2\,[\text{m}]$ ③ $8\,[\text{m}]$ ④ $3\,[\text{m}]$

· 정답 풀이 ·

세장비: 기둥이 얼마나 가는지를 알려주는 척도

세장비: $\dfrac{L}{K}$ (I: 단면 2차 모멘트, K: 회전 반경), $\left(K=\sqrt{\dfrac{I}{A}}\right)$

$$80=\frac{L}{K}=\frac{L}{\sqrt{\dfrac{I}{A}}}=\frac{L}{\sqrt{\dfrac{\dfrac{\pi d^4}{64}}{\dfrac{\pi d^2}{4}}}}=\frac{L}{\sqrt{\dfrac{d^2}{16}}}=\frac{L}{\dfrac{d}{4}}=\frac{4L}{d}=\frac{4L}{40}$$

즉, $4L=3200$이므로 $L=800\,[\text{cm}]=8\,[\text{m}]$

141 길이가 $5\,[\text{m}]$인 양단지지보 중앙에 집중하중 P가 작용할 때, 최대처짐량이 $20\,[\text{cm}]$로 측정되었다. 만약 양단지지보가 아닌 양단고정보로 설치했다면 최대처짐량은 몇 $[\text{cm}]$였을까? (단, 모든 조건은 동일)

① $3.5\,[\text{cm}]$ ② $4\,[\text{cm}]$ ③ $4.5\,[\text{cm}]$ ④ $5\,[\text{cm}]$

· 정답 풀이 ·

양단지지보 중앙에 집중하중 P가 작용할 때의 최대처짐량: $\dfrac{PL^3}{48EI}$

양단고정보 중앙에 집중하중 P가 작용할 때의 최대처짐량: $\dfrac{PL^3}{192EI}$

양단고정보의 경우 최대처짐량은 양단지지보에 비해 1/4 작음을 알 수 있다.

즉, $20\,[\text{cm}]\times(1/4)=5\,[\text{cm}]$

142 어떤 금속 $4\,[\text{kg}]$을 $30\,[\text{℃}]$로부터 $T\,[\text{℃}]$까지 가열하는 데 필요한 열량이 $20\,[\text{kJ}]$이라면, $T\,[\text{℃}]$는 얼마인가? (단, 금속의 비열은 $0.5\,[\text{kJ/kgK}]$)

① $30\,[\text{℃}]$ ② $40\,[\text{℃}]$ ③ $50\,[\text{℃}]$ ④ $60\,[\text{℃}]$

· 정답 풀이 ·

$Q=Cm\Delta T \rightarrow 20=0.5\times4(T-30)$ $\therefore T=40$

※ 비열: 어떤 물질 $1\,[\text{kg}]$을 1도 올리는 데 필요한 열량

정답   140 ③   141 ④   142 ②

143 동일한 체적 조건에서 어떤 가스 $80\,[\text{kg}]$을 온도 $100\,[^{\circ}\text{C}]$부터 $500\,[^{\circ}\text{C}]$까지 높였다. 이때의 내부 에너지의 변화량은? (단, 정적비열은 $0.2\,[\text{kcal/kg} \cdot {^{\circ}\text{C}}]$)

① $800\,[\text{kcal}]$ ② $1600\,[\text{kcal}]$ ③ $3200\,[\text{kcal}]$ ④ $6400\,[\text{kcal}]$

> **• 정답 풀이 •**
>
> $\Delta U = m C_{\text{V}} \Delta T = 80 \times 0.2 \times 400 = 6400\,[\text{kcal}]$

144 다음 보기 중 리퀴드백(액백) 현상에 대해 옳은 것은 몇 개인가?

> • 액분리기를 설치하면 액백 현상을 방지할 수 있다.
> • 냉매가 과충전되었을 때 액백 현상이 발생할 수 있다.
> • 팽창밸브의 개도가 너무 클 때 액백 현상이 발생할 수 있다.
> • 압축기에 가까이 있는 흡입관의 액고임을 없애면 액백 현상을 방지할 수 있다.

① 0개 ② 1개 ③ 2개 ④ 3개 ⑤ 4개

> **• 정답 풀이 •**
>
> • **액백(리퀴드백) 현상**: 냉동 사이클의 증발기에서는 냉매액이 피냉각물체로부터 열을 빼앗아 자신은 모두 증발되고 피냉각물체를 냉각시킨다. 하지만, 실제에서는 모든 냉매액이 100%로 증발되지 않고, 약간의 액이 남아 압축기로 들어가게 된다. 액체는 표면장력 등의 이유로 원래 형상을 유지하려고 하기 때문에 압축이 잘 되지 않아 압축기의 피스톤이 압축하려고 할 때 피스톤을 튕겨내게 한다. 따라서 압축기의 벽이 손상되거나 냉동기의 냉동효과가 저하되는데, 이 현상을 바로 액백 현상이라고 한다.
> • **액백 현상 원인**: 팽창밸브의 개도가 너무 클 때, 냉매가 과충전될 때, 액분리기 불량일 때
> • **액백 현상 방지법**: 냉매액을 과충전하지 않는다, 액분리기 설치, 증발기의 냉동부하를 급격하게 변화시키지 않는다, 압축기에 가까이 있는 흡입관의 액고임을 제거한다.

145 비눗방울의 표면장력이 $0.5\,[\text{N/m}]$이고, 반경이 $0.5\,[\text{cm}]$일 때, 비눗방울 내부의 압력과 외부의 압력의 차는 몇 $[\text{Pa}]$인가?

① $200\,[\text{Pa}]$ ② $400\,[\text{Pa}]$ ③ $800\,[\text{Pa}]$ ④ $1200\,[\text{Pa}]$

> **• 정답 풀이 •**
>
> $\sigma = \Delta P d / 8 \rightarrow 0.5 = \Delta P \times 0.01 \times \left(\dfrac{1}{8}\right) \rightarrow \Delta P = 400\,[\text{Pa}]$

정답 143 ④ 144 ⑤ 145 ②

146 유량이 $0.2\,[\text{m}^3/\text{s}]$이고 유효낙차가 $10\,[\text{m}]$이다. 흐르는 유체의 비중량은 $1000\,[\text{N}/\text{m}^3]$일 때 수차에 작용하는 최대동력 $[\text{kW}]$는 얼마인가?

① $1\,[\text{kW}]$
③ $3\,[\text{kW}]$

② $2\,[\text{kW}]$
④ $4\,[\text{kW}]$

• 정답 풀이 •

$P = \gamma Q H = 1000 \times 0.2 \times 10 = 2\,[\text{kW}]$

참고

$1\,[\text{kW}] = 1.36\,[\text{Ps}] = 102\,[\text{kg} \cdot \text{m}/\text{s}]$
$1\,[\text{Ps}] = 0.736\,[\text{kW}]$

147 반지름이 $100\,[\text{cm}]$인 관속을 흐르는 물의 유량이 $0.75\,[\text{m}^3/\text{s}]$일 때 물의 유속 $[\text{m}/\text{s}]$은? (단, $\pi = 3$)

① 0.1
③ 0.2

② 0.15
④ 0.25

• 정답 풀이 •

$Q = AV \rightarrow 0.75 = 0.25 \times \pi \times d^2 \times V = 0.25 \times \pi \times 2^2 \times V \qquad \therefore V = 0.25\,[\text{m}/\text{s}]$

148 수차의 유효낙차가 $500\,[\text{m}]$, 유량이 $30\,[\text{m}^3/\text{s}]$, 효율이 $40\,[\%]$일 때 수차의 축출력은? (단, 수차에 사용되는 유체는 물이라고 가정)

① $147000\,[\text{kW}]$
③ $58800\,[\text{kW}]$

② $48800\,[\text{kW}]$
④ $68800\,[\text{kW}]$

• 정답 풀이 •

$P = \gamma Q H = 9800 \times 30 \times 500 = 147000\,[\text{kW}]$
효율이 $40\,[\%]$이므로 $147000 \times 0.4 = 58800\,[\text{kW}]$

정답 146 ②　　147 ④　　148 ③

149 지면으로부터 각도 θ, 초기속도 V_0로 쏘아올린 포물체의 최고 높이를 H, 수평도달거리를 L이라고 한다면, H/L의 값은 얼마인가?

① $\tan\theta$

② $\dfrac{1}{4}\tan\theta$

③ $\dfrac{1}{4}\sin\theta$

④ $\dfrac{1}{2}\tan\theta$

• 정답 풀이 •

$$H=\frac{V_0^2(\sin^2\theta)}{2g},\ L=\frac{V_0^2(\sin^2\theta)}{g}$$

$$\frac{H}{L}=\frac{\dfrac{V_0^2(\sin^2\theta)}{2g}}{\dfrac{V_0^2(\sin 2\theta)}{g}}=\frac{\sin^2\theta}{2\sin(2\theta)}=\frac{\sin^2\theta}{4\sin\theta\cos\theta}=\frac{\sin\theta}{4\cos\theta}=\frac{1}{4}\tan\theta$$

150 스프링상수가 k로 같은 2개의 스프링을 직렬로 연결했다. 등가스프링상수는?

① $k/4$

② $k/2$

③ k

④ $2k$

• 정답 풀이 •

직렬의 경우는 아래와 같이 $k_e=\dfrac{k^2}{2k}=\dfrac{k}{2}$

[등가스프링상수]

• 직렬: $\dfrac{1}{k_e}=\dfrac{1}{k_1}+\dfrac{1}{k_2}=\dfrac{k_1+k_2}{k_1 k_2}$ ➡ $k_e=\dfrac{k_1 k_2}{k_1+k_2}$

• 병렬: $k_e=k_1+k_2$

151 열역학은 ( )과 ( )의 합성어인가?

① 열과 역학

② 열과 위치

③ 열과 동력

④ 열과 전기

• 정답 풀이 •

열역학은 열과 동력의 합성어이다.

정답 149 ②　　150 ②　　151 ③

152 다음 보기 중 복사에너지를 증가시킬 수 있는 방법으로 옳은 것은 모두 몇 개인가?

- 흑체에 가까운 물질을 만든다.
- 표면을 광택이 있도록 만든다.
- 복사 면적을 넓힌다.
- 온도를 높게 한다.

① 0개   ② 1개   ③ 2개   ④ 3개   ⑤ 4개

• 정답 풀이 •

[복사에너지 증가 방법]
- 열복사량은 복사체의 절대온도에 4제곱에 비례하고, 단면적에 비례한다.
- 흑체에 가까운 물질을 만든다. 표면의 광택을 적게 하고, 온도를 높게 한다.

⊘ 암기
- 흑체는 온도가 높을수록 에너지의 최대값이 더 짧은 파장으로 이동한다.
- 흑체는 가장 최고의 에너지를 방사한다.
- 온도가 절대온도 0 [K] 이상인 물체는 복사에너지를 방출한다.

153 임계점에 대한 설명으로 옳지 <u>못한</u> 것은?

① 임계점은 물질마다 다르고 임계점에서 증발잠열은 최대이다.
② 임계점은 액체와 증기의 밀도가 같다.
③ 임계점의 온도는 374.15 [K]이다.
④ 임계점 압력 이상을 초임계압이라고 한다.

• 정답 풀이 •

임계점 이상의 압력을 초임계압이라고 하며, 그 압력 이상이 되면 액체는 증발 과정을 거치지 않고 바로 과열증기가 된다. 따라서 임계점에서는 증발 과정을 거치지 않아 증발잠열은 0이 된다.
$(T-S)$선도를 참고해도 임계점에 가까워질수록 증발잠열 면적이 점점 줄어들어 점으로 표시된다.

참고   임계점의 온도는 374.15 [℃]이며, 임계점의 압력은 224.15 [kgf/cm^2]이다.

154 디젤 사이클, 사바테 사이클, 오토 사이클의 열효율 크기는 어떻게 되는가? (단, 가열량 및 최고압력이 일정)

① 오토 사이클＞사바테 사이클＞디젤 사이클
② 디젤 사이클＞사바테 사이클＞오토 사이클
③ 사바테 사이클＞오토 사이클＞디젤 사이클
④ 디젤 사이클＞오토 사이클＞사바테 사이클

• 정답 풀이 •

[열효율 비교]
• 가열량 및 압축비가 일정할 때: 오토 사이클＞사바테 사이클＞디젤 사이클
• 가열량 및 최고 압력이 일정할 때: 디젤 사이클＞사바테 사이클＞오토 사이클

155 동일한 성능의 두 펌프를 직렬 또는 병렬로 연결하는 경우의 주된 목적은?

	직렬 연결	병렬 연결
①	유량 증가	양정 증가
②	유량 증가	유량 증가
③	양정 증가	유량 증가
④	양정 증가	양정 증가

• 정답 풀이 •

• 동일한 펌프를 직렬로 연결할 때: 양정은 2배, 유량은 일정
• 동일한 펌프를 병렬로 연결할 때: 유량은 2배, 양정은 일정

156 상태와 상태량과의 관계에 대한 설명으로 옳지 <u>못한</u> 것은 무엇인가?

① 상변화를 포함하는 물과 수증기의 상태는 압력과 온도에 의해 완전히 결정된다.
② 상변화를 포함하는 물과 수증기의 상태는 온도와 비체적에 의해 완전하게 결정된다.
③ 순수 물질 단순 압축성 시스템의 상태는 2개의 독립적 강도성 상태량에 의해 완전하게 결정된다.
④ 상변화를 포함하는 물과 수증기의 상태는 압력과 비체적에 의해 완전하게 결정된다.

• 정답 풀이 •

습증기 구간에서는 압력과 온도가 일정하기 때문에 물과 수증기의 상태가 완전히 결정될 수 없다.

정답 154 ②   155 ③   156 ①

157 와점성계수와 관련된 것은 무엇인가?

① 압력, 점성계수, 전단변형률
② 밀도, 혼합거리, 압력
③ 밀도, 혼합거리, 전단변형률
④ 압력, 혼합거리, 점성계수

• 정답 풀이 •

- **와점성계수**: 난류의 정도와 유체의 밀도에 의해 결정되는 계수
- **와점성계수**: $\rho \times L^2 \times \dfrac{du}{dy}$ (단, ρ: 밀도, L: 프란틀의 혼합거리, $\dfrac{du}{dy}$: 전단변형률, 각변형률, 속도구배)

158 유선, 유관, 유적선, 유맥선에 대한 설명으로 옳지 <u>못한</u> 것은?

① 유선: 유체 입자가 곡선을 따라 움직일 때, 그 곡선이 갖는 접선과 유체 입자가 갖는 속도 벡터의 방향을 일치하도록 해석할 때 그 곡선을 유선이라고 말한다.
② 유관: 어떤 폐곡선을 통과하는 여러 개의 유선으로 둘러싸여 이루어진 가상적 공간이다.
③ 유적선: 주어진 시간 동안 유체 입자가 지나간 흔적을 말한다. 유체 입자는 항상 유선의 법선 방향으로 운동하기 때문에 정상류에서 유적선은 유선과 일치한다.
④ 유맥선: 공간 내의 한 점을 지나는 모든 유체 입자들의 순간 궤적을 말한다.

• 정답 풀이 •

- **유선**: 임의의 유동장 내에서 유체 입자가 곡선을 따라 움직일 때, 그 곡선이 갖는 접선과 유체 입자가 갖는 속도 벡터의 방향을 일치하도록 해석할 때 그 곡선을 유선이라고 말한다.
- **유관(유선관)**: 어떤 폐곡선을 통과하는 여러 개의 유선으로 둘러싸여 이루어진 가상적 공간이다.
- **유적선**: 주어진 시간 동안 유체입자가 지나간 흔적을 말한다. 유체 입자는 항상 유선의 접선 방향으로 운동하기 때문에 정상류에서 유적선은 유선과 일치한다.
- **유맥선**: 공간 내의 한 점을 지나는 모든 유체 입자들의 순간 궤적을 말한다. 또는 모든 유체 입자의 순간적인 부피를 말하며, 연소하는 물질의 체적 등을 말한다. (**예** 담배연기)

159 열복사 현상에 대한 이론적인 설명과 관련이 없는 것은?

① 키르히호프의 법칙
② 스테판–볼츠만의 법칙
③ 나비에의 법칙
④ 플랑크의 법칙

• 정답 풀이 •

[열복사 현상에 대한 이론적인 설명과 관련된 법칙]
• **키르히호프의 법칙**: 일정 온도 하에서 복사능 E와 흡수율 A의 비는 일정하다. 여기서 복사능이란 단위면적당 단위시간에 방출한 복사에너지를 말한다.
• **스테판–볼츠만의 법칙**: 열복사량은 복사체 절대온도의 4제곱에 비례하고, 단면적에 비례한다.
$$\left(\frac{T_2}{T_1}\right)^4 \ (T_1: 고온, T_2: 저온)$$
• **플랑크의 법칙**
  – 절대온도 T의 흑체로부터 나오는 모든 파장의 복사를 설명하는 법칙
  – 절대온도 T에서 복사평형에 있는 흑체로부터 방출되는 복사 에너지 밀도와 관련된 법칙

160 경계층이 분리할 때 일어나는 마찰은?

① 점성마찰
② 뉴턴마찰
③ 형태마찰
④ 화학마찰

• 정답 풀이 •

• **형태마찰**: 경계층이 분리할 때 발생하는 마찰

161 프란틀 혼합거리의 정의는 무엇인가?

① 유체 입자가 난류 속에서 자신의 운동량을 상실하며 진행하는 거리
② 유체 입자가 층류 속에서 자신의 운동량을 상실하며 진행하는 거리
③ 유체 입자가 난류 속에서 자신의 운동량을 상실하지 않고 진행하는 거리
④ 유체 입자가 층류 속에서 자신의 운동량을 상실하지 않고 진행하는 거리

• 정답 풀이 •

[프란틀의 혼합거리]: 유체 입자가 난류 속에서 자신의 운동량을 상실하지 않고 진행하는 거리
• 프란틀의 혼합거리 $L=ky$ (k: 매끈한 원관의 경우 실험치로 0.4)
• 프란틀의 혼합거리는 관벽($y=0$)에서 0이 된다.
• 관벽으로부터 떨어진 임의의 거리 y에 비례한다.

정답 159 ③   160 ③   161 ③

162 계란 낙하시험을 하는 데 있어, 최초의 계란 낙하 높이가 $80\,[\text{m}]$이다. 그렇다면 계란이 땅에 충돌하기 직전에 속도는 얼마인가? (단, 중력가속도는 $10\,[\text{m/s}^2]$)

① $10\,[\text{m/s}]$

② $20\,[\text{m/s}]$

③ $30\,[\text{m/s}]$

④ $40\,[\text{m/s}]$

• 정답 풀이 •

[등가속도 운동 관련 공식]

· $V = V_0 + a \cdot t$

· $S = V_0 \cdot t + 0.5 \cdot a \cdot t^2$

· $2aS = V^2 - V_0^2$

3번째 공식을 사용한다. 즉, $2 \times 10 \times 80 = V^2 - 0$ (초기속도는 0이므로)
$V^2 = 1600$이므로 $V = 40\,[\text{m/s}]$로 도출된다.

163 원판이 2차원 공간에서 $w = 600\,[\text{rev/min}]$의 각속도로 회전하고 있다. 이때, 각운동량을 구하면? (단, 원판의 질량은 $4\,[\text{kg}]$, 지름은 $20\,[\text{cm}]$)

① $0.1\,\pi\,[\text{kg} \cdot \text{m}^2/\text{s}]$

② $0.2\,\pi\,[\text{kg} \cdot \text{m}^2/\text{s}]$

③ $0.3\,\pi\,[\text{kg} \cdot \text{m}^2/\text{s}]$

④ $0.4\,\pi\,[\text{kg} \cdot \text{m}^2/\text{s}]$

• 정답 풀이 •

$L(\text{각운동량}) = mV(r) = Iw$ (원판의 경우: $I = \frac{1}{2}mr^2$, 구의 경우: $I = \frac{2}{5}mr^2$)

$w = \dfrac{600 \times 2\pi}{60} = 20\,\pi$, $L = Iw = \dfrac{1}{2}mr^2(w) = \dfrac{1}{2} \times 4 \times (0.1)^2 \times 20\,\pi = 0.4\,\pi$

※ **각운동량 보존 법칙**: 피겨스케이팅 선수가 팔을 안쪽으로 굽히면 회전속도가 빨라지는 현상과 관계가 있는 법칙이다.

164 공이 1번 위치에서 2번 위치로 굴러간다. 공이 2번 위치에 도달했을 때의 속도가 $100\,[\mathrm{m/s}]$일 때 1번의 위치는 2번에서 얼마만큼 높게 있는가? (단, 1번 위치에서의 공은 정지상태이며, 중력가속도는 $10\,[\mathrm{m/s^2}]$로 가정)

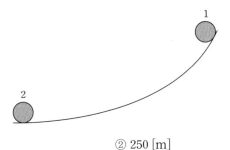

① 200 [m]
② 250 [m]
③ 300 [m]
④ 500 [m]

• 정답 풀이 •

1번 지점의 위치 에너지가 2점 지점에서 운동 에너지로 모두 변환된다.

$$mgh = \frac{1}{2}mV^2 \rightarrow gh = \frac{1}{2}V^2 \rightarrow h = \frac{V^2}{2g} = \frac{10000}{2\times 10} = 500\,[\mathrm{m}]$$

165 코일스프링에서 감김 수 n을 2배로 하면 같은 축하중에 대해 처짐량은 몇 배가 되는가?

① 8배
② 0.5배
③ 2배
④ 4배

• 정답 풀이 •

$\delta = \dfrac{8PD^3n}{Gd^4}$ (D: 코일의 평균지름, d: 소선의 지름)

처짐량과 감김 수 n은 비례이므로 처짐량도 2배가 된다.

정답 164 ④　　165 ③

166 다음 설명으로 옳지 못한 것은 무엇인가?

① 단원자 기체의 비열비는 1.67로 일정하다.
② 액체의 비열비는 1에 가깝다.
③ 공기의 비열비는 온도가 높을수록 증가한다.
④ 공기의 정압비열은 온도에 따라 다르다.

• 정답 풀이 •

공기의 비열비는 온도가 높을수록 감소한다. 비열비는 정압비열과 정적비열의 비이다. 정적비열은 정적 하에서 완전가스 1[kg]을 1[℃] 올리는 데 필요한 열량으로, 온도가 높아지면 분자의 활발성이 커지며, 고정된 부피의 크기가 커지게 된다. 따라서 상대적으로 부피가 작은 상태보다 커진 부피 상태에서 1[℃] 올리는 데 더욱더 많은 열량이 필요하게 된다. 즉, 비열비를 구성하는 분모의 정적비열이 상대적으로 커지므로 온도가 증가하면 비열비는 감소하게 된다.

- -

※ 비열비는 정압비열과 정적비열의 비를 말한다. 즉, $k = C_P / C_V$이며, C_P는 C_V보다 항상 크므로 비열비는 항상 1보다 크다.

- -

※비열비는 분자를 구성하는 원자 수에 관계되며, 가스 종류에 상관없이 원자 수가 같다면 비열비는 같다.
• 1원자 분자: $k = 1.66$ [Ar, He]
• 2원자 분자: $k = 1.4$ [O_2, CO, N_2, H_2, air]
• 3원자 분자: $k = 1.33$ [CO_2, H_2O, SO_2]

167 절대일과 공업일이 동일한 과정은 무엇인가?

① 정압과정
② 정적과정
③ 단열과정
④ 등온과정

• 정답 풀이 •

등온과정에서는 절대일, 공업일, 열량이 모두 같다. 절대일=공업일=열량

정답 166 ③   167 ④

168 원뿔콘이 아주 빠른 속도로 유체를 통과한다. 이때, 마하수와 마하각의 관계로 옳은 것은 무엇인가? (단, θ: 마하각, M: 마하수)

① $\cos \theta = \dfrac{1}{M}$　　　　　　　　② $\tan \theta = \dfrac{1}{M}$

③ $\sin \theta = \dfrac{1}{M}$　　　　　　　　④ $\cot \theta = \dfrac{1}{M}$

▶ 정답 풀이 ◀

마하수와 마하각의 관계: $\sin \theta = \dfrac{1}{M} = \dfrac{a}{V}$

마하원추

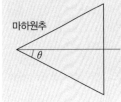

169 공기의 온도를 이슬점 이하로 낮춰 압축공기에 포함된 수분을 제거하는 공기 건조 방법은 무엇인가?

① 방열식 건조 방법　　　　　　　　② 냉각식 건조 방법

③ 흡수식 건조 방법　　　　　　　　④ 흡착식 건조 방법

▶ 정답 풀이 ◀

• 냉각식 건조 방법: 공기의 온도를 이슬점 이하로 낮춰 압축 공기에 포함된 수분을 제거하는 공기 건조 방법

170 초기 속도 $10\,[\mathrm{m/s}]$로 축구공을 수평선에 30도 경사의 각도로 던졌을 때, 축구공이 포물선 운동을 할 것이다. 이때, 축구공이 운동하는 과정 속에서 최고 높이는 지상에서 몇 $[\mathrm{m}]$인가? (단, 중력 가속도는 $10\,[\mathrm{m/s^2}]$으로 가정)

① $1\,[\mathrm{m}]$　　　　　　　　　　② $1.25\,[\mathrm{m}]$

③ $1.5\,[\mathrm{m}]$　　　　　　　　　　④ $1.75\,[\mathrm{m}]$

▶ 정답 풀이 ◀

$$H = \frac{V_0^2 \times \sin^2 \theta}{2g} = \frac{10^2 \times \sin^2 30}{2 \times 10} = \frac{100 \times \frac{1}{4}}{20} = \frac{25}{20} = 1.25\,[\mathrm{m}]$$

정답 168 ③　　169 ②　　170 ②

171 높이 $2h$인 창문에서 질량 m인 물체를 떨어뜨린다. 이때 지상에 있는 진리가 이 물체를 받았을 때 진리가 받는 충격량은 얼마인가?

① mg

② $0.5mgh$

③ $2m\sqrt{gh}$

④ $m\sqrt{gh}$

> • 정답 풀이 •
>
> • 자유낙하운동이므로, $2as = V^2 - V_0^2$, $2g \times 2h = V^2$, $V = \sqrt{4gh} = 2\sqrt{gh}$
> • 충격량은 운동량의 변화이므로, $m(V - V_0) = m(2\sqrt{gh} - 0) = 2m\sqrt{gh}$

172 정지 유체의 기본 성질로 옳지 못한 것은?

① 정지 유체 내의 임의의 한 점에 작용하는 압력의 크기는 모든 방향에서 동일하다.

② 동일 수평상에 있는 두 점의 압력 크기는 같다.

③ 정지 유체 내의 압력은 모든 면에 수직으로 작용한다.

④ 밀폐된 용기 속에 있는 유체에 가한 압력은 모든 방향에서 같은 크기로 전달된다.

> • 정답 풀이 •
>
> 동일 수평상에 있는 두 점의 압력의 크기가 같으려면 동일 유체라는 조건이 있어야 한다.
> [정지 유체의 기본 성질]
> • 정지 유체 내의 임의의 한 점에 작용하는 압력의 크기는 모든 방향에서 동일하다.
> • 정지 유체 내의 압력은 모든 면에 수직으로 작용한다.
> • 밀폐된 용기 속에 있는 유체에 가한 압력은 모든 방향에서 같은 크기로 전달된다.
> • 동일 수평상에 있는 두 점의 압력의 크기는 같다. (단, 동일 유체일 경우)
> 이를 파스칼의 원리라고 하며, 이 원리를 사용한 것이 유압잭이다.

173 열전달의 법칙을 잘못 연결한 것은?

① 전도 − 푸리에 법칙

② 복사 − 스테판 법칙

③ 복사 − 코리올리 법칙

④ 대류 − 뉴턴 가열 법칙

> • 정답 풀이 •
>
> 대류는 뉴턴의 냉각 법칙이다.

정답 171 ③　　　172 ②　　　173 ④

174 다음 설명 중 옳지 <u>못한</u> 것은?

① 단면적의 변화량은 $2\,\mu\varepsilon$이다.
② 변형률은 무차원수이다.
③ 영률의 단위는 압력과 같다.
④ 체적탄성계수의 단위와 길이의 단위를 곱하면 표면장력의 단위가 된다.

> ◀ 정답 풀이 ▶
>
> • 단면적 변화량은 $2\,\mu\varepsilon A$이다.
> • 변형률은 길이 단위와 길이 단위가 나뉘므로 무차원수이다.
> • 영률은 세로탄성계수이므로 압력과 단위가 같다.
> • 체적탄성계수의 단위 $[N/m^2]$와 길이의 단위 $[m]$를 곱하면 표면장력의 단위 $[N/m]$가 된다.
>
> $$\frac{\Delta A}{A}\,(\text{단면적 변화율})=2\,\mu\varepsilon,\ \frac{\Delta V}{V}\,(\text{체적 변화율})=\varepsilon(1-2\mu)$$
>
> (단, μ: 푸아송비, ΔA: 단면적 변화량, ΔV: 체적 변화량, ε: 변형률)
>
> ※ $\Delta V=\varepsilon(1-2\mu)V$, $\varepsilon=\dfrac{\sigma}{E}=\dfrac{P}{AE}$에서 인장하중이 작용하면 체적은 증가하며, 압축하중이 작용하면 체적은 감소한다.
> ※ 고무는 푸아송비가 0.5, $\Delta V=\varepsilon(1-2\mu)V$에 대입하면 $\Delta V=0$이므로 체적 변화가 없다.

175 난류경계층 내부에서 성장한 층류층으로 층류 흐름에서 속도 분포는 거의 포물선 형태로 변화하나 난류층 내의 벽면 근처에서는 선형적으로 변한다. 이것을 가리키는 단어가 <u>아닌</u> 것은?

① 층류 저층   ② 층류막
③ 저층 경계   ④ 점성 저층

> ◀ 정답 풀이 ▶
>
> 층류 저층=점성 저층=층류막

176 원관 내의 유동이 완전 발달된 유동일 경우, 손실 수두는 어떻게 변하는가?

① 벽면 전단응력에 반비례한다.
② 벽면 전단응력의 제곱에 비례한다.
③ 벽면 전단응력에 비례한다.
④ 벽면 전단응력의 제곱에 반비례한다.

· 정답 풀이 ·

$\tau = \dfrac{\Delta P d}{4l}$ 단, $\Delta P = \gamma H_l$이므로, $\tau = \dfrac{\gamma H_l d}{4l}$

즉, 손실 수두는 벽면 전단응력에 비례함을 알 수 있다.

177 원관의 경우 수력반경(R_h)는 얼마인가?

① $d/2$ ② $d/3$
③ $d/4$ ④ $d/8$

· 정답 풀이 ·

수력반경(R_h) $= \dfrac{A}{P}$ (단, A: 유동 단면적, P: 접수 길이)

※ **접수 길이**: 물과 벽면이 접해 있는 길이

수력 반경(R_h) $= \dfrac{A}{P} = \dfrac{\frac{\pi d^2}{4}}{\pi d} = \dfrac{d}{4}$ (수력 지름 $d = 4R_h$)

178 2원 냉동장치에 대한 설명으로 옳지 <u>못한</u> 것은?

① 주로 약 $-80\,[℃]$ 정도의 극저온을 얻는 데 사용된다.
② 비등점이 높은 냉매는 고온측 냉동기에 사용된다.
③ 중간 냉각기를 설치하여 고온측과 저온측을 열교환시킨다.
④ 저온부 응축기는 고온부 증발기와 열교환을 한다.

· 정답 풀이 ·

중간 냉각기를 설치하여 고온측과 저온측을 열교환시키는 것은 2단 압축냉동기이다. 일반적으로, 다단압축 냉동 사이클은 압축비가 클 경우, 중간 냉각을 하여 압축 끝의 과열도를 낮추고, 소요동력을 줄일 수 있다. 체적효율도 증가시킬 수 있다.

정답 176 ③   177 ③   178 ③

179 관마찰계수 f에 대한 설명으로 옳지 못한 것은?

① 층류일 때는 레이놀즈만의 함수이다.
② 천이 구역의 경우는 상대조도만의 함수이다.
③ 난류의 경우, 매끈한 관은 레이놀즈만의 함수이다.
④ 난류의 경우, 거친 관은 상대조도만의 함수이다.

• 정답 풀이 •

천이구역의 경우는 레이놀즈와 상대조도의 함수이다.

180 마하수의 범위가 $0.3 < M < 1$인 유동은 무엇이라고 하는가?

① 초음속 유동   ② 아음속 압축성 유동
③ 아음속 비압축성 유동   ④ 음속 유동

• 정답 풀이 •

• **초음속 유동**: 마하수가 1보다 큰 유동이며, 물체의 속도는 압력파의 전파 속도보다 빠르다.
• **음속 유동(천이 음속 유동)**: 마하수가 1인 유동이며, 물체의 속도와 음속이 같다.
• **아음속 유동**: 마하수가 1보다 작은 유동이며, 물체의 속도는 압력파의 전파 속도보다 느리다.

※ 압축성 효과는 마하수 M이 0.3보다 커야 발생한다.

181 단면적의 변화를 고려하지 않고 초기 단면적으로 구한 응력은?

① 진응력   ② 사용응력
③ 항복응력   ④ 공칭응력

• 정답 풀이 •

• **진응력**: 하중을 실제 변형이 일어난 후의 단면적으로 나눈 값
• **공칭응력**: 하중을 초기 단면적으로 나눈 값

※ 진변형률: $\varepsilon_t = \ln(1 + \varepsilon_n)$
※ 공칭변형률: $\varepsilon_n = \dfrac{\lambda}{L_0}$
※ 진응력: $\sigma_t = \sigma_n(1 + \varepsilon_n)$
※ 공칭응력: $\sigma_n = \dfrac{P}{A_0}$

정답 179 ②   180 ②   181 ④

182 압력회복계수는 ( )과 ( )의 함수로 구성되어 있는가?

① 입구 레이놀즈 수＋입구 프란틀 수 ② 입구 레이놀즈 수＋입구 마하 수
③ 입구 레이놀즈 수＋입구 웨버 수 ④ 입구 레이놀즈 수＋입구 누셀 수

> **· 정답 풀이 ·**
>
> 압력회복계수: 입구 레이놀즈 수＋입구 마하 수

183 펌프의 비교회전도 공식으로 옳은 것은?

① $n_S = \dfrac{n\sqrt{Q}}{H^{\frac{4}{3}}}$ ② $n_S = \dfrac{n\sqrt{Q}}{H^{\frac{3}{4}}}$

③ $n_S = \dfrac{n\sqrt{Q}}{H^{\frac{4}{5}}}$ ④ $n_S = \dfrac{n\sqrt{Q}}{H^{\frac{5}{4}}}$

> **· 정답 풀이 ·**
>
> 비교회전도: $n_S = \dfrac{n\sqrt{Q}}{H^{\frac{3}{4}}}$ (단, H: 펌프의 전 양정, Q: 유량)
> · 비교회전도: 회전차의 형상을 나타내는 척도로, 펌프의 성능이나 적합한 회전수를 결정하는 데 사용된다.

184 디젤사이클에 대한 설명으로 옳은 것은?

① 일정한 압력 하에서 열이 방출된다.
② 높은 압력비가 노킹을 야기한다.
③ 열효율은 압축비와 단절비의 함수이며, 압축비와 단절비가 클수록 열효율이 증가된다.
④ 일정한 체적 하에서 열이 공급된다.

> **· 정답 풀이 ·**
>
> [디젤 사이클]
> · 2개의 단열과정과 1개의 정압과정, 1개의 정적과정으로 구성된다.
> · 정압 하에서 열이 공급되며, 정적 하에서 열이 방출된다.
> · 열효율은 압축비와 단절비의 함수이며, 압축비가 크고 단절비가 작을수록 효율이 좋다.
> · 높은 압력비가 노킹을 야기한다.
> ⋯⋯⋯⋯⋯⋯⋯⋯⋯⋯⋯⋯⋯⋯⋯⋯⋯⋯⋯⋯⋯⋯⋯⋯⋯⋯⋯⋯⋯⋯⋯⋯⋯⋯⋯
> ※ 노킹: 미연소된 가스가 연소 후반부에 급격하게 연소되면서 충격파를 발생시켜 실린더 벽면을 충격하는 현상
> 이다. 또는 연소 속도가 급격하게 빨라지면 압력 상승이 급격해져 충격적인 작용으로 진동과 음을 발생시켜 실
> 린더의 파손을 야기시킨다.

정답 **182** ② **183** ② **184** ②

185 어떤 액체에 압력을 가했더니 액체의 체적이 $5\,[\%]$ 감소했다. 이때, 가한 압력은 얼마인가? (단, 액체의 체적탄성계수$=150\,[\text{N/m}^2]$)

① $4.5\,[\text{N/m}^2]$
② $5.5\,[\text{N/m}^2]$
③ $6.5\,[\text{N/m}^2]$
④ $7.5\,[\text{N/m}^2]$

· 정답 풀이 ·

체적탄성계수$(K):\dfrac{\Delta P}{-\dfrac{\Delta V}{V}}$ 이므로 $K=\dfrac{\Delta P}{-\dfrac{\Delta V}{V}}$, $\Delta P=K\left(\dfrac{\Delta V}{V}\right)=150\times0.05=7.5\,[\text{N}\times\text{m}^2]$

186 섭씨온도와 화씨온도에 대한 설명으로 옳지 못한 것은?

① 섭씨온도는 1기압 하에서 물의 어는점을 $0\,[\text{℃}]$, 끓는점을 $100\,[\text{℃}]$로 정하고, 그 사이를 100 등분한 온도이다.
② 화씨온도는 1기압 하에서 물의 어는점을 $12\,[\text{℉}]$, 끓는점을 $192\,[\text{℉}]$로 정하고, 두 점 사이를 180등분한 온도 눈금이다.
③ 섭씨와 화씨가 같아지는 온도는 $-40\,[\text{℃}]$이다.
④ 섭씨와 화씨의 눈금 간격은 동일하다.

· 정답 풀이 ·

· **섭씨온도**: 1기압 하에서 물의 어는점을 $0\,[\text{℃}]$, 끓는점을 $100\,[\text{℃}]$로 정하고, 그 사이를 100등분한 온도이다.
· **화씨온도**: 1기압 하에서 물의 어는점을 $32\,[\text{℉}]$, 끓는점을 $212\,[\text{℉}]$로 정하고, 두 점 사이를 180등분한 온도눈 금이다.

187 맥놀이(울림) 현상에 대한 설명으로 옳은 것은?

① 두 조화 운동을 합성 시, 각각의 진동수가 약간 다를 때 발생한다.
② 두 조화 운동을 합성 시, 각각의 진동수가 많이 다를 때 발생한다.
③ 두 조화 운동을 합성 시, 각각의 진동수가 서로 동일할 때 발생한다.
④ 두 조화 운동을 합성 시, 각각의 진동수가 거의 0에 수렴할 때 발생한다.

· 정답 풀이 ·

· **맥놀이(울림) 현상**: 진동수가 비슷한 2개의 조화 운동을 합성하면 진폭이 서서히 변하는 진동이 된다. 즉, 이러한 현상을 맥놀이 현상이라고 하며, 두 조화 운동을 합성 시, 각각의 진동수가 약간 다를 때 발생한다.

※ 울림 진동수 $f=\dfrac{w_2-w_1}{2\pi}$

정답 185 ④   186 ②   187 ①

188 스프링 상수가 $100\,[\text{N/m}]$인 스프링의 양끝을 고정시키고, 스프링의 중앙점에 질량 $4\,[\text{kg}]$의 질점을 붙였다. 이 시스템의 고유진동수는 얼마인가?

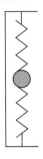

① 5   ② 10   ③ 15   ④ 20

· 정답 풀이 ·

중앙점에 질점을 붙였다는 의미는 스프링을 반으로 잘랐다. 즉, 2등분했다는 것과 같은 의미이다. $F = kx$에서 F는 동일한데 스프링의 변형량이 1/2등분되었으므로 잘린 각각의 스프링들의 스프링 상수는 2배가 되어 $2k$가 된다. 결국 스프링을 n등분하면 스프링 상수는 n배가 된다.

또한, 중앙점에 질점이 있으므로 각각의 스프링은 병렬 상태가 된다. $(K_e = K_1 + K_2)$

$$K_e = K_1 + K_2 = 2k + 2k = 4k \; \Rightarrow \; w_n = \sqrt{\frac{k_e}{m}} = \sqrt{\frac{4k}{m}} = \sqrt{\frac{4 \times 100}{4}} = 10$$

189 달시−바이스바하 방정식이 적용될 수 있는 것은?

① 층류에서만 적용 가능하다.
② 난류에서만 적용 가능하다.
③ 층류, 난류 모두 적용 가능하다.
④ 층류, 난류 모두 적용 불가능하다.

· 정답 풀이 ·

손실 수두 $H_l = f\dfrac{l}{d}\dfrac{V^2}{2g}$ (달시−바이스바하 방정식은 층류, 난류 모두 적용 가능)

190 다음 중 일의 열상당량은?

① $1/427 \, [\text{kgf} \cdot \text{m/kcal}]$

② $427 \, [\text{kgf} \cdot \text{m/kcal}]$

③ $1/427 \, [\text{kcal/kgf} \cdot \text{m}]$

④ $427 \, [\text{kcal/kgf} \cdot \text{m}]$

• 정답 풀이 •

• 일의 열상당량(일을 열로 환산해 주는 환산값) A: $1/427 \, [\text{kcal/kgf} \cdot \text{m}]$

• 열의 일상당량(열을 일로 환산해 주는 환산값) $1/A$: $427 \, [\text{kgf} \cdot \text{m/kcal}]$

191 마하각이 $30°$이고, 음속이 $320 \, [\text{m/s}]$일 때, 물체의 속도는 얼마인가?

① $80 \, [\text{m/s}]$

② $160 \, [\text{m/s}]$

③ $320 \, [\text{m/s}]$

④ $640 \, [\text{m/s}]$

• 정답 풀이 •

마하수와 마하각의 관계: $\sin\theta = \dfrac{1}{M} = \dfrac{a}{V}$, $\sin 30 = \dfrac{320}{V}$, $V = 640 \, [\text{m/s}]$

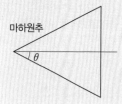

마하원추

θ

※ 충격파: 유체 속에서 전파되는 파동의 일종으로, 음속보다도 빨리 전파되어 압력, 밀도, 온도 등이 급격하게 변화하는 파동이다.

※ 소닉붐: 음속의 벽을 통과할 때 발생한다. 즉, 물체가 음속 이상의 속도가 되어 음속을 통과하면 앞서가던 소리의 파동을 따라잡아 파동이 겹치면서 원뿔 모양의 파동이 된다. 그리고 발생한 충격파에 의해 급격하게 압력이 상승하여 지상에 도달했을 때 그것이 소리로 '쾅' 느껴지는 것이 소닉붐이다.

음속을 돌파 − 물체 주변에 충격파 발생 − 공기의 압력 변화로 인한 큰 소음

정답 190 ③   191 ④

192 개수로의 대유량 측정에 사용되는 위어는 무엇인가?

① 삼각위어 ② 사각위어
③ 예연위어 ④ 예봉위어

- **삼각위어**: 개수로의 소유량 측정에 사용되며, 비교적 정확한 유량을 측정할 수 있다.
- **사각위어**: 개수로의 중유량 측정에 사용된다.
- **예연(예봉위어) 및 광봉위어**: 개수로의 대유량 측정에 사용된다.

193 수력 도약이 발생하는 조건은?

① $\dfrac{V_1^{\,2}}{gy_1} < 1$ ② $\dfrac{V_1^{\,2}}{gy_1} = 0$

③ $\dfrac{V_1^{\,2}}{gy_1} > 1$ ④ $\dfrac{V_1^{\,2}}{gy_1} < 2$

[수력 도약]
- 개수로의 유동에서 빠른 흐름이 갑자기 느린 흐름으로 변할 때 수심이 깊어지면서 운동에너지가 위치에너지로 변하는 현상이다.
- 사류(급한 흐름)에서 상류(정적 흐름)으로 바뀔 때 주로 발생한다.
- 급경사에서 완만한 경사로 바뀔 때 주로 발생한다.

[수력 도약 발생 조건]
$\dfrac{V_1^{\,2}}{gy_1} > 1$ 또는 F_r(프루드 수) < 1

194 무디선도와 관련된 설명으로 옳은 것은?

① 상대조도는 파이프의 거칠기와 내경의 비로 정의된다.
② 무디선도는 레이놀즈 수, 관마찰계수, 상대조도의 함수이다.
③ 무디선도는 비압축성 영역의 유동에만 적용이 가능하다.
④ 마찰 손실 수두를 도출할 때 사용되는 직관 내부의 마찰계수의 값을 구하는 선도이다.

다 옳은 말이다. 그대로 다 알고 있면 되겠다.

정답 192 ③, ④   193 ③   194 모두 맞음

195 다음 중 안전율은?

① 탄성/소성   ② 소성/취성   ③ 소성/탄성   ④ 탄성/항복

> **· 정답 풀이 ·**
>
> $$\text{안전율}(S) = \frac{\text{소성}}{\text{탄성}} = \frac{\text{극한응력}}{\text{허용응력}}$$
>
> ※ 극한강도 > 항복점 > 탄성한도 > 허용응력 ≥ 사용응력

196 그림처럼 트러스 구조가 있다. 이때, AC에 작용하는 힘을 구하면 얼마인가?

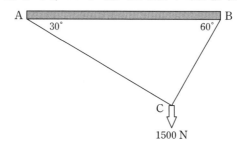

① $750\sqrt{3}$ [N]   ② 750 [N]
③ 1500 [N]   ④ 375 [N]

> **· 정답 풀이 ·**
>
>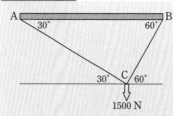
>
> 라미의 정리를 이용한다. $\dfrac{T_A}{\sin A} = \dfrac{T_B}{\sin B} = \dfrac{T_C}{\sin C}$, AC 강선의 마주보고 있는 각은 60+90이므로 150도, BC 강선의 마주보고 있는 각은 30+90이므로 120도가 된다. 1500 [N]의 마주보고 있는 각은 90도이다.
>
> 즉, $\dfrac{T_A}{\sin A} = \dfrac{T_B}{\sin B} = \dfrac{T_C}{\sin C}$ ➡ $\dfrac{T_{AC}}{\sin(150)} = \dfrac{T_{BC}}{\sin(120)} = \dfrac{1500}{\sin(90)}$
>
> 결국, $T_{BC} = 1500 \times \text{Sin}(120) = 1500 \times \dfrac{\sqrt{3}}{2} = 750\sqrt{3}$
>
> $T_{AC} = 1500 \times \text{Sin}(150) = 1500 \times \dfrac{1}{2} = 750$

정답 195 ③   196 ②

197 공진은 진폭이 무한대로 최대가 되는 현상이다. 그렇다면, 공진위상각 θ는 얼마인가?

① 0도
② 45도
③ 90도
④ 120도

• 정답 풀이 •

• **공진**: 특정 진동수를 가진 물체가 같은 진동수의 힘이 외부에서 작용할 때 진폭이 커지면서 에너지가 증가하는 현상

※ 공진이 발생할 때의 공진 위상각은 90도이며, 공진이 발생할 때의 진동수비 $\left(r = \dfrac{w}{w_n} \right) = 1$

198 단열팽창에 의한 가열효과는 줄톰슨 계수가 어떤 범위일 때 발생하는가?

① 0보다 클 때
② 0과 같을 때
③ 0보다 작을 때
④ 알 수 없다.

• 정답 풀이 •

※ 줄톰슨계수 $\mu = \left(\dfrac{\delta T}{\delta P} \right)_H$ (엔탈피가 일정할 때 압력에 따른 온도의 변화를 나타내는 계수)

$\mu > 0$: 단열 팽창에 의한 냉각효과 (압력, 온도 하강)
$\mu < 0$: 단열 팽창에 의한 가열효과 (압력, 온도 상승)
$\mu = 0$: 단열 팽창에 의한 효과가 없다. 즉, 이상 기체

※ **줄톰슨 효과**: 압축한 기체를 단열된 작은 구멍으로 통과시키면 온도가 변하는 현상으로 분자 간 상호 작용에 의해 온도가 변한다. 보통 냉매의 냉각이나 공기를 액화시킬 때 응용된다.

※상온에서 네온, 헬륨, 수소를 제외하고 모든 기체는 줄톰슨 팽창을 거치면 온도가 하강한다.

199 원추확대관(점차확대관)에서의 손실수두가 최대가 되는 확대각은 얼마인가?

① $\theta = 5° \sim 7°$
② $\theta = 5° \sim 65°$
③ $\theta = 62° \sim 65°$
④ $\theta = 7° \sim 65°$

• 정답 풀이 •

• 원추확대관(점차확대관)에서 손실수두가 최소가 되는 확대각: $\theta = 5° \sim 7°$
• 원추확대관(점차확대관)에서 손실수두가 최대가 되는 확대각: $\theta = 62° \sim 65°$

---

200 열역학 제2법칙에서 클라우지우스의 적분값으로 옳은 것은?

① $\oint \dfrac{\delta Q}{T} = 0$

② $\oint \dfrac{\delta Q}{T} > 0$

③ $\oint \dfrac{\delta Q}{T} < 0$

④ $\oint \dfrac{\delta Q}{T} \leqq 0$

> • 정답 풀이 •
>
> [클라우지우스 적분값]
> • 가역일 때: $\oint \dfrac{\delta Q}{T} = 0$
> • 비가역일 때: $\oint \dfrac{\delta Q}{T} < 0$
>
> 즉, 클라우지우스 적분값은 $\oint \dfrac{\delta Q}{T} \leqq 0$으로 표현된다.
>
> 하지만, 문제에서는 열역학 제2법칙이라는 기준이 있다. 제2법칙은 비가역이다. 그러므로 비가역에서의 클라우지우스 적분값은 $\oint \dfrac{\delta Q}{T} < 0$이다.
>
> 결국 정답은 ③으로 도출된다.

201 그림처럼, L형 모양의 트러스 ABC를 강선 BC로 당기고 있다. 지점 C에는 500 [N]의 물체가 매달려 있다. 이때, 강선 BD에 작용하는 F를 구하면? (단, A점은 회전할 수 있는 회전지지)

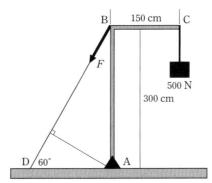

① 250 [N]

② 500 [N]

③ 750 [N]

④ 1000 [N]

> • 정답 풀이 •
>
> A지점의 모멘트 합은 0이 된다. 이를 이용한다.
> $\sum M_A = 0 \Rightarrow -F \times 300 \times \sin 30 + 500 \times 150 = 0$
> 즉, $F \times 150 = 500 \times 150$ $\quad \therefore F = 500$ [N]

정답 200 ③　　201 ②

Memo

Truth of Machine

PART

III

실전 모의고사

01 1회 실전 모의고사 166

02 2회 실전 모의고사 186

03 3회 실전 모의고사 208

04 4회 실전 모의고사 230

1회 실전 모의고사

1문제당 2점 / 점수 [   ]점

정답과 해설 P. 176

01 지름 d인 강봉의 지름을 2배로 했을 때, 비틀림 강도는 몇 배가 되는가? (단, 지름 이외의 모든 조건은 동일)

① 2배
② 4배
③ 8배
④ 16배

02 수소 1 [kg]이 완전 연소할 때 필요한 산소량은 몇 [kg]인가?

① 4 [kg]
② 8 [kg]
③ 16 [kg]
④ 32 [kg]

03 무차원수의 종류 중 하나인 스트라홀 수와 관련이 <u>없는</u> 것은?

① 속도
② 진동수
③ 지름
④ 압축력

04 다음 설명 중 옳지 <u>못한</u> 것은 무엇인가?

① 비열은 일반적으로 평균 비열로 표시한다.
② 열용량의 단위는 [K/J]이다.
③ 비열은 물질 1 [kg]을 1 [℃] 올리는 데 필요한 열량이다.
④ 비열은 물질의 온도 상승에 대한 기준으로 비열이 클수록 덥히거나 식히기 어렵다.

05 공기표준사이클을 해석할 때 필요한 가정으로 옳지 <u>못한</u> 것은?

① 동작물질은 이상기체로 보는 공기이며, 비열은 일정하다.
② 동작물질의 연소과정은 가열과정으로 하며, 개방사이클을 이루고 고열원에서 열을 받아 저열원에 열을 방출한다.
③ 연소과정 중 열해리 현상은 발생하지 않는다.
④ 각 과정은 모두 내부적으로 가역과정이며, 압축 및 팽창과정은 단열(등엔트로피)과정이다.

06 배관의 색깔에서 공기는 무슨 색깔인가?

① 진한 적색   ② 백색
③ 황색   ④ 청색

07 열응력이 발생하는 곳이 사용하는 이음은?

① 용접이음   ② 신축이음
③ 플랜지이음   ④ 나사이음

08 유체의 흐름을 90도로 바꾸어 주는 밸브는?

① 볼밸브   ② 앵글밸브
③ 체크밸브   ④ 안전밸브

09 산소용접의 특징으로 옳지 <u>못한</u> 것은?

① 주로 박판에 적용된다.
② 전력이 필요없다.
③ 열영향부가 좁다.
④ 변형이 많다.

10 유효온도의 정의로 옳은 것은 무엇인가? 그리고 유효온도에서 반영하고 있는 인자 3개를 각각 옳게 서술한 것은?

유효온도의 정의	유효온도에서 반영하고 있는 인자
① 인체가 느끼는 춥고 더움의 감각에 대한 쾌감의 지표	온도, 습도, 기류
② 태양 일사량을 고려한 온도 지표	온도, 습도, 청정도
③ 인체가 느끼는 춥고 더움의 감각에 대한 쾌감의 지표	온도, 습도, 청정도
④ 태양 일사량을 고려한 온도 지표	온도, 습도, 기류

11 공기조화 설비의 구성으로 옳은 것은?

① 열원장치, 열운반장치, 자동제어, 공기조화장치
② 열원장치, 열운반장치, 열팽창장치, 공기조화장치
③ 열원장치, 열운반장치, 열팽창장치, 자동제어
④ 열원장치, 열팽창장치, 자동제어, 공기조화장치

12 냉동기의 크기 결정 및 냉동기의 운전 상태를 알 수 있는 선도는?

① P−V선도
② H−S선도
③ P−H선도
④ T−S선도

13 3줄 나사에서 나사를 60 [mm] 전진시키려면 10회전이 필요하다. 이때, 피치[mm]를 구하시오.

① 1.5
② 2
③ 3
④ 20

14 탄성한도를 넘어서 소성 변형을 시킨 경우에도 하중을 제거하면 원래 상태로 돌아가는 성질을 무엇이라고 하는가?

① 초소성 효과
② 초탄성 효과
③ 신소재 효과
④ 시효경화 효과

15 표준 대기압 상태에서 100 [℃]의 포화수 2 [kg]을 100 [℃]의 건포화증기로 만드는 데 필요한 열량은 얼마인가?

① 2435 [kcal]
② 539 [kcal]
③ 1196 [kcal]
④ 1078 [kcal]

16 등가속도 운동에 관한 설명으로 옳은 것은?

① 변위는 속도의 세제곱에 비례하여 증가하거나 감소한다.
② 속도는 시간의 제곱에 비례하여 증가하거나 감소한다.
③ 속도는 시간에 대하여 선형적으로 증가하거나 감소한다.
④ 변위는 시간에 대하여 선형적으로 증가하거나 감소한다.

17 크리프에 대한 설명으로 옳지 <u>못한</u> 것은?

① 시간에 대한 변형률의 변화를 크리프 속도라고 한다.
② 고온에서 작동하는 기계 부품 설계 및 해석에서 중요하게 고려된다.
③ 크리프 현상은 결정립계를 가로지르는 전위에 기인한다.
④ 통상적으로 온도와 작용하중이 증가하면 크리프 속도가 커진다.

18 냉매로서 갖추어야 할 조건으로 옳지 <u>못한</u> 것은?

① 증발잠열이 커야 한다.
② 비체적이 작아야 한다.
③ 임계온도가 높아야 한다.
④ 열전도율이 낮아야 한다.

19 다음 중 동일한 액체의 물성치를 나타낸 것이 <u>아닌</u> 것은?

① 비중이 0.8
② 밀도가 800 $[kg/m^3]$
③ 비중량이 7840 $[N/m^3]$
④ 비체적이 0.0125 $[m^3/kg]$

20 여러 가지의 절삭가공법에 대한 설명으로 옳지 <u>않은</u> 것은?

① 선삭: 선반 가공으로 일감을 회전시키고, 공구의 직선 이송 운동을 통해 가공하는 방법이다.
② 밀링: 원주에 많은 절삭 날을 가진 공구를 회전 절삭 운동시키면서 일감에는 직선 이송 운동을 시켜 평면을 절삭하는 가공법으로, 수직 밀링 머신에서는 엔드밀을 가장 많이 사용한다.
③ 리밍: 내면의 정도를 높이려고 내면을 다듬질하는 것으로, 가공 여유는 1 [mm]당 0.5 [mm]이다.
④ 드릴링: 드릴을 사용하여 회전 절삭 운동과 회전 중심 방향에 직선적인 이송 운동을 주면서 가공물에 구멍을 뚫는 가공 방법이다.

21 기체상수가 가장 큰 것은 무엇인가?

① 산소
② 질소
③ 공기
④ 이산화 탄소

22 정상류의 압축일이 가장 큰 것은?

① 단열압축   ② 폴리트로픽압축
③ 등온압축   ④ 정적압축

23 액체의 경우에 체적탄성계수와 압력의 관계로 옳은 것은? (단, K: 체적탄성계수, k: 비열비)

① $K=kP$ ② $K=P$
③ $K=0.5P$ ④ $K=2P$

24 가스터빈에 대한 설명으로 옳지 <u>못한</u> 것은?

① 공기는 산소를 공급하고 냉각제의 역할을 한다.
② 압축, 연소, 팽창, 냉각의 4과정으로 작동되는 내연기관이다.
③ 실제 가스터빈은 밀폐 사이클이다.
④ 증기터빈에 비해 중량당 동력이 크다.

25 다음 보기 중 초기 재료의 형태가 분말인 신속조형기술은 무엇인가?

> 선택적 레이저 소결,　융해융착법,　3차원 인쇄,　박판적층법,　광조형법

① 융해융착법, 3차원 인쇄
② 선택적 레이저 소결, 3차원 인쇄
③ 박판적층법, 3차원 인쇄
④ 광조형법, 융해융착법

26 기준치수에 대한 구멍공차 $\phi50(+0.05, -0.01)$ [mm]이고, 축 공차가 $50(+0.03, -0.03)$ [mm]인 경우, 끼워맞춤의 종류는 무엇인가?

① 헐거운 끼워맞춤
② 아주 헐거운 끼워맞춤
③ 중간 끼워맞춤
④ 억지 끼워맞춤

27 엔트로피 및 열역학 법칙에 대한 설명 중 틀린 것은?

① 엔트로피는 상태함수이다.
② 열역학 제2법칙은 절대 엔트로피와 관계가 있다.
③ 순환 과정에서 계의 엔트로피의 변화는 0이다.
④ 비가역 변화에서 그 계의 엔트로피는 증가한다.

28 일을 M, L, T 차원을 사용하여 표현한 것으로 옳은 것은? (단, M: 질량, L: 길이, T: 시간)

① $M \cdot T^2/L$
② M/L^2
③ $M \cdot T \cdot L^2$
④ $M \cdot L^2 \cdot T^{-2}$

29 뉴턴 유체에 대한 설명으로 옳은 것은?

① 유체 유동 시 속도구배와 전단응력의 변화가 원점을 통하는 실제 유체이다.
② 유체 유동 시 속도구배와 전단응력의 변화가 원점을 통하는 직선적인 관계를 갖는 유체이다.
③ 유체 유동 시 속도구배와 전단응력의 변화가 원점을 통하는 포물선적인 관계를 갖는 유체이다.
④ 유체 유동 시 속도구배와 전단응력의 변화가 원점을 통하지 않는 직선적인 관계를 갖는 유체이다.

30 다음 보기 중에서 압력강하를 이용하여 유량을 측정하는 기구를 옳게 고른 것은?

오리피스, 유동노즐, 위어, 로타미터, 벤츄리미터

① 벤츄리미터, 유동노즐, 로타미터
② 벤츄리미터, 유동노즐, 오리피스
③ 벤츄리미터, 위어, 로타미터
④ 벤츄리미터, 위어, 오리피스

31 한쪽이 고정된 원통 봉재가 있다. 이때, 지름이 3배, 길이가 9배 증가한다면 봉재의 비틀림각은 어떻게 변화하는가? (단, 지름과 길이를 제외한 모든 조건은 동일)

① 비틀림각의 크기는 3배 늘어난다.
② 비틀림각의 크기는 9배 늘어난다.
③ 비틀림각의 크기는 1/3배 줄어든다.
④ 비틀림각의 크기는 1/9배 줄어든다.

32 취성 재료가 상온에서 정하중을 받았을 때의 기준 강도는 무엇인가?

① 크리프 한도　　　　　　　　　② 항복점
③ 극한 강도　　　　　　　　　　④ 피로 한도

33 물림률의 정의로 옳은 것은?

① 접촉호의 길이/법선피치　　　　② 물림길이/원주피치
③ 접촉호의 길이/물림길이　　　　④ 접촉호의 길이/원주피치

34 기본 상태량으로 옳은 것은?

① 내부에너지　　　　　　　　　② 엔탈피
③ 온도　　　　　　　　　　　　④ 엔트로피

35 강도성 상태량과 종량성 상태량에 대한 설명으로 옳지 않은 것은?

① 강도성 상태량은 물질의 질량과 관계가 없다.
② 강도성 상태량에는 온도, 압력, 체적 등이 있다.
③ 종량성 상태량에는 내부에너지, 엔탈피, 엔트로피 등이 있다.
④ 종량성 상태량은 어떤 계를 n등분하면 그 크기도 n등분만큼 줄어드는 상태량이다.

36 길이가 1 [m]인 직사각형 외팔보가 있다. 자유단에 60 [kg]의 집중하중을 받을 때 이 보에 생기는 최대굽힘응력[kg/cm^2]은 얼마인가? (단, 단면의 폭 10 [cm], 높이 5 [cm])

① 36　　　　　　　　　　　　② 72
③ 108　　　　　　　　　　　④ 144

37 응력집중에 관련된 설명으로 옳지 못한 것은?

① 응력집중을 완화시키려면 필렛부의 곡률반지름을 크게 한다.
② 응력집중은 모서리부분, 단면적이 천천히 변하는 부분, 구멍 등에서 발생한다.
③ 응력집중계수는 노치부의 최대응력/단면부의 평균응력의 비이다.
④ 단면 변화 부분에 숏피닝, 롤러압연처리 및 열처리를 시행하여 그 부분을 강화시키거나 표면가공 정도를 좋게 하여 응력집중을 완화시킬 수 있다.

38 180 [rpm]인 회전수의 각속도 w는 몇 [rpm/s]인가? (단, $\pi=3$)

① 3 ② 6
③ 18 ④ 20

39 국가별 산업 규격 표시 기호로 옳지 <u>못한</u> 것은?

① 프랑스 산업 규격 − NF
② 호주 산업 규격 − AT
③ 독일 산업 규격 − DIN
④ 영국 산업 규격 − BS

40 계란 낙하시험을 진행한다. 최초 계란의 높이가 5 [m]일 때 계란이 땅에 닿기 직전의 속도[m/s]는 얼마인가? (단, 중력가속도는 10 [m/s²]으로 계산한다.)

① 5 ② 10
③ 15 ④ 20

41 제3각법의 투상 순서는?

① 눈 → 물체 → 투상
② 물체 → 투상 → 눈
③ 물체 → 눈 → 투상
④ 눈 → 투상 → 물체

42 벨트의 거는 방법에 대한 특징으로 옳지 <u>못한</u> 것은 무엇인가?

① 바로걸기는 엇걸기보다 접촉각이 크다.
② 엇걸기의 너비는 가능한 한 좁게 설계한다.
③ 엇걸기는 바로걸기보다 전달할 수 있는 동력이 크다.
④ 엇걸기는 전달동력이 크지만 벨트에 비틀림이 발생하여 벨트의 마멸이 발생하기 쉽다.

43 V벨트에 대한 설명으로 옳지 <u>못한</u> 것은 무엇인가?

① 규격 E형은 단면치수가 가장 크고 인장강도는 작다.
② 규격 M형은 바깥둘레로 호칭 번호를 나타낸다.
③ V벨트의 종류는 A, B, C, D, E, M형 총 6가지가 있다.
④ V벨트는 수명을 고려하여 10~18 m/s의 속도로 운전한다.

44 뉴턴의 제1법칙의 예시로 옳지 <u>못한</u> 것은?

① 이불을 털면 먼지가 떨어진다.
② 달리던 버스가 갑자기 정지하면 승객이 앞으로 쏠린다.
③ 로켓이 가스를 뿜으면 가스는 로켓을 밀어 올린다.
④ 카드 위에 동전을 올려놓고 카드를 갑자기 빼면 동전이 컵 안으로 떨어진다.

45 이상적인 랭킨 사이클의 각 과정에 대한 설명으로 옳은 것은?

① 터빈은 열에너지를 기계에너지로 바꾸며 터빈을 통과하면 증기의 압력과 온도는 낮아진다.
② 응축기에서 증기의 나머지 열을 흡수하여 증기는 액으로 응축된다.
③ 보일러에서 압축액은 정압가열 상태를 거쳐 최종적으로 습증기로 변한다.
④ 펌프에서 등엔트로피 팽창을 하며 포화액을 보일러 입구 압력까지 압축한다.

46 이상기체 1 [kg]을 35 [℃]로부터 65 [℃]까지 정적과정에서 가열하는 데 필요한 열량이 118 [kJ]이라면 정압비열은 얼마인가? (단, 이 기체의 분자량은 4, 일반기체상수는 8.314 [kJ/kmol · K])

① 2.11 [kJ/kg · K]   ② 3.93 [kJ/kg · K]
③ 5.23 [kJ/kg · K]   ④ 6.01 [kJ/kg · K]

47 그림과 같은 P−V 선도에서 $T_1=100$ [K], $T_2=1100$ [K], $T_3=650$ [K], $T_4=250$ [K]인 공기(정압비열 1 [kJ/kg · K])를 작동유체로 하는 이상적인 브레이튼 사이클의 열효율은?

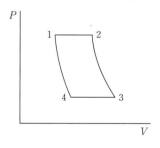

① 0.3   ② 0.4   ③ 0.5   ④ 0.6

48 어떤 물체가 높이 10 [m]에서 0 [m]의 지상으로 떨어지고 있다. 그렇다면 물체가 높이 5 [m]에 도달했을 때의 속도는 얼마인가? (단, 중력가속도 10 [m/s²])

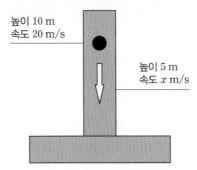

높이 10 m
속도 20 m/s

높이 5 m
속도 x m/s

① 11 [m/s]　　　② 22 [m/s]　　　③ 33 [m/s]　　　④ 44 [m/s]

49 그림 A의 진동계를 그림 B와 같이 모형화한다면, 그림 B에서의 등가스프링 상수는 얼마인가? (단, $K_1=1$ [N/m], $K_2=2$ [N/m], $K_3=3$ [N/m])

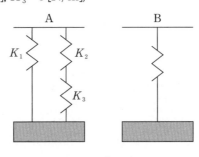

① 1.2　　　② 2.2　　　③ 3.6　　　④ 4.0

50 금속 재료를 소성변형 영역까지 인장하중을 가하다가 그 인장의 반대방향으로 하중을 가했을 때 항복점과 탄성한도 등이 저하되는 현상을 무엇이라 하는가?

① 고용경화　　　　　　　　② 시효경화
③ 스프링백　　　　　　　　④ 바우싱거 효과

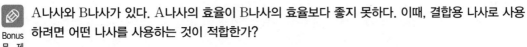

A나사와 B나사가 있다. A나사의 효율이 B나사의 효율보다 좋지 못하다. 이때, 결합용 나사로 사용하려면 어떤 나사를 사용하는 것이 적합한가?

① A나사
② B나사
③ A, B나사 둘 다 사용해도 된다.
④ 위 조건으로 파악할 수 없다.

1회 실전 모의고사 해설

01	③	02	②	03	④	04	②	05	②	06	②	07	②	08	②	09	③	10	①
11	①	12	②	13	②	14	②	15	④	16	③	17	③	18	④	19	④	20	③
21	②	22	④	23	②	24	②	25	②	26	③	27	②	28	④	29	②	30	②
31	④	32	③	33	④	34	②	35	②	36	②	37	②	38	③	39	②	40	②
41	④	42	①	43	①	44	③	45	①	46	④	47	④	48	②	49	②	50	④

01
정답 ③

비틀림 강도는 $T = \tau Z_P = \tau \dfrac{\pi d^3}{16}$으로 처리한다. 즉, 지름이 2배가 되므로 비틀림 강도는 8배가 됨을 알 수 있다.

※ 비틀림 강성은 GI_P로 처리해야 한다.

02
정답 ②

$H_2 + O = H_2O$ ➡ 분자량 비가 2 : 16이므로 1 : 8이 된다. 즉 산소 8 kg이 필요하다.

※ 분자량
질소 28, 산소 32, 공기 29, 탄소 12, 이산화 탄소 44

03
정답 ④

스트라홀 수$= fd/V$이므로 관계가 없는 것은 압축력이다.

04
정답 ②

열용량의 단위는 [J/K]이다. 즉, 비열은 단위 질량당 열용량으로 기호 C로 표시한다.

05
정답 ②

공기 표준 사이클은 동작 물질을 이상 기체로 취급하는 공기라 생각하고 단순화한 사이클을 말한다. 공기 표준 사이클을 해석하기 위해서는 동작 물질의 연소 과정은 가열 과정으로 하고, 밀폐 사이클을 이루어야 한다.

06 정답 ②

[배관의 색깔]

물	증기	증기	가스	기름	산, 알칼리	전기
청색	진한 적색	백색	황색	진한 황직	회색	엷은 황적
W	S	A	G	O		

07 정답 ②

온도 변화에 의한 관이 신축하지 않으면 열응력이 발생한다. 이를 방지하고자 관로의 도중에 고무와 얇은 판으로 만들어진 슬리브 이음, 신축 밴드, 시웰 이음, 파형 이음 등을 사용한다. 즉, 열응력에 대응하기 위해 사용하는 이음은 신축 이음이다.

• 나사 이음: 관의 끝에 가는 나사, 관용 나사 등을 절삭하여 관 이음을 한 것으로, 물, 기름, 가스 등의 일반 배관에 사용
• 플랜지 이음: 관경이 크거나 유체의 압력이 큰 곳에 사용

08 정답 ②

• 체크밸브: 역지밸브이며, 유체를 한 방향으로만 흘러가게 함. (역류 방지)
• 볼밸브: 개폐 부분에 구멍이 있는 공 모양의 밸브가 있어 이를 회전시켜 개폐 (저압 및 가스 라인에 사용)
• 앵글밸브: 유체의 흐름을 90도 바꾸어 주는 역할
• 안전밸브: 릴리프밸브이며, 배관 내 최고 압력 도달 시 유체를 자동적으로 배출 (스프링식, 중추식, 레버식 3종류가 있으며, 스프링식이 가장 많이 사용)

09 정답 ③

산소 용접은 일반적으로 산소−아세틸렌 용접을 말하며, 열영향부(HAZ)가 넓다.

10 정답 ①

• 유효 온도: 사람이 느끼는 추위와 더움을 온도, 습도, 기류의 3개 요소로 나타낸 것

11 정답 ①

공기가열기와 공기여과기는 공기조화장치이다. 보일러, 냉동기, 열펌프는 열원 장치이다.

12 정답 ③

[몰리에르선도]

• $H-S$선도 (세로축: 엔탈피, 가로축: 엔트로피)

① 증기에서는 H−S선도를 사용하며, H−S선도로는 포화수 엔탈피를 잘 알 수 없다.
② 증기의 교축 변화를 해석한다.

• P−H선도 (세로축: 압력, 가로축: 엔탈피)
  냉동기에서는 P−H선도를 사용하며, 냉동기의 운전 상태 등을 알 수 있다.

참고
• **교축열량계**: 등엔탈피 변화를 이용하여 증기의 건도를 측정하는 기구

13
정답 ②

리드(L)$=n$(나사의 줄수)$\cdot p$(피치)이며, 리드란 나사를 1회전시킬 때 축 방향으로 전진하는 거리
➡ $L=60/10=6$ [mm], 6 [mm]$=3 \cdot p$이므로, $p=2$ [mm]

14
정답 ②

• **초탄성 효과**: 탄성 한도를 넘어 소성 변형을 시킨 후에도 원래 상태로 돌아가는 성질

15
정답 ④

• 0 [℃]에서 100 [℃]로 만드는 데 필요한 열량: 598 [kcal/kg]
• 100 [℃]에서 100 [℃]로 만드는 데 필요한 열량: 539 [kcal/kg]
  즉, 문제에서는 100 [℃]에서 100 [℃]이므로 539 [kcal/kg]$\times 2$ [kg]$=1078$ [kcal]

16
정답 ③

등가속도 운동이라는 것은 가속도가 일정한 운동을 말한다. 즉, 속도가 시간에 대하여 선형적으로 증가하거나 감소하는 것을 의미한다.

17
정답 ③

크리프 현상은 전위와 관계가 없다.

참고
크리프 속도는 시간에 대한 변형률의 변화를 말한다. 즉, 변형률(y축)−시간(x축) 그래프에서 기울기를 말한다. 일반적으로 크리프 현상은 초기에는 시간에 따라 변형이 크다가 점점 변형이 0에 수렴하다가 결국 재료는 파괴된다. 즉, 크리프 현상의 마지막 단계에서는 크리프 속도가 0이 된다. 그 말은 변형률−시간 그래프에서 기울기가 0이라는 것을 의미하며, 크리프 속도가 0인 곳이 바로 크리프 한도가 된다. 크리프 한도는 시간에 따른 변형이 더 이상 없는 지점을 말한다.

[시간에 따른 3단계]

천이 크리프(초기) ➡ 정상 크리프(중기) ➡ 가속 크리프(말기)

18

정답 ④

[냉매의 구비조건]

- 임계온도가 높고, 응고온도가 낮을 것
- 증기의 증발잠열이 크고, 액체의 비열은 작을 것
- 증발압력이 대기압보다 크고, 상온에서도 비교적 액화가 쉬울 것
- 비체적이 작고, 점성이 작을 것, 불활성으로 안전할 것, 열전도율이 좋을 것

19

정답 ④

[물의 기준으로 구한다.]

물의 밀도는 1000 [kg/m³], 물의 비중량은 9800 [N/m³]

즉, 비중이 0.8인 액체는 밀도가 $1000 \times 0.8 = 800$ [kg/m³], 비중량은 $9800 \times 0.8 = 7840$ [N/m³]

비체적은 밀도의 역수 값이므로 $1/800 = 0.00125$ [m³/kg]

20

정답 ③

③에서 리밍의 가공 여유는 10 [mm]당 0.05 [mm]이다.

- 리밍: 내면의 정밀도를 높이기 위해 내면을 다듬질하는 가공법
- 보링: 보링봉에 공구를 고정하여, 원통형의 내면을 넓히는 가공법

> 참고 ┈┈┈┈┈┈┈┈┈┈┈┈┈┈┈┈┈┈┈┈┈┈┈┈┈┈┈┈┈┈┈┈┈┈┈┈┈
>
> - 리밍의 가공여유는 10 [mm]당 0.05 [mm]
> - 선삭(선반가공)으로는 키 홈을 가공할 수 없다.

21

정답 ②

$R = \dfrac{\overline{R}}{m}$ (단, $\overline{R}$ (일반기체상수) $= 8.314$ [kJ/kmol·K], R: 기체상수, m: 분자량)

따라서, 기체 상수(R)는 일반 기체 상수/m(분자량)으로 도출된다. 즉, $\dfrac{8.314 \, [\text{kJ/kmol·K}]}{m(\text{분자량})}$

분자량은 산소 32, 질소 28, 공기 29, 이산화 탄소 44이므로 질소의 기체 상수가 가장 크다는 것을 알 수 있다.

22

[정상류의 압축일 크기]
정적>단열>폴리트로픽>등온>정압

23

- 액체 속: 액체 속에서는 등온변화 취급을 하므로 $K=P$
- 공기 중: 공기 중에서는 단열변화 취급을 하므로 $K=kP$

24

가스터빈은 내연기관이며, 실제 가스터빈은 개방 사이클이다.

25

초기 재료가 분말인 형태인 신속조형법은 선택적 레이저 소결법과 3차원 인쇄이다.

26

- 최대틈새: $0.05-(-0.03)=0.08$
- 최대죔새: $0.03-(-0.01)=0.04$, 축 또는 구멍의 치수에 따라 틈새와 죔새 둘 다 되므로 중간끼워맞춤!

[끼워맞춤 종류]
- **헐거운 끼워맞춤**: 항상 틈새가 생기는 끼워맞춤으로, 구멍의 최소치수가 축의 최대치수보다 크다.
  - **최대틈새**: 구멍의 최대허용치수-축의 최소허용치수
  - **최소틈새**: 구멍의 최소허용치수-축의 최대허용치수
- **억지 끼워맞춤**: 항상 죔새가 생기는 끼워맞춤으로, 축의 최소치수가 구멍의 최대치수보다 크다.
  - **최대죔새**: 축의 최대허용치수-구멍의 최소허용치수
  - **최소죔새**: 축의 최소허용치수-구멍의 최대허용치수
- **중간 끼워맞춤**: 구멍, 축의 실 치수에 따라 틈새 또는 죔새의 어떤 것이나 가능한 끼워맞춤이다.

27

- **엔트로피**: 열역학적으로 일로 변환할 수 없는 에너지의 흐름을 설명할 때 사용되는 상태함수이다.
- 열역학 제2법칙은 비가역을 명시하는 법칙이며, 그에 따라 엔트로피는 항상 증가한다.
- 절대 엔트로피와 관계가 있는 것은 열역학 제3법칙이다.

28

정답 ④

$W(일)=F(힘)\times L(거리)$, $F=ma$이므로 MLT^{-2}이다.
고로, $MLT^{-2}\cdot L$이므로 $M\cdot L^2\cdot T^{-2}$

29

정답 ②

• 뉴턴 유체: 유체 유동 시 속도구배와 전단응력의 변화가 원점을 통하는 직선적 관계를 갖는 유체(유체의 속도구배와 전단응력이 선형적으로 비례하는 유체)

30

정답 ②

• 유속측정: 피토관, 피토정압관, 레이저도플러유속계, 시차액주계 등
• 유량측정: 벤츄리미터, 유동노즐, 오리피스, 로타미터, 위어 등
• 압력 강하를 이용하는 것은 벤츄리미터, 노즐, 오리피스

31

정답 ④

$\phi=TL/GI_p=32TL/G\pi d^4$이므로, 문제에서의 비틀림각은 결국 L/d^4에 비례!
➡ 9/81 → 1/9배로 줄어들게 된다.

32

정답 ③

• 극한 강도: 취성 재료가 상온에서 정하중을 받을 때의 기준 강도
• 항복점: 연성 재료가 상온에서 정하중을 받을 때의 기준 강도
• 크리프 한도: 연성 재료가 고온에서 정하중을 받을 때의 기준 강도

> 참고
> • 크리프: 연성 재료가 고온에서 정하중을 받을 때 시간이 지남에 따라 변형이 증대되는 현상
> • 피로: 장시간 재료가 반복하중을 받으면 파괴되는 현상

33

정답 ④

• 물림률: 접촉호의 길이/원주피치＝물림길이/법선피치
• 기어가 연속적으로 회전하려면 물림률은 1보다 커야 하며, 물림률이 클수록 소음 및 진동이 적고 수명이 길다.

34

정답 ③

상태량은 어떤 상태가 변할 때 그 변화가 오직 최종 상태에 대응하는 양과 최초 상태에 대응하는 양으로만 구해지는 결과값을 말한다.

[기본 상태량, 열적 상태량]
- 기본 상태량: 체적, 온도, 압력
- 열적 상태량: 내부 에너지, 엔탈피, 엔트로피

35

정답 ②

- 강도성 상태량: 물질의 질량에 관계없이 그 크기가 결정되는 상태량
  (온도, 압력, 밀도, 비체적)
- 종량성 상태량: 물질의 질량에 따라 그 크기가 결정되는 상태량
  (체적, 내부 에너지, 질량, 엔탈피, 엔트로피)

36

정답 ④

굽힘모멘트＝굽힘응력×단면계수
➡ $PL=$굽힘응력 $\cdot b \cdot h^2/6$
➡ 굽힘응력＝$6PL/b \cdot h^2$
즉, $6 \times 60 \times 100/10 \times 5^2$이므로 굽힙응력은 144 $[\text{kg/cm}^2]$로 도출된다.

37

정답 ②

- 응력집중: 단면이 급격하게 변하는 부분, 모서리 부분, 구멍 부분에서 응력이 집중되는 현상
- 응력집중계수: 노치부의 최대응력/단면부의 평균응력

[응력집중 완화 방법]
- 필렛 반지름을 최대한 크게 하며 단면 변화 부분에 보강재를 결합하여 응력집중을 완화
- 축단부에 2~3단의 단부를 설치해 응력 흐름을 완만하게 한다.
- 단면변화 부분에 숏피닝, 롤러압연처리, 열처리 등을 통해 응력 집중 부분을 강화시킨다.
- 테이퍼지게 설계하며, 체결 부위에 체결수(리벳, 볼트)를 증가시킨다.

38

정답 ③

$w=2 \pi [\text{N}]/60=2 \times 3 \times 180/60=18 [\text{rad/s}]$

39

🖊 암기

ANSI	API	KS	ASTM	AS
미국 규격 협회	미국석유협회	한국 산업 규격	미국재료시험협회	호주 산업규격
JASO	BS	CEN	JIS	ASME
일본자동차기술협회	영국 산업 규격	유럽표준화위원회	일본 산업 규격	미국기계학회
DIN	CENELEC	NF	IEEE	ISO
독일 산업 규격	유럽전기기술표준위원회	프랑스 산업 규격 협회	전기전자기술자협회	국제표준화기구

40

[등가속도 운동 관련 공식]
- $V = V_0 + at$
- $S = V_0 t + 0.5\,at^2$
- $2aS = V^2 - V_0^2$

세 번째 공식을 사용한다면, $2aS = V^2 - V_0^2$ ➡ $2 \times 10 \times 5 = V^2$이므로
$V^2 = 100$, $V = 10\,[\text{m/s}]$

41

- 제1각법: 눈 → 물체 → 투상
- 제3각법: 눈 → 투상 → 물체

42

[바로걸기. 엇걸기의 특징]
- 엇걸기(십자걸기＝크로스걸기)는 바로걸기(오픈걸기)보다 접촉각이 커서 더 큰 동력을 전달한다.
- 엇걸기의 너비는 좁게 설계한다. 또한 벨트에 비틀림이 발생하여 마멸이 발생하기 쉽다.
- 엇걸기는 비틀림에 대응하기 위해 축간거리를 벨트 너비의 20배 이상으로 해야 한다.

43

규격은 A, B, C, D, E, M형이 있고, M → E형으로 갈수록 인장강도, 단면치수, 허용장력이 증가한다.

44

정답 ③

로켓이 가스를 뿜으면 가스는 로켓을 밀어올린다. 이것은 제3법칙인 작용 반작용의 예이다.

📝 암기
- 뉴턴의 제1법칙: 관성의 법칙
- 뉴턴의 제2법칙: 가속도의 법칙
- 뉴턴의 제3법칙: 작용 반작용의 법칙

45

정답 ①

보일러에서 만들어진 과열증기의 온도는 대략 500도 이상이다. 그 과열증기가 터빈으로 들어가 단열팽창 과정을 통해 팽창하여 일을 발생시키게 된다.
이처럼 증기들이 팽창하여 일을 발생시키면 온도와 압력을 떨어지게 된다. 즉, 일을 한 만큼 온도와 압력이 떨어진다고 보면 된다.
따라서 실제 발전소에서는 온도와 압력이 떨어진 증기를 다시 재열기로 보내어 온도를 올린 후, 다시 터빈 으로 보내 2차 팽창일을 얻어 열효율을 높인다.(응축기에서는 열을 방출하고, 보일러에서 나오면 과열증기 상태가 되며, 펌프에서는 등엔트로피 압축과정을 거치게 된다.)

46

정답 ④

일반 기체 상수($8.314\,[\mathrm{kJ/kmol \cdot K}]$)를 분자량($m$)으로 나누어야 그 기체의 기체 상수가 도출된다.
$8314/4 = 2078.5\,[\mathrm{J/kmol \cdot K}] = 2.0785\,[\mathrm{kJ/kmol \cdot K}]$
$Q = C_V m \varDelta T \rightarrow 118 = C_V \times 1 \times 30 \quad \therefore C_V = 3.93\,[\mathrm{kJ/kg \cdot K}]$
문제에서는 정압비열을 구해야 하므로 다음과 같은 관계식을 사용한다.
$C_P - C_V = R$ 즉, $C_P - 3.93 = 2.0785 \quad \therefore C_P = 6.012\,[\mathrm{kJ/kg \cdot K}]$

47

정답 ④

$$\eta = 1 - \frac{T_3 - T_4}{T_1 - T_2} = 1 - \frac{650 - 250}{1100 - 100} = 1 - \frac{400}{1000} = 0.6$$

48

정답 ②

① 역학적 에너지 보존법칙을 사용한다. (운동 에너지＋위치 에너지＝constant)

$mgh_1 + \dfrac{1}{2}mv_1^2 = mgh_2 + mv_2^2$ (m은 공통이므로 신경쓰지 않는다.)

$10 \times 10 + 0.5 \times 400 = 10 \times 5 + 0.5 \times V_2 \quad \therefore V_2 = 22.36\,[\mathrm{m/s}]$

② 일정한 중력가속도를 받기 때문에 등가속도 법칙을 사용한다.

$2aS = V^2 - V_0^2 \Rightarrow 2 \times 10 \times 5 = V^2 - 400 \quad \therefore V = 22.36\,[\mathrm{m/s}]$

49

[등가스프링 상수]

- 직렬: $\dfrac{1}{K_e}=\dfrac{1}{K_1}+\dfrac{1}{K_2}=\dfrac{K_1+K_2}{K_1K_2}$ ➡ $K_e=\dfrac{K_1K_2}{K_1+K_2}$
- 병렬: $K_e=K_1+K_2$

K_2와 K_3는 서로 직렬이므로 $\dfrac{1}{K_e}=\dfrac{1}{K_2}+\dfrac{1}{K_3}=\dfrac{1}{2}+\dfrac{1}{3}=\dfrac{5}{6}$ ➡ $K_e=\dfrac{6}{5}$

K_1과 K_2와 K_3의 등가스프링 상수는 병렬이므로

$K_e=K_1+K_2$ ➡ $\dfrac{6}{5}+1=2.2$

주의

2개의 스프링 사이에 어떤 질점이 있다면, 그것은 병렬로 간주한다.

50

- 바우싱거 효과: 금속 재료를 소성 변형 영역까지 인장하중을 가하다가 그 인장의 반대 방향으로 하중을 가했을 때 항복점과 탄성한도 등이 저하되는 현상

Bonus

- 결합용 나사: 삼각나사, 유니파이나사, 미터나사 등
- 운동용 나사: 톱니나사, 볼나사, 사각나사, 사다리꼴나사, 둥근나사 등

나사의 효율이 낮아야 결합용으로 사용한다. 효율이 좋다는 것은 운동용 즉, 동력 전달에 사용한다는 의미이므로 효율이 낮아야 결합용(체결용)나사로 사용할 수 있다.

2회 실전 모의고사

1문제당 2점 / 점수 [   ]점

정답과 해설 P. 196

01 자연급기와 자연배기를 사용하는 환기법으로 옳은 것은?

① 제1종 환기   ② 제2종 환기
③ 제3종 환기   ④ 제4종 환기
⑤ 제5종 환기

02 다음 설명 중 옳지 <u>못한</u> 것은 무엇인가?

① 1보일러 마력은 8435.35 [kcal/h]이다.
② 과열열량은 건포화증기에서 임의의 과열증기까지 가열하는 데 필요한 열량이다.
③ 증발열은 포화액에서 건포화증기까지 가열하는 데 필요한 열량이다.
④ 과열도는 과열온도와 포화온도의 차이로, 이 값이 클수록 완전가스에 가까워진다.
⑤ 액체열은 정압 하에서 100 [℃]에서 포화온도까지 가열하는 데 필요한 열량이다.

03 금속에 대한 특징으로 옳지 <u>못한</u> 것은?

① 열 및 전기의 양도체이다. 또한, 수은을 제외한 금속은 상온에서 고체이다.
② 비중 및 경도가 크며, 용융점이 높다. 또한 고체 상태에서 결정구조를 갖는다.
③ 전성 및 연성이 풍부하여 가공하기 쉽다.
④ 금속 특유의 광택을 가지고 있고, 빛을 잘 반사한다.
⑤ 모든 금속은 응고 시 팽창하는 특성을 가지고 있다.

04 금속이나 합금은 온도의 변화에 따라 내부 상태 즉, 결정격자의 변화가 생긴다. 이것을 무엇이라고 하는가?

① 변태점   ② 공석변태
③ 동소변태   ④ 소성변형
⑤ 자기변태

05 압연에 대한 설명으로 옳지 <u>못한</u> 것은 무엇인가?

① 롤러의 중간 부위는 열간압연에서는 오목하게, 냉간에서는 볼록하게 제작한다.
② 중립점에서는 롤러의 압력이 최대이다.
③ 중립점을 경계로 압연재료와 롤러의 마찰력 방향이 반대가 된다. (바뀐다)
④ 마찰이 증가하면 중립점은 출구 쪽에 가까워지고, 마찰이 줄어들면 입구 쪽에 가까워진다.
⑤ 출구 쪽에서는 소재의 통과 속도가 롤러의 회전 속도보다 빠르다.

06 다음 중 공정주철의 탄소 함유량은 얼마인가?

① 0.1 [%]   ② 0.77 [%]
③ 2.11 [%]   ④ 4.3 [%]
⑤ 6.67 [%]

07 탄소강에서 탄소량 증가에 따른 현상이 <u>아닌</u> 것은?

① 비중 감소   ② 비열 증가
③ 열전도율 감소   ④ 전기저항 증가
⑤ 충격값 증가

08 내면정밀도가 가장 우수한 가공 방법은 무엇인가?

① 리밍   ② 드릴링
③ 호닝   ④ 보링
⑤ 래핑

09 비정질 합금의 특징으로 옳지 <u>못한</u> 것은?

① 기계적 강도가 우수하다.
② 뛰어난 내식성을 지니고 있다.
③ 주조 시 응고 수축이 적다.
④ 우수한 연자기 특성을 가지고 있다.
⑤ 전기 전도성이 우수하다.

10 대형파이프, 대형 주물일 때 사용하는 목형의 종류로 가장 적절한 것은?

① 현형   ② 골격목형
③ 부분목형   ④ 회전목형
⑤ 고르개목형

11 모양공차의 종류로 옳지 <u>못한</u> 것은?

① 진원도　　　　　　　　　　② 경사도
③ 평면도　　　　　　　　　　④ 진직도
⑤ 원통도

12 주물의 변형과 균열의 방지책으로 옳지 <u>않은</u> 것은?

① 주물을 급냉하지 않는다.
② 각이 진 부분을 둥글게 한다.
③ 각 부의 온도 차이를 적게 한다.
④ 주형의 통기성을 좋게 하여 주형에서 가스 발생을 방지한다.
⑤ 주물의 두께 차이를 작게 한다.

13 용접봉에 대한 설명으로 옳지 <u>못한</u> 것은 무엇인가?

① 용접봉은 용접할 모재에 대한 보충 재료이다.
② 용접봉은 반드시 건조한 상태로 사용해야 한다.
③ 용접봉은 사용하려면 될 수 있는 한 모재와 같은 성분을 사용한다.
④ 용접봉은 심선과 피복제로 구성되어 있으며, 심선은 탄소 함유량이 적어야 한다.
⑤ 용접봉과 모재 두께의 관계는 $D=T/2+2\,[\mathrm{mm}]$이다. (단, D: 용접봉 지름, T: 판 두께)

14 아크용접에서 아크 길이가 너무 짧을 때 나타나는 현상은?

① 아크열의 손실이 많다.
② 용접봉이 비경제적이다.
③ 용착이 얕고 표면이 지저분하다.
④ 용접을 연속적으로 하기가 곤란하다.
⑤ 용접부의 금속 조직이 취약하게 되어 강도가 감소된다.

15 용접 결함 중 하나인 오버랩의 원인이 <u>아닌</u> 것은?

① 전류 과소　　　　　　　　　② 아크 과소
③ 용접 속도 과소　　　　　　　④ 용접봉 불량
⑤ 공기 중의 산소 과다

16 직류아크용접기에 해당되는 것은?

① 탭전환형 용접기
② 정류기식 용접기
③ 가동철심형 용접기
④ 가동코일형 용접기
⑤ 가포화 리액터형 용접기

17 주조에서 덧쇳물의 역할로 옳지 <u>못한</u> 것은?

① 주형 내 공기를 제거해 주입량을 알 수 있다.
② 조형 내 쇳물에 압력을 주어 조직이 치밀해진다.
③ 주형 내 가스를 배출시켜 수축공 현상을 방지한다.
④ 주형 내 불순물과 용체의 일부를 밖으로 내보낸다.
⑤ 금속이 응고할 때 체적 증가로 인한 쇳물 부족을 보충한다.

18 콜슨 합금에 대한 설명으로 옳지 <u>못한</u> 것은 무엇인가?

① Cu−Ni 합금에 소량의 Si를 첨가한 것이다.
② 통신선, 전화선으로 많이 사용된다.
③ 강도가 크며, 도전율이 양호하다.
④ 일명 K합금이라고 불린다.
⑤ 담금질 시효 경화가 큰 합금이다.

19 다음 중 선의 종류 및 용도에서 가는 2점 쇄선의 용도는?

① 기준선
② 가상선
③ 숨은선
④ 외형선
⑤ 치수보조선

20 목형재료의 종류 중 박달나무의 특징으로 옳은 것은?

① 재질이 연하고 값이 싸며, 구하기 쉬운 장점이 있다.
② 재질이 치밀하고 견고하며, 균열이 적은 특징이 있다.
③ 질이 단단하고 질겨 작고 복잡한 형상의 목형 제작에 사용된다.
④ 조직이 치밀하고 강하며, 건·습에 대해 신축성이 작고, 비교적 값이 비싸다.

21 베인펌프의 4대 구성요소로 옳지 <u>못한</u> 것은?

① 캠링
② 입/출구 포트
③ 베인
④ 압축기
⑤ 로터

22 KS 산업부분 설명으로 옳지 <u>못한</u> 것은?

① KS A-일반
② KS B-기계
③ KS C-전기
④ KS D-금속
⑤ KS H-항공

23 화재의 종류가 옳게 짝지어진 것은?

① A급 화재-유류화재
② B급 화재-전기화재
③ D급 화재-일반화재
④ E급 화재-가스화재
⑤ C급 화재-금속화재

24 비교측정에 속하는 것은 무엇인가?

① 하이트게이지
② 삼침법
③ 마이크로미터
④ 다이얼게이지
⑤ 버니어캘리퍼스

25 KS규격에서 정한 습도는 몇 [%]인가?

① 18 [%]
② 28 [%]
③ 38 [%]
④ 48 [%]
⑤ 58 [%]

26 높이 측정 및 금긋기에 사용되는 게이지는?

① 와이어게이지
② 센터게이지
③ 반지름게이지
④ 틈새게이지
⑤ 하이트게이지

27 배관의 흐름을 90도 바꾸어 주는 데 사용하는 배관 부속기기는?

① 티   ② 소켓
③ 밸브   ④ 엘보
⑤ 마찰차

28 식물성 또는 동물성 기름 및 지방 등의 가연성 튀김기름을 포함한 조리로 인한 화재는 무엇인가?

① A급 화재   ② B급 화재
③ C급 화재   ④ E급 화재
⑤ K급 화재

29 매뉴얼 밸브라 하며 하나의 축 상에 여러 개의 밸브 면을 두어 직선운동으로 유로를 구성하여 오일의 흐름 방향을 변환하는 밸브는?

① 셔틀밸브   ② 스풀밸브
③ 체크밸브   ④ 전환밸브
⑤ 포핏밸브

30 P-H선도의 등건조도선의 설명으로 옳지 못한 것은?

① 습증기 구역 내에서만 존재하는 선이다.
② 포화액의 건도는 0이다.
③ 건조포화증기의 건도는 1이다.
④ 등건조도선을 이용하여 팽창밸브 통과 후 발생한 플래스 가스량을 알 수 있다.
⑤ 건도가 0.3이라는 것은 습증기 중 30 [%]는 액체, 70 [%]는 건조포화증기가 있다는 의미이다.

31 유압 작동유의 구비조건으로 옳지 않은 것은?

① 인화점과 발화점이 높아야 한다.
② 열을 방출시킬 수 있어야 한다.
③ 소포성과 윤활성, 방청성이 좋아야 한다.
④ 확실한 동력전달을 위해 압축성이어야 한다.
⑤ 장시간 사용해도 물리적, 화학적으로 안정되어야 한다.

32 작동유에 공기가 혼입될 때의 영향으로 옳지 <u>못한</u> 것은?

① 공동현상 발생
② 윤활작용의 촉진
③ 작동유의 열화 촉진
④ 실린더의 작동불량 및 숨돌리기 현상 발생
⑤ 압축성이 증대되어 유압기기 작동의 불규칙

33 유압 작동유의 점도가 너무 낮을 경우 일어나는 현상으로 옳은 것은?

① 내부 오일 누설의 증대
② 소음이나 공동 현상 발생
③ 동력 손실 증가로 기계 효율의 저하
④ 내부 마찰의 증대에 의한 온도의 상승
⑤ 유동 저항의 증가로 인한 압력 손실의 증대

34 리벳의 재료로 사용될 수 <u>없는</u> 것은 무엇인가?

① 주철   ② 두랄루민
③ 알루미늄   ④ 구리
⑤ 저탄소강

35 유압장치의 특징으로 옳지 <u>않은</u> 것은 무엇인가?

① 먼지나 이물질에 의해 고장 발생 우려가 없다.
② 소형장치로 큰 출력을 낼 수 있다.
③ 입력에 대한 출력의 응답이 빠르다.
④ 유량의 조절을 통해서 무단 변속이 가능하다.
⑤ 제어가 쉽고 조작이 간단하다.

36 유압작동유의 점도지수를 구하는 식은? (단, L: $V_I=0$인 기준유의 100 [℉]에서의 동점도, H: $V_I=100$인 기준유의 100 [℉]에서의 동점도, U: 구하고자 하는 기름의 100 [℉]에서의 동점도)

① $V_I = \dfrac{L+U}{L+H} \times 100$ ② $V_I = \dfrac{L-U}{L+H} \times 100$

③ $V_I = \dfrac{L+U}{L-H} \times 100$ ④ $V_I = \dfrac{L-U}{L-H} \times 100$

⑤ $V_I = \dfrac{L-H}{L-U} \times 100$

37 열간가공과 냉간가공에 대한 설명이다. 빈칸에 공통으로 들어갈 내용은 무엇인가?

> (가) (　　) 이상의 온도에서 작업하는 가공을 열간가공이라고 한다.
> (나) (　　) 이하에서 작업하는 가공을 냉간가공이라고 한다.

① 포화온도　　　　　　　　② 재결정온도
③ 이슬점온도　　　　　　　④ 천이온도
⑤ 단조완료온도

38 다음 중 재료를 회전하는 2개의 롤러 사이에 넣어 판의 두께를 줄이는 가공 방법을 무엇이라고 하는가?

① 인발　　　　　　　　　　② 압출
③ 전조　　　　　　　　　　④ 압연
⑤ 프레스가공

39 인성에 대한 설명으로 옳은 것은?

① 가느다란 선으로 늘릴 수 있는 성질을 말한다.
② 충격에 대한 저항 성질을 말한다.
③ 외력을 받으면 넓게 펼쳐지는 성질을 말한다.
④ 국부 소성 변형 저항성을 말한다.
⑤ 외력에 대한 저항력을 말한다.

40 불가시아크용접과 같은 용접은 무엇인가?

① 테르밋용접　　　　　　　② 탄산가스용접
③ 원자수소용접　　　　　　④ 불활성가스용접
⑤ 서브머지드용접

41 전기저항용접에서 접합할 모재의 한쪽 판에 돌기를 만들어서 고정전극 위에 겹쳐 놓고 가동전극으로 통전과 동시에 가압하여 저항열로 가열된 돌기를 접합시키는 용접법을 무엇이라 하는가?

① 점용접　　　　　　　　　② 심용접
③ 업셋용접　　　　　　　　④ 플래시용접
⑤ 프로젝션용접

42 불림의 목적에 대한 설명으로 옳은 것은 모두 몇 개인가?

> • 공기 중에서 냉각하여 마텐자이트 조직을 얻는다.
> • 상온 가공 후의 인성을 향상시킨다.
> • 주조 때 결정조직을 미세화시킨다.
> • 가공에 의해 생긴 내부응력을 제거한다.
> • 결정조직, 기계적 성질, 물리적 성질 등을 표준화시킨다.

① 0개   ② 1개
③ 2개   ④ 3개
⑤ 4개

43 베어링 합금이 갖추어야 할 조건으로 옳지 <u>않은</u> 것은?

① 열전도율이 작아야 한다.
② 주조성, 절삭성이 좋아야 한다.
③ 충분한 인성을 가져야 한다.
④ 마찰계수가 작고 저항력이 커야 한다.
⑤ 하중에 견딜 수 있는 경도와 내압력을 가져야 한다.

44 주물사의 구비조건으로 옳은 것은 모두 몇 개인가?

> • 주형 제작이 용이하고 적당한 강도를 가질 것
> • 내열성 및 신축성이 있을 것
> • 열전도성이 크고 보온성이 있을 것
> • 내화성이 크고, 화학반응을 일으키지 않을 것

① 0개   ② 1개
③ 2개   ④ 3개
⑤ 4개

45 마텐자이트가 큰 경도를 갖는 원인으로 옳지 <u>못한</u> 것은?

① 초격자
② 내부응력의 증가
③ 무확산 변태에 의한 체적 변화
④ 급냉
⑤ 불규칙한 원자의 격자 구조

46 압력제어밸브 종류 중 하나인 카운터밸런스밸브에 대한 설명 중 옳은 것은?

① 주회로의 압력을 일정하게 유지하면서 조작의 순서를 제어하고 싶을 때 사용하는 밸브이다.

② 유압회로에서 어떤 부분 회로의 압력이 주회로의 압력보다 저압으로 만들어 사용하고자 할 때 사용하는 밸브이다.

③ 회로의 최고압력을 제한하는 밸브로서 과부하를 제거하고, 유압회로의 압력을 설정치까지 일정하게 유지시켜 주는 밸브이다.

④ 회로 내 압력이 설정압력에 이르렀을 때 이 압력을 떨어뜨리지 않고 펌프송출량을 그대로 기름 탱크에 되돌리기 위해 사용하는 밸브이다.

⑤ 회로의 일부에 배압을 발생시키고자 할 때 사용하며, 한 방향의 흐름에는 설정된 배압을 주고 반대 방향의 흐름을 자유 흐름으로 만들어 주는 밸브이다.

47 검사체적에 대한 운동량 방정식의 근원이 되는 법칙 또는 방정식은?

① 연속 방정식
② 베르누이 방정식
③ 질량 보존 법칙
④ 뉴턴의 운동 제1법칙
⑤ 뉴턴의 운동 제2법칙

48 플라이휠에 대한 설명으로 옳은 것은? (복수 정답)

① 회전모멘트를 증대시키기 위해 사용된다.
② 회전 방향을 바꾸기 위해 사용된다.
③ 에너지를 비축하기 위해 사용된다.
④ 구동력을 일정하게 유지하기 위해 사용된다.
⑤ 속도 변화를 일으키기 위해 사용된다.

49 회전하고 있는 주형에 쇳물을 주입하고 그 원심력으로 중공 주물을 제작하는 주조법은?

① 다이캐스팅
② 인베스트먼트법
③ 셀주조법
④ 원심주조법
⑤ 칠드주조법

50 진원도를 측정하는 방법으로 옳은 것은 몇 개인가?

3점법, 반경법, 삼침법, 직경법, 활줄

① 1개
② 2개
③ 3개
④ 4개
⑤ 5개

2회 실전 모의고사 해설

01	④	02	⑤	03	⑤	04	③	05	④	06	④	07	⑤	08	③	09	⑤	10	②
11	②	12	④	13	④	14	④	15	④	16	②	17	⑤	18	④	19	②	20	③
21	④	22	⑤	23	④	24	④	25	⑤	26	⑤	27	④	28	⑤	29	②	30	⑤
31	④	32	②	33	①	34	①	35	①	36	④	37	②	38	④	39	②	40	⑤
41	⑤	42	⑤	43	①	44	②	45	④	46	⑤	47	⑤	48	③,④	49	④	50	③

01
정답 ④

• 강제환기: 기계적 힘으로 환기를 하는 방식
• 자연환기: 공기의 온도차 및 압력차에 의해 환기하는 방식
  ① 제1종 환기법: 강제급기＋강제배기(실내압이 일정하며, 실내압의 조정이 가능하다. 보일러실 등 일반공조용)
  ② 제2종 환기법: 강제급기＋자연배기(실내압이 (＋)이며, 클린룸, 소규모 변전실, 창고 등에 사용)
  ③ 제3종 환기법: 자연급기＋강제배기(실내압이 (－)이며, 화장실, 주방 등에 사용)
  ④ 제4종 환기법: 자연급기＋자연배기

02
정답 ⑤

액체열은 정압 하에서 0 [℃]에서 포화온도까지 가열하는 데 필요한 열량이다.

03
정답 ⑤

[금속의 특징]
• 상온에서 고체이며, 고체 상태에서 결정 구조를 갖는다. 단, 수은은 상온에서 액체이다.
• 전연성이 우수하여 가공하기 쉽다.
• 금속 특유의 광택을 지니며, 빛을 잘 반사한다.
• 열과 전기의 양도체이며, 비중과 경도가 크고 용융점이 높다.
• 대부분 금속은 응고 시 수축한다. 하지만, 비스무트와 안티몬은 응고 시 팽창한다.

04
정답 ③

• 자기변태: 상은 변하지 않고, 자기적 성질만 변하는 변태 또는 결정 구조는 변하지 않는 변태
• 동소변태: 결정 격자의 변화 또는 원자 배열 변화에 따라 나타나는 변태

05

정답 ④

중립점(등속점)은 롤러의 회전 속도와 소재의 통과 속도가 같아지는 점을 말한다.
이 중립점은 마찰계수가 클수록 입구에 가까워지게 된다.

06

정답 ④

• 아공정주철: 2.11~4.3 [%] 탄소 함유
• 공정주철: 4.3 [%] 탄소 함유
• 과공정주철: 4.3 [%] 이상의 탄소 함유

07

정답 ⑤

[탄소 함유량 증가에 따른 현상]
• 전기저항 증가, 비열 증가
• 비중 감소, 열팽창계수 감소, 열전도율 감소, 충격값 감소

08

정답 ③

• 표면정밀도 높은 순서: 래핑 > 슈퍼피니싱 > 호닝 > 연삭
• 내면정밀도 높은 순서: 호닝 > 리밍 > 보링 > 드릴링

09

정답 ⑤

비정질합금은 결정구조를 가지지 않고 아몰포스 구조를 가지고 있어 자기적 성질이 우수한 합금을 말한다.
또한, 발전기, 변압기의 재료로 사용된다.

[비정질합금의 특징]
• 일반적인 금속에 비해 기계적 강도가 우수하고 뛰어난 내식성을 지니고 있다.
• 우수한 연자기 특성을 가지고 있다. 전기전도성은 우수하지 않다.
• 주조 시 응고 수축이 적고, 주물 제작했을 때 표면이 매끈하여 후가공이 필요없다.
• 열에 약하다. 열을 가하면 다시 보통의 결정 구조를 가진 금속으로 되돌아간다.
• 장시간 내버려두면 본연의 결정 구조를 찾아 결정화가 된다. 이를 재결정화라고 한다.

10

정답 ②

• 골격목형: 대형 파이프, 대형 주물일 때 사용되는 목형
• 현형: 단체목형, 분할목형, 조립목형의 종류를 갖는 목형
• 부분목형: 모형이 크고 대칭형상일 때 부분만 만들어서 기어나 프로펠러의 제작에 사용한다.
• 회전목형: 회전체로 된 형상에 사용(풀리, 단차)

• 고르개 목형: 가늘고 긴 굽은 파이프에 사용

11

| 원통도 | 진원도 | 평면도 | 위치도 | 대칭도 |

참고 -

• **모양공차(형상공차)**: 진원도, 원통도, 진직도, 평면도(데이텀이 필요없는 공차)
• **자세공차**: 직각도, 경사도, 평행도

12

[주물의 균열과 변형 방지법]
• 주물의 두께 차이를 작게 할 것
• 각 부의 온도 차이를 적게 할 것
• 각진 부분을 둥글게 라운딩 처리할 것
• 주물을 급냉하지 않을 것

※ 주형의 통기성을 좋게 하여 주형에서 가스 발생을 방지하는 것은 기공 방지법이다.

참고 -

• **기공**: 주형 내 가스 배출의 불량으로 인해 발생
• **수축공**: 쇳물의 부족으로 인해 발생(냉각쇠를 설치하여 수축공을 방지한다.)

13

[용접봉과 모재 두께와의 관계식]
$D = T/2 + 1\,[\text{mm}]$
단, D는 용접봉의 지름 [mm], T는 판의 두께 [mm]

14

[아크 길이가 너무 길 때]
• 아크가 불안정해진다.
• 아크열의 손실이 많아진다.
• 용접부의 금속 조직이 취약하게 되어 강도가 감소된다.
• 용착이 얇고 표면이 더러워진다.

[아크 길이가 너무 짧을 때]
- 용접을 연속적으로 하기 곤란해진다.
- 용착이 불량하게 된다.
- 아크를 지속하기 곤란해진다.

15
정답 ⑤

- 오버랩: 전류 부족으로 인해 용접 속도가 느려 비드가 겹쳐지는 현상

[오버랩의 원인]
- 용접 전류 과소, 용접 속도 과소, 아크 과소, 용접봉 불량

16
정답 ②

[직류아크용접기, 교류아크용접기]
- 직류아크용접기: 정류기식, 발전기식
- 교류아크용접기: 가동코일형, 가동철심형, 가포화 리액터형, 탭전환형

17
정답 ⑤

[덧쇳물=압탕=라이저의 역할]
- 주형 내 쇳물에 압력을 가해 조직이 치밀해진다.
- 금속이 응고할 때 수축으로 인한 쇳물 부족을 보충해 준다.
- 주형 내 공기를 제거하며, 쇳물 주입량을 알 수 있다.
- 주형 내 가스를 배출시켜 수축공 현상을 방지한다.
- 주형 내 불순물과 용제의 일부를 밖으로 내보낸다.

18
정답 ④

- 콜슨합금: $Cu-Ni$ 합금에 소량의 Si를 첨가한 것으로, 강도와 도전율이 우수하여 전화선, 통신선 등에 많이 사용된다. 또한, 담금질 시효경화가 크며, 일명 C합금이라고 불린다.

19
정답 ②

- 굵은 실선: 외형선
- 가는 실선: 치수선, 치수보조선, 지시선, 파단선
- 가는 1점 쇄선: 중심선, 기준선, 피치선
- 가는 파선: 숨은선
- 가는 2점 쇄선: 가상선, 무게중심선

20

정답 ③

[목형재료]
- 소나무: 재질이 연하고 가공하기 쉬우며, 값이 싸고 수축이 크며, 변형되기 쉽다.
- 전나무: 조직이 치밀하고 강하며, 건습에 대한 신축성이 작고, 비교적 값이 저렴하다.
- 미송: 재질이 연하고 값이 싸며, 구하기 쉽다.
- 벚나무: 재질이 치밀하고 견고하며, 균열이 적다.
- 박달나무: 질이 단단하고 질겨 작고 복잡한 형상의 목형용으로 적합다.
- 홍송: 정밀한 목형 제작 시 사용된다.

21

정답 ④

- 베인펌프: 회전자에 방사상으로 설치된 홈에 삽입된 베인이 캠링에 내접하여 회전하는 펌프
- 베인펌프 구성: 입/출구 포트, 캠링, 베인, 로터
- 베인펌프에 사용되는 유압유의 적정점도: $35\,\text{centistokes(ct)}$

참고
공동현상을 방지하려면 유압유의 점도는 $800\,\text{ct}$를 넘지 말아야 한다.

22

정답 ⑤

[KS 규격별 기호]

KS A	KS B	KS C	KS D	KS F	KS H	KS W
일반	기계	전기	금속	토건	식료품	항공

23

정답 ④

A급 화재	B급 화재	C급 화재	D급 화재	E급 화재	K급 화재
일반	유류	전기	금속	가스	식용유화재

24

정답 ④

[직접측정, 비교측정, 간접측정]
- 직접측정: 버니어캘리퍼스, 하이트게이지, 마이크로미터
- 비교측정: 다이얼게이지, 미니미터, 옵티미터, 전기마이크로미터, 공기마이크로미터
- 간접측정: 사인바에 의한 각도 측정, 테이퍼 측정, 삼침법

25

정답 ⑤

[KS규격]
- 온도: 20 [℃]
- 기압: 760 [mmhg](표준대기압)
- 습도: 58 [%]

26

정답 ⑤

[게이지 종류]
- 와이어게이지: 철강선의 굵기 및 강판의 두께를 측정하는 데 사용
- 센터게이지: 나사깎기 바이트의 각도를 측정하는 데 사용
- 반지름게이지: 일감의 모서리 부분에 있는 라운딩 부분을 측정하는 데 사용
- 틈새게이지: 조립 시 부품 사이의 틈새를 측정하는 데 사용
- 하이트게이지: 높이 측정 및 금긋기에 사용(종류: HM, HB, HT)

27

정답 ④

[배관 부속장치]
- 소켓: 배관의 길이를 연장하기 위해 사용
- 티: 배관을 분리시킬 때 사용
- 레듀서: 배관을 지름을 변경할 때 사용
- 니플: 엘보, 소켓, 레듀서, 티 등을 연결할 때 사용
- 엘보: 배관의 흐름을 90도 바꾸어 주는 데 사용

28

정답 ⑤

[화재의 종류]
- A급 화재: 일반 화재로 연소 후 재를 남기는 화재. 목재, 종이, 플라스틱, 섬유 등으로 만들어진 각종 생활용품 등이 타는 화재(소화기 색깔: 백색)
- B급 화재: 유류 화재로 연소 후 아무것도 남기지 않는 화재. 휘발유, 경유, 알코올 등 인화성 액체에 대한 화재(소화기 색깔: 황색)
- C급 화재: 전기 화재로 전기가 공급되는 상태에서 발생된 화재. 전기적 절연성을 가진 소화약제로 소화해야 하는 화재(소화기 색깔: 청색)
- D급 화재: 금속 화재로 건조사 피복에 의한 소화를 해야 하는 화재(소화기 색깔: 무색)
- E급 화재: 가스 화재로 LPG, LNG, 도시가스로 인한 화재
- K급 화재: 식용유 화재로 식물성 또는 동물성 기름 및 지방 등의 가연성 튀김기름으로 인한 화재

29

- **셔틀밸브**: 출구 측 포트는 2개의 입구 측 포트관로 중 고압 측과 자동적으로 접속되며, 동시에 저압 측 포트를 막아 항상 고압 측의 유압유만을 통과시킨다.
- **스플밸브**: 매뉴얼밸브라고 하며, 하나의 축 상에 여러 개의 밸브 면을 두어 직선운동으로 유로를 구성하여 오일의 흐름 방향을 변환시킨다.
- **체크밸브**: 한 방향의 유동만을 허용하여 역류를 방지한다. (역지밸브)
- **전환밸브**: 유압회로에서 기름의 방향을 제어하는 밸브이다.
- **포핏밸브**: 밸브 몸체가 밸브시트의 시트 면에 직각 방향으로 이동하는 형식의 소형 밸브로, 구조가 간단하며, 짧은 거리에서 밸브를 개폐할 수 있다.

30

건도가 0.3이라는 것은 습증기 중 30 [%]는 건조포화증기이고, 70 [%]는 액체가 있다는 의미이다.

31

[유압작동유의 구비조건]
- 확실한 동력전달을 위해 비압축성이어야 한다. (비압축성이어야 밀어버린 만큼 그대로 밀리기 때문에 정확한 동력 전달이 가능하다.)
- 인화점과 발화점이 높아야 한다.
- 점도지수가 높아야 한다.
- 비열과 체적탄성계수가 커야 한다.
- 비중과 열팽창계수가 작아야 한다.
- 증기압이 낮고, 비등점이 높아야 한다.
- 소포성과 윤활성, 방청성이 좋아야 하며, 장기간 사용해도 안정성이 요구되어야 한다.

32

[유압 작동유에 공기가 혼입될 경우]
- 공동현상이 발생하며, 실린더의 작동 불량 및 숨돌리기 현상이 발생한다.
- 작동유의 열화가 촉진된다.
- 공기가 혼입됨으로 압축성이 증대되어 유압기기의 작동성이 떨어지게 된다.
- 윤활작용이 저하된다.

33

[유압 작동유의 점도가 너무 높은 경우]
- 동력손실증가로 기계효율의 저하, 소음이나 공동현상의 발생
- 내부마찰 증대에 의한 온도 상승, 유동저항의 증가로 인한 압력 손실의 증대
- 유압기기 작동이 불활발

[유압 작동유의 점도가 너무 낮은 경우]
- 기기 마모의 증대, 압력 유지 곤란
- 내부 오일 누설의 증대, 유압모터 및 펌프 등의 용적효율 저하

34
정답 ①

- **리벳의 재료**: 연강, 두랄루민, 알루미늄, 구리, 황동, 저탄소강, 니켈

[주철의 특징]
- 탄소함유량이 2.11~6.68 [%]이므로 용융점이 낮다. 따라서 녹이기 쉬워 틀에 넣고 복잡한 형상을 주조할 수 있다.
- 탄소 함유량이 많으므로 강, 경도가 큰 대신 취성이 발생한다. 즉, 인성이 작고 충격값이 작다. 따라서 단조가공 시 해머로 타격하게 되면 취성에 의해 깨질 위험이 있다.
- 압축 강도가 우수하여 공작기계의 베드, 브레이크 드럼 등에 사용된다.
- 취성이 있기 때문에 가공이 어렵지만, 주철 내 흑연이 절삭유의 역할을 하므로 절삭성은 우수하다.
- 마찰 저항이 우수하며, 마찰차의 재료로 사용된다.
- 주철은 취성으로 인해 리벳팅할 때 깨질 위험이 있으므로 리벳의 재료로 사용될 수 없다.

※ 단조를 가능하게 하려면 "가단(단조를 가능하게)주철을 만들어서 사용하면 된다."

35
정답 ①

[유압장치 특징]
- 입력에 대한 출력의 응답이 빠르다.
- 소형장치로 큰 출력을 얻을 수 있다.
- 자동제어 및 원격제어가 가능하다.
- 제어가 쉽고 조작이 간단하며, 유량 조절을 통해 무단 변속이 가능하다.
- 에너지의 축적이 가능하며, 먼지나 이물질에 의한 고장의 우려가 있다.

36
정답 ④

- **점도지수**: 점도의 온도 변화에 대한 비율을 수량적으로 표시한 것

※ 점도지수가 크면 클수록 온도 변화에 대한 점도변화가 작다는 것을 의미한다.

※ 점도지수 공식: $V_I = \dfrac{L-U}{L-H} \times 100$

37

정답 ②

[냉간가공, 열간가공]
- **냉간가공**: 재결정온도 이하에서 진행하는 가공으로, 치수 정밀도를 높이며, 깨끗한 가공면을 얻을 수 있고, 동시에 인장강도를 높일 수 있다. 다만, 인성 및 연신율은 감소된다.
- **열간가공**: 재결정온도 이상에서 진행하는 가공으로, 대부분의 금속은 재결정온도 이상에서 재결정이 완료되므로 무른 상태의 신결정이 생긴다. 따라서 성형하기가 쉽다. 그리고 가공경화가 되지 않는 특성으로 인해 작은 힘으로도 큰 변형을 요하는 가공은 주로 고온에서 실시된다.

38

정답 ④

[소성가공법 종류]
- **인발**: 금속의 봉이나 관을 다이에 넣어 축방향으로 통과시켜 외경을 줄이는 가공법
- **압출**: 재료를 컨테이너에 넣고 한쪽에서 압력을 가하여 압축시켜 가공하는 방법 (가래떡)
- **전조**: 전조공구를 사용하여 나사, 기어, 볼 등을 성형하는 가공법
- **압연**: 재료를 회전하는 2개의 롤러에 통과시키면서 연신하여 판의 두께를 줄이는 가공법
- **프레스가공**: 판과 같은 재료를 절단하거나 굽혀서 제품을 가공하는 방법

39

정답 ②

- **연성**: 가느다란 선으로 늘릴 수 있는 성질을 말한다.
- **인성**: 충격에 대한 저항 성질을 말한다. (인성＝충격값＝충격치)
- **전성**: 재료가 하중을 받으면 넓게 펼쳐지는 성질을 말한다.
- **경도**: 국부 소성 변형 저항성을 말한다.
- **강도**: 외력에 대한 저항력을 말한다.

40

정답 ⑤

불가시아크용접＝서브머지드용접＝잠호용접＝링컨용접＝유니언멜트＝자동금속아크용접

참고

[특수용접]
일렉트로슬래그용접, 테르밋용접, 고주파용접, 레이저용접, 플라즈마용접, 고상용접, 전자빔용접

[아크용접]
서브머지드용접, 불활성가스용접, 원자수소용접, 탄산가스용접, 스터드용접

41

정답 ⑤

- **프로젝션용접**: 전기저항용접에서 접합할 모재의 한쪽 판에 돌기를 만들어서 고정전극 위에 겹쳐놓고 가동

전극으로 통전과 동시에 가압하여 저항열로 가열된 돌기를 접합시키는 용접 방법

참고1
• 전기저항용접법 중 겹치기 용접: 점용접, 심용접, 프로젝션용접
• 전기저항용접법 중 맞대기 용접: 업셋용접, 플래시용접, 맞대기심용접

참고2
프로젝션용접의 돌기는 두께가 두껍고 열전도율이 큰 곳에 만든다.

42
정답 ④

[불림의 목적]
• A3, A cm보다 30~50도 높게 가열한 후, 공기 중에서 냉각하여 소르바이트 조직을 얻는다.
• 강의 표준조직을 얻는다.
• 조직을 미세화하며 내부응력을 제거한다.

※ 상온 가공 후, 인성을 향상시키는 것은 풀림에 가깝다.

43
정답 ①

[베어링 합금 구비조건]
• 충분한 점성과 인성을 가질 것
• 마찰계수가 작고 저항력이 클 것
• 하중에 견딜 수 있는 내압력과 경도를 지닐 것
• 열전도율이 클 것(열을 발산시켜 과열을 방지할 수 있기 때문)
• 주조성과 절삭성이 우수할 것

44
정답 ④

[주물사의 구비조건]
• 적당한 강도와 통기성이 좋을 것
• 주물 표면에서 이탈이 용이할 것＝붕괴성이 우수할 것
• 알맞은 입도 조성과 분포를 가질 것
• 열전도성이 불량하여 보온성이 있을 것

45
정답 ⑤

[마텐자이트가 큰 경도를 갖는 원인]
• 초격자(규칙적인 격자 구조), 내부응력의 증가, 무확산 변태에 따른 체적 변화, 급냉

46
정답 ⑤

- **시퀀스밸브**: 주회로의 압력을 일정하게 유지하면서 조작의 순서를 제어하고 싶을 때 사용하는 밸브
- **감압밸브**: 유압회로에서 어떤 부분회로의 압력이 주회로의 압력보다 저압으로 만들어 사용하고자 할 때 사용하는 밸브
- **릴리프밸브**: 회로의 최고압력을 제한하는 밸브로서 과부하를 제거해 주고, 유압회로의 압력을 설정치까지 일정하게 유지시켜 주는 밸브
- **무부하밸브**: 회로 내 압력이 설정압력에 이르렀을 때 이 압력을 떨어뜨리지 않고 펌프송출량을 그대로 기름탱크에 되돌리기 위해 사용하는 밸브
- **카운터밸런스밸브**: 회로의 일부에 배압을 발생시키고자 할 때 사용하며, 한 방향의 흐름에는 설정된 배압을 주고 반대방향의 흐름을 자유흐름으로 만들어 주는 밸브

47
정답 ⑤

[뉴턴의 운동 제2법칙]
- 힘과 가속도와 질량과의 관계를 나타낸 법칙으로, $F=ma$를 운동 방정식이라고 한다.
- 검사 체적에 대한 운동량 방정식의 근원이 되는 법칙이다.

48
정답 ③, ④

[플라이휠(관성차)의 역할]
- 큰 관성모멘트를 얻어 구동력을 일정하게 유지한다.
- 에너지를 비축한다.

49
정답 ④

- **원심주조법**: 회전하고 있는 주형에 쇳물을 부어 원심력으로 중공의 주물을 만드는 주조법

[원심주조법의 특징]
- 코어가 필요없고 치밀한 주물을 얻을 수 있다.
- 가스빼기가 좋아 수축공 및 기공의 발생이 적다.
- 조직이 미세화된다.
- 실린더 라이너 및 피스톤 링 제작에 사용된다.

50
정답 ③

[진원도 측정 방법]: 3점법, 반경법, 직경법

참고

[기어의 이 두께 측정 방법]: 오우어 핀법, 활줄, 걸치기

Memo

3회 실전 모의고사

1문제당 2점 / 점수 [   ]점

정답과 해설 P. 218

01 열역학 제3법칙에 대한 설명으로 옳은 것은?

① 절대 0도에서 계의 엔트로피는 항상 0이 된다.
② 에너지는 여러 형태를 취하지만 총 에너지양은 일정하다.
③ 하나의 열원에서 얻어진 열을 모두 일로 바꾸는 기관은 존재하지 않는다.
④ 고온 물체와 저온 물체가 만나면 열 교환을 통해 결국 온도가 같아진다.

02 글레이징에 대한 설명으로 옳지 못한 것은?

① 원주속도가 빠를 때 발생한다.
② 숫돌의 재질과 일감의 재질이 다를 때 발생한다.
③ 결합도가 클 때 발생한다.
④ 숫돌입자가 탈락하여 마멸에 의해 납작해진 현상을 말한다.

03 목재의 수분 함유량은 A~B [%]이며, 사용할 때에는 C [%] 이하로 건조시켜 사용한다. A+B+C를 모두 더하면 얼마인가?

① 60
② 70
③ 80
④ 90

04 공구의 경도와 피삭제의 경도와의 관계로 옳은 것은?

① 공구의 경도는 피삭제보다 약 1.5배 이상 커야 한다.
② 공구의 경도는 피삭제보다 약 2배 이상 커야 한다.
③ 공구의 경도는 피삭제보다 약 3배 이상 커야 한다.
④ 공구의 경도는 피삭제보다 약 4배 이상 커야 한다.

05 V-벨트의 영구신장률에 대한 설명으로 옳은 것은?

① V-벨트의 영구신장률은 0.4 [%] 이하이다.
② V-벨트의 영구신장률은 0.5 [%] 이하이다.
③ V-벨트의 영구신장률은 0.6 [%] 이하이다.
④ V-벨트의 영구신장률은 0.7% 이하이다.

06 표면적이 2 [m²]이고 표면 온도가 60 [℃]인 교체 표면을 20 [℃]의 공기 대류 열전달에 의해서 냉각한다. 평균 대류 열전달계수가 30 [W/m² · K]라고 할 때, 고체 표면의 열손실은 몇 [W]인가?

① 600
② 1200
③ 2400
④ 3600

07 냉각속도에 따른 담금질 조직의 연결이 잘못된 것은?

① 수중 냉각 — 마텐자이트
② 기름 냉각 — 트루스타이트
③ 공기 중 냉각 — 소르바이트
④ 노 중 냉각 — 페라이트

08 자동하중브레이크의 종류로 옳지 못한 것은?

① 웜브레이크
② 나사브레이크
③ 블록브레이크
④ 캠브레이크

09 지름에 비해 비교적 짧은 축으로 비틀림과 휨이 동시에 작용하나 주로 비틀림을 받는 축이다. 또한, 치수가 정밀하여 변형량이 적고 길이가 짧은 축으로 주로 공작기계의 주축으로 사용되는 축은 무엇인가?

① 차축
② 플렉시블축
③ 스핀들축
④ 전동축

10 노즐의 단면적이 70 [m²], 유속이 10 [m/s], 비체적이 7 [m³/kg]일 때, 질량유량은?

① 70 [kg/s]
② 100 [kg/s]
③ 140 [kg/s]
④ 210 [kg/s]

11 영구주형을 사용하는 주조법으로 옳지 <u>못한</u> 것은?

① 진공주조법　　　　　　　　　　② 슬러시주조법
③ 가압주조법　　　　　　　　　　④ 인베스트먼트법

12 제도의 모양 기호 중 C가 뜻하는 것은?

① 반경　　　　　　　　　　　　　② 두께
③ 직경　　　　　　　　　　　　　④ 모따기

13 두 원관 속을 기체가 미소한 압력차로 흐르고 있을 때, 이 압력차를 측정하려면 어떤 것을 사용해야 하는가?

① 로타미터　　　　　　　　　　　② 마이크로마노미터
③ 레이저도플러유속계　　　　　　④ 피토튜브

14 왕복운동을 회전운동으로 변환 또는 회전운동을 왕복운동으로 변환하는 기계요소는?

① 캠과 캠기구　　　　　　　　　　② 실린더
③ 크랭크축　　　　　　　　　　　④ 가솔린 기관

15 터빈의 역할로 올바른 것은?

① 속도에너지를 압력에너지로 바꾸어 준다.
② 열에너지를 기계에너지로 바꾸어 준다.
③ 유압에너지를 기계에너지로 바꾸어 준다.
④ 기계에너지를 전기에너지로 바꾸어 준다.

16 SI 기본 단위 7가지의 종류로 옳은 것은?

① A, K, N, mol, m, cd, kg
② A, K, mol, s, m, cd, rad
③ A, K, N, J, m, cd, kg
④ A, K, mol, s, m, cd, kg

17 도면에서 두 종류 이상의 선이 같은 장소에서 겹치게 되는 경우, 우선순위를 가장 옳게 서술한 것은?

① 외형선 > 절단선 > 숨은선 > 중심선 > 무게중심선 > 치수보조선
② 외형선 > 숨은선 > 무게중심선 > 중심선 > 절단선 > 치수보조선
③ 외형선 > 숨은선 > 절단선 > 중심선 > 무게중심선 > 치수보조선
④ 외형선 > 절단선 > 숨은선 > 무게중심선 > 중심선 > 치수보조선

18 흡수식냉동기 사이클을 구성하는 기기로 옳은 것은?

① 증발기, 흡수기, 압축기
② 증발기, 흡수기, 응축기
③ 증발기, 재생기, 기화기
④ 증발기, 응축기, 압축기

19 다음 중 기화에 관한 설명으로 옳은 것은?

① 고체가 액체로 변하는 과정을 융해라고 한다.
② 액체가 기체로 변하는 과정을 융해라고 한다.
③ 액체가 고체로 변하는 과정을 융해라고 한다.
④ 고체가 기체로 변하는 과정을 융해라고 한다.

20 나사의 각부 명칭에 대한 설명으로 옳지 <u>못한</u> 것은?

① 피치는 나사산과 나사산의 거리이다.
② 비틀림각과 리드각을 더하면 180°가 된다.
③ 리드는 나사가 1회전하여 축방향으로 나아간 거리를 말한다.
④ 유효지름은 수나사와 암나사가 접촉하고 있는 부분의 평균지름이다.

21 연삭숫돌을 사용하는 작업의 경우, 작업을 시작하기 전에는 최소 몇 분 이상 시운전을 실시해야 하는가?

① 1분 이상

② 2분 이상

③ 3분 이상

④ 4분 이상

22 고속도강에 대한 설명으로 옳지 <u>못한</u> 것은?

① 고속도강의 절삭속도는 초경합금의 절삭속도의 1/4배이다.

② 550~580도에서 뜨임의 목적은 2차 경화로 불안정한 탄화물을 형성해 경화시키는 것이다.

③ 표준 고속도강의 구성은 W(18 %)−Cr(4 %)−V(1 %)−C(0.8 %)이다.

④ 고속도강의 풀림온도는 1260~1300도이다.

23 용도 별 탄소강의 분류시 KS재료 기호 중 리벳용 압연강재는 무엇인가?

① SV

② SS

③ SBB

④ SWS

24 절대 온도가 0에 접근할수록 순수 물질의 엔트로피는 0에 근접한다는 법칙은?

① 열역학 제0법칙

② 열역학 제1법칙

③ 열역학 제2법칙

④ 열역학 제3법칙

25 벤츄리미터에 대한 설명으로 옳지 <u>못한</u> 것은?

① 압력강하를 사용하여 유량을 측정하는 대표적 기구이다.

② 오리피스와 원리가 비슷하나, 압력강하는 오리피스가 더 크다.

③ 벤츄리미터 상류 원뿔은 유속이 증가되면서 이 압력강하로 유량을 측정한다.

④ 벤츄리미터 하류 원뿔은 유속이 감소되면서 원래 압력의 80 [%]가 회복된다.

26 오리피스가 벤츄리미터보다 압력강하가 더 큰 이유는?

① 오리피스는 예리하여 하류 유체 중에 Free-flowing Jet을 형성하기 때문
② 오리피스는 예리하여 상류 유체 중에 Free-flowing Jet을 형성하기 때문
③ 오리피스는 예리하여 하류 유체 중에 Free-flowing Jet을 형성하지 않아서
④ 오리피스는 예리하여 상류 유체 중에 Free-flowing Jet을 형성하지 않아서

27 압력 강하를 거의 일정하게 유지하면서 유체가 흐르는 유로의 단면적이 유량에 따라 변하도록 하며 Float의 위치로 유량을 직접 측정할 수 있는 것은?

① 체적식 유량계
② 면적식 유량계
③ 비중식 유량계
④ 온도식 유량계

28 축에 응력집중이 생겼을 때 응력집중계수는 무엇과 무엇에 영향을 받는가?

① 재질과 작용하는 하중의 종류
② 노치의 형상과 재질
③ 노치의 형상과 작용하는 하중의 종류
④ 축의 중량과 재질

29 푸아송비와 관련된 설명으로 옳지 <u>못한</u> 것은?

① 일반적인 금속의 푸아송비는 0~0.5 사이이다.
② 코르크의 푸아송수는 0이다.
③ 푸아송비는 가로변형률/세로변형률이다.
④ 납의 푸아송비는 대략 0.43이다.

30 유압기기의 4대 요소로 옳지 <u>못한</u> 것은?

① 유압탱크
② 유압펌프
③ 오일탱크
④ 유압모터

31 길이 2 [m]인 강재에 인장력이 작용하여 강재의 길이가 4 [cm] 신장되었을 때, 강재의 변형률은 얼마인가?

① 0.015　　　　　　　　　　　　② 0.02

③ 0.025　　　　　　　　　　　　④ 0.03

32 재료시험 방법 중에서 재료의 연성능력을 측정하기 위해 시험하는 방법은?

① 피로시험　　　　　　　　　　② 비틀림시험

③ 크리프시험　　　　　　　　　④ 에릭슨시험

33 열간가공의 특징으로 옳지 <u>못한</u> 것은?

① 가공도가 커서 거친 가공에 적합하다.

② 성형하는 데 필요한 동력이 적게 든다.

③ 강력한 가공을 짧은 시간에 할 수 있다.

④ 열간가공의 마찰계수는 냉간가공의 마찰계수보다 작다.

34 피로파괴 및 S−N곡선에 대한 설명으로 옳지 <u>못한</u> 것은?

① 피로강도란 피로한도나 시간강도를 의미한다.

② S−N곡선에 있어서 수직부분의 응력은 피로한도 또는 내구한도라고 부른다.

③ 피로파괴는 반복하중을 가하여 항복응력보다 낮은 응력을 가해도 부서지는 것을 말한다.

④ S−N곡선 경사부분의 어느 반복수에 있어서의 응력은 그 반복수 N에 있어서의 시간강도라고 부른다.

35 다음의 설명 중 옳지 <u>못한</u> 것은?

① 훅의 법칙은 비례한도 이내에서 응력과 변형률은 비례한다는 것을 말한다.

② 탄성계수의 단위는 변형률이 무차원량이므로 응력과 동일하다.

③ 세로탄성계수는 영률이라고도 불리운다.

④ 경강인 경우에는 비례한도와 탄성한도가 거의 일치한다.

36 인장력이 증가하지 않아도 강의 변화량이 현저히 증가하는 구간은?

① 네킹구간
② 비례구간
③ 변형경화 구간
④ 완전소성 구간

37 가죽, 목재 등을 다듬질할 때 사용하는 줄날의 형식은?

① 두줄날
② 홑줄날
③ 라스프줄날
④ 곡선줄날

38 방전가공의 종류로 옳지 <u>못한</u> 것은?

① 코로나가공
② 아크가공
③ 스파크가공
④ 기화가공

39 결정금속의 결함 중에서 불순물, 공공 등은 어떤 결함에 속하는가?

① 면결함
② 선결함
③ 점결함
④ 체적결함

40 KS 강재기호와 명칭을 분류한 것으로 옳지 <u>못한</u> 것은?

① SK : 자석강
② SEH : 내열강
③ DC : 구상흑연주철품
④ SBB : 일반구조용 압연강재

41 풀림의 목적으로 알맞지 <u>않은</u> 것은?

① 재질의 연화
② 내부응력 제거
③ 기계적 성질 개선
④ 주조 시 결정조직 미세화

42 탄소강에서 탄소량이 많아지면 나타나는 현상으로 알맞은 것은?

① 충격값 저하, 연신율 저하
② 경도 저하, 연신율 증가
③ 충격값 증가, 연신율 증가
④ 전기저항 감소, 연신율 감소

43 니켈에 대한 특징으로 옳지 <u>못한</u> 것은?

① 담금질성을 증대시킨다.
② 페라이트 조직을 안정화시키며, 자기변태와 동소변태가 동일한 온도에서 시작된다.
③ 특수강에 첨가하면 강인성, 내식성, 내산성을 증가시킨다.
④ 자기변태점은 358도이며, 그 온도 이상이 되면 상자성체에서 강자성체로 변한다.

44 주철의 성장에 관한 설명으로 옳지 않은 것은?

① 주철의 성장을 방지하려면 C, Si량을 적게 한다.
② 주철의 성장은 고용 원소인 Si의 산화가 발생하여 산화막이 생기기 때문에 일어난다.
③ 주철의 성장을 방지하려면 Si 대신 내산화성이 큰 Ni로 치환한다.
④ 탄화안정화원소인 Cr, Mn, Mo, V 등을 첨가하여 펄라이트 중의 Fe_3C 분해를 막는다.

45 실루민이 시효경화성이 <u>없는</u> 이유는 무엇인가?

① 자연시효가 가능하기 때문
② 내부의 원자 확산이 잘 안되기 때문
③ 장시간 방치해도 경화되기 때문
④ 인공시효가 가능하기 때문

46 알루미늄 방식법 중 양극 산화처리법에 해당하는 것을 모두 고르면?

(가) 수산법	(나) 황산법
(다) 염산법	(라) 크롬산법

① (가), (나)

② (나), (다)

③ (가), (나), (라)

④ (나), (다), (라)

47 다음 중 무차원수는 무엇인가?

① 밀도

② 비중

③ 비중량

④ 비체적

48 정압 하에서 0 [℃]의 가스 3 [m³]를 273 [℃]로 높일 경우 체적[m³]의 변화는?

① 2

② 3

③ 4

④ 6

49 주철에 나타나는 흑연 기본 형상을 모두 고르면?

(가) 공정상	(나) 괴상
(다) 성상	(라) 응집상

① (가), (나)

② (나), (라)

③ (나), (다),(라)

④ (가), (나), (다), (라)

50 냉동기가 시간당 50000 [kcal]의 열을 제거한다면 냉동기는 약 몇 냉동톤[RT]인가?

① 3.28 [RT]

② 7.64 [RT]

③ 12.04 [RT]

④ 15.06 [RT]

③ 회   실전 모의고사 **해설**

01	①	02	④	03	③	04	④	05	④	06	③	07	④	08	③	09	③	10	②
11	④	12	④	13	②	14	③	15	②	16	④	17	③	18	②	19	①	20	②
21	①	22	④	23	①	24	④	25	④	26	①	27	②	28	③	29	②	30	③
31	②	32	④	33	④	34	②	35	④	36	④	37	③	38	④	39	③	40	④
41	④	42	①	43	②,④	44	모두맞음	45	②	46	③	47	②	48	②	49	④	50	④

01 정답 ①

- **열역학 제0법칙**: 고온 물체와 저온 물체가 만나면 열교환을 통해 결국 온도가 같아진다. (열평형 법칙)
- **열역학 제1법칙**: 에너지는 여러 형태를 취하지만 총 에너지양은 일정하다. (에너지 보존 법칙)
- **열역학 제2법칙**: 하나의 열원에서 얻어진 열을 모두 일로 바꾸는 기관은 존재하지 않는다.
- **열역학 제3법칙**: 절대 0도에서 계의 엔트로피는 항상 0이 된다.

02 정답 ④

[글레이징]
- 숫돌 입자가 탈락하지 않고, 마멸에 의해 납작해진 현상을 말한다.
- 결합도가 클 때 발생한다. 그 이유는 결합도가 크면 자생 과정이 잘 발생하지 않아 입자가 탈락하지 않고 납작해진다.
- 숫돌의 원주속도가 빠를 때 발생한다. 원주속도가 빠르면 숫돌을 구성하는 입자들이 원심력에 의해 조밀 조밀모여 결합도가 강해지기 때문이다.

03 정답 ③

목재의 수분 함유량은 30~40 [%]이며 10 [%] 이하로 건조시켜 사용한다.

04 정답 ④

[공구재료의 구비조건]
- 공구 경도가 피삭제보다 4~5배 커야 한다.
- 공작물과의 친화성이 적어야 한다.
- 열처리성, 성형성이 우수해야 한다.
- 절삭저항, 충격, 진동 등에 견딜 수 있는 충분한 강도를 가지고 있어야 한다.

05

정답 ④

V−벨트의 영구신장률은 0.7 [%] 이하이다.

06

정답 ③

$Q = hA(t_w - t_f)$ ➡ $30 \times 2 \times 40 = 2400$ (t_w: 고체벽의 온도, t_f: 유체의 온도)

h는 대류 열전달계수로, 유체의 종류, 속도, 온도차, 유로의 형상, 흐름의 상태에 따라 달라진다.

07

정답 ④

[냉각속도에 따른 담금질 조직]
- 수중 냉각(급냉): 마텐자이트
- 기름 냉각(유냉): 트루스타이트
- 공기 중 냉각(공냉): 소르바이트
- 노 중 냉각(노냉): 펄라이트

08

정답 ③

[자동하중브레이크]
윈치나 크레인 등에서 큰 하중을 감아올릴 때와 같은 정상적인 회전은 브레이크를 작용하지 않고 하중을 내릴 때와 같은 반대 회전의 경우에 자동적으로 브레이크가 걸려 하중의 낙하속도를 조절하거나 정지시킨다.

- 자동하중브레이크의 종류: 웜, 나사, 원심, 로프, 캠, 코일 등이 있다.

09

정답 ③

- **차축**: 굽힘모멘트만 받는 축이며, 동력을 전달하지 않는다.
- **플렉시블축**: 축이 휠 수 있고, 철사나 강선을 코일 감은 것처럼 2~3중 감은 나사모양 축으로 축이 자유롭게 움직일 수 있으며, 직선축을 사용할 수 없을 때 사용한다.
- **스핀들축**: 주로 비틀림을 받으며 약간의 굽힘을 받는 축으로 지름에 비해 비교적 짧은 축으로 비틀림과 휨이 동시에 작용하나 주로 비틀림을 받는 축이다. 또한, 치수가 정밀하여 변형량이 적고 길이가 짧은 축으로, 주로 공작기계의 주축으로 사용된다.
- **전동축**: 굽힘과 비틀림을 모두 받는 축으로 동력을 전달할 수 있다.

[전동축의 종류]
- **주축**: 전동기(모터)로부터 직접 동력을 받는 축
- **선축**: 주축으로부터 동력을 받아 동력을 분배하는 축
- **중간축**: 선축으로부터 동력을 받아 각각의 기계로 동력을 분배하는 축

10

질량유량 [kg/s]＝밀도×단면적×속도,　비체적＝1/밀도

즉, 질량유량＝단면적×속도/비체적이므로, $70 \times 10/7 = 100$ [kg/s]이다.

11

[영구주형을 사용하는 주조법]

다이캐스팅, 가압주조법, 슬러시주조법, 원심주조법, 스퀴즈주조법, 반용융성형법, 진공주조법

[소모성 주형을 사용하는 주조법]

• 인베스트먼트법, 셸주조법 등

• 소모성 주형은 주형에 쇳물을 붓고 응고되어 주물을 꺼낼 때 주형을 파괴한다.

12

ϕ: 직경, C: 모따기, R: 반지름(반경), t: 두께

13

• 로타미터: 유량을 측정하는 기구로, 부자 또는 부표라고 하는 부품에 의해 유량을 측정한다.

• 마이크로마노미터: 두 원관 속을 기체가 미소한 압력차로 흐르고 있을 때, 이 압력차를 측정한다.

• 레이저도플러유속계: 유동하는 흐름에 작은 알갱이를 띄어 유속을 측정한다.

• 피토튜브: 국부유속을 측정할 수 있다.

참고
- -

• 벤츄리미터: 압력강하를 이용하여 유량을 측정하는 기구로, 가장 정확한 유량을 측정한다.

　– 상류 원뿔: 유속이 증가하면서 압력 감소, 이 압력 강하를 이용하여 유량을 측정한다.

　– 하류 원뿔: 유속이 감소하면서 원래 압력의 90 [%]를 회복시킨다.

• 피에조미터: 정압을 측정하는 기구이다.

• 오리피스: 오리피스는 벤츄리미터와 원리가 비슷하다. 다만, 예리하기 때문에 하류 유체 중 free－flowing jet을 형성하게 된다.

14

• 캠: 회전운동을 왕복운동으로 변환하는 기구

• 실린더: 내연기관 및 증기기관의 주요 구성품으로, 속이 빈 원통 모양의 것

• 크랭크축: 크랭크와 연결되어 왕복운동과 회전운동 사이의 변환을 수행(압축기, 내연기관)

• 가솔린기관: 오토사이클을 기반으로 불꽃점화를 통해 운전되는 기관

15

정답 ②

- 터빈: 열에너지 ➡ 기계에너지 ★
- 디퓨저: 속도에너지 ➡ 압력에너지 (압력수두 회복)
- 유압펌프: 기계에너지 ➡ 유압에너지

16

정답 ④

[SI 기본 단위 7가지]

A, K, mol, s, m, cd, kg

17

정답 ③

[겹치는 선 우선순위]

외형선 − 숨은선 − 절단선 − 중심선 − 무게중심선 − 치수보조선

18

정답 ②

- 흡수식 냉동기: 증발잠열과 리튬브로마이드라는 물질의 흡수성을 이용하여 물이 증발할 때 온도가 내려가는 성질로 냉방을 하는 냉동기
- 흡수식 냉동기 사이클을 구성하는 기기: 증발기, 흡수기, 응축기, 재생기
- 흡수식 냉동기 냉매 순환 경로: 증발기 → 흡수기 → 열교환기 → 재생기 → 응축기 → 증발기

19

정답 ①

- 기화: 액체 상태 → 기체 상태
- 액화: 기체 상태 → 액체 상태
- 응고: 액체 상태 → 고체 상태
- 승화: 고체 상태 → 기체 상태 또는 기체 상태 → 고체 상태
- 융해: 고체 상태 → 액체 상태

20

정답 ②

- 피치는 나사산과 나사산의 거리
- 비틀림각과 리드각을 더하면 90도가 된다.
- 리드는 나사가 1회전하여 축방향으로 나아가는 거리
- 유효지름은 수나사와 암나사가 접촉하고 있는 부분의 평균지름

21

정답 ①

[산업안전보건기준]
- 지름이 50 [mm] 이상인 연삭숫돌이 근로자에게 위험을 미칠 우려가 있는 경우에는 그 부위에 덮개를 설치해야 한다.
- 작업을 시작하기 전에는 1분 이상 시운전을 해야 한다.
- 연삭숫돌을 교체한 후에는 3분 이상 시운전을 해야 한다.

22

정답 ④

- 초경합금의 절삭속도는 고속도강의 4배이다.
- 스텔라이트의 절삭속도는 고속도강의 2배이다.
- 고속도강의 담금질 온도(1차 경화)는 1260~1300도이다.
- 고속도강의 풀림 온도는 800~900도이다.
- 고속도강의 뜨임 온도(2차 경화)는 550~580도로 2차 경화로 불안정한 탄화물을 형성해 경화시키는 것이 목적이다.
- 고속도강의 일반적인 구성은 W(18%)−Cr(4%)−V(1%)−C(0.8%)이다.

23

정답 ①

[기계재료 표시기호]

SS	SWS	SV	SBB
일반구조용 압연강재	용접구조용 압연강재	리벳용 압연강재	보일러 및 압력용기용 탄소강
SF	SM	STC	SC
탄소단조품	기계구조용 탄소강	탄소공구강	탄소주강품

24

정답 ④

[열역학 제3법칙의 표현 2가지]
- 네른스트: 어떤 방법에 의해서도 물질의 온도를 절대 0도까지 내려가게 할 수 없다.
- 플랑크: 모든 물질이 열역학적 평형상태에 있을 때 절대온도가 0에 가까워지면 엔트로피도 0에 가까워진다.

25

정답 ④

- 벤츄리미터: 압력강하를 이용하여 유량을 측정하는 기구로, 가장 정확한 유량을 측정한다.
  - 상류 원뿔: 유속이 증가하면서 압력 감소, 이 압력 강하를 이용하여 유량을 측정한다.
  - 하류 원뿔: 유속이 감소하면서 원래 압력의 90[%]를 회복시킨다.

26

정답 ①

오리피스는 벤츄리미터와 원리가 비슷하지만 예리하기 때문에 하류 유체 중에 Free-flowing jet을 형성한다. 이 jet으로 인해 벤츄리미터보다 오리피스의 압력 강하가 더 크다.

27

정답 ②

• 면적식 유량계: 압력 강하를 거의 일정하게 유지하면서 유체가 흐르는 유로의 단면적이 유량에 따라 변하도록 하며, Float의 위치로 유량을 직접 측정한다.
  (웹 로타미터: 유량을 측정하는 기구로, 부자 또는 부표라고 하는 부품에 의해 유량을 측정한다.)

28

정답 ③

응력집중계수에 영향을 주는 것은 노치의 형상 및 작용하는 하중의 종류이다.
재질은 아무 상관이 없다.
※ 다만, 상용회전하는 축의 응력집중계수는 재질과 관련이 있다.

29

정답 ②

코르크의 푸아송비는 0이다. 푸아송수는 푸아송비의 역수이기 때문에 코르크의 푸아송수는 무한대가 된다.
참고로 고무는 푸아송비가 0.5이므로 체적 변화가 거의 없는 재료이다.

30

정답 ③

[유압장치의 구성]
• 유압발생부(유압을 발생시키는 곳): 오일탱크, 유압펌프, 구동용전동기, 압력계, 여과기
• 유압제어부(유압을 제어하는 곳): 압력제어밸브, 유량제어밸브, 방향제어밸브
• 유압구동부(유압을 기계적인 일로 바꾸는 곳): 엑추에이터[유압실린더, 유압모터]

• 유압기기의 4대 요소: 유압탱크, 유압펌프, 유압밸브, 유압작동기(액추에이터)
• 부속기기: 축압기(어큐뮬레이터), 스트레이너, 오일탱크, 온도계, 압력계, 배관, 냉각기 등

31

정답 ②

$\varepsilon = \lambda/L$이므로, $4/200 = 0.02$

32

정답 ④

[시험방법]
• 피로시험: 반복하중을 가했을 때, 파괴되기까지의 반복횟수를 구해서 피로한도를 구한다.

- 비틀림시험: 재료에 비틀림을 가해 전단응력을 측정한다.
- 크리프시험: 고온에서 연성재료에 정하중을 가했을 때, 시간에 따라 재료가 변형되는 현상을 측정한다.
- 에릭센시험: 얇은 금속판재의 변형 능력을 측정하는 시험으로 즉, 연성능력을 측정한다. (=커핑시험)

33
정답 ④

[열간가공 설명]

열간가공은 재결정온도 이상으로 한 후, 가공하는 것을 말한다. 즉, 이미 재결정이 이루어졌기 때문에 신결정이 생겼을 것이다. 신결정은 굉장히 무른 상태이다. 그렇기 때문에 재결정이 이루어지면 재료의 강도는 저하되고 연성이 증가되는 것이다. 따라서 무른 상태이기 때문에 가공도가 커서 거친 가공에 적합하고, 동력이 적게 들며, 짧은 시간에 가공이 이루어질 수 있다.

또한, 열간가공의 경우는 높은 온도에서 가공하기 때문에 표면의 산화가 발생한다. 따라서 열간가공의 마찰계수가 냉간가공보다 더 크게 된다.

34
정답 ②

S−N곡선에서 수평부분의 응력을 내구한도 또는 피로한도라고 한다. [S: 응력, N: 반복횟수]

반복횟수는 $10^6 \sim 10^7$

35
정답 ④

훅의 법칙($\sigma = \varepsilon E$)은 비례한도 내에서 응력과 변형률이 비례한다는 법칙이며, 탄성계수 단위는 변형률은 무차원량이기 때문에 응력과 같은 단위를 가지게 된다. 또한, 세로탄성계수는 영률을 말한다.

※ 연강의 경우는 비례한도와 탄성한도가 거의 일치!

36
정답 ④

- 비례구간: 선형구간이라고도 하며, 응력과 변형률이 비례하는 구간으로, 훅의 법칙이 된다. 또한, 이 구간의 기울기가 탄성계수 E이다.
- 변형경화: 결정구조 변화에 의해 저항력이 증대되는 구간이다.
- 완전소성: 인장력이 증가하지 않아도 강의 변화량이 현저히 증가하는 구간이다.
- 네킹구간: 단면 감소로 인해 하중이 감소하는데도 불구하고 인장하중을 받는 재료는 계속 늘어나는 구간이다.

37
정답 ③

[줄날의 형식]

- 단목(홑줄날): 납, 주석, 알루미늄 등 연한 금속을 다듬질할 때
- 복목(두줄날): 일반다듬질용

- 귀목(라스프줄날): 목재, 가죽 등을 다듬질할 때
- 파목(곡선줄날): 특수 다듬질할 때

📎 암기법 ··········
- 난 (일)(복)이 많다. (특)(파)원으로서
- 귀목은 귀를 생각하십시오. 귀는 가죽처럼 말랑말랑합니다. 나머지 단목!

38 정답 ④

- 방전가공의 종류: 코로나가공, 아크가공, 스파크가공

📎 암기법 ··········
(코) (아)파 (스)발!

39 정답 ③

점결함	선결함	면결함	체적결함
공공, 불순물, 침입원자, 이온쌍공극, 치환이온	전위	결정립계, 적층결함, 상경계	기공, 개재물, 균열, 다른 상

40 정답 ④

SM	GC	STC	SBV	SC	SS
기계구조용 탄소강	회주철	탄소공구강	리벳용 압연강재	주강품	일반구조용 압연강재
SKH, HSS	SWS	SK	WMC	SBB	SF
고속도강	용접구조용 압연강재	자석강	백심가단주철	보일러용 압연강재	단조품
BMC	STS	SPS	DC	SNC	SEH
흑심가단주철	합금공구강	스프링강	구상흑연주철	Ni-Cr 강재	내열강

41 정답 ④

④는 불림의 목적이다.
불림은 조직 미세화, 내부응력 제거, 탄소강 표준조직 얻기

- **풀림**: 강을 적당한 온도로 가열하여 일정시간 유지한 후, 노 속에서 냉각(노냉)을 하는 작업

42

[탄소량이 증가할 때 발생하는 현상]

• 경도 증가, 취성 증가, 비열 증가, 전기저항 증가
• 인성 감소, 충격값 감소, 연신율 감소, 열팽창계수 감소, 전기전도도 감소, 용융점 감소

※ 탄소량이 많아지면 주철에 가까워지므로 경도가 증가하게 되지만, 깨질 위험이 커져 취성이 증대된다. 즉, 취성이 증대된다는 의미는 인성이 감소된다는 의미이며, 인성이 감소된다는 것은 충격값이 저하된 다는 뜻과 동일하다. 그리고 기존 원자배열이 질서정연한 상태에서 탄소량이 증가하면 배열이 흐트러져 녹이기가 비교적 쉽기 때문에 용융점이 저하된다. 또한, 경도가 증가되었으므로 단단하여 변형이 잘 안 되니 연신율은 감소하게 된다.

이 문제에서 탄소는 불순물로 이해하는 것이 좋다. 불순물이 많아지면 전기가 잘 흐르지 못하니 전기저항 이 증가하게 될 것이다.

43

[니켈의 특징]

• 담금질성을 증가시키며, 특수강에 첨가하면 강인성, 내식성, 내산성을 증가시킨다.
• 자기변태점은 358도이며, 358도 이상이 되면 강자성체에서 상자성체로 변한다.
• 니켈은 동소변태를 하지 않고, 자기변태만 한다.
• 페라이트 조직을 안정화시킨다.

> 참고
> ---
> • 자기변태 원소: Fe, Ni, Co(각각의 자기변태온도는 768도, 358도, 1150도)
> • 동소변태 원소: Fe, Co, Sn, Ti, Zr, Ce

44

• 주철의 성장: A1 변태점 이상에서 가열과 냉각을 반복하면 주철의 부피가 커지면서 팽창하여 균열을 발 생시키는 현상

[주철의 성장 원인]

• 불균일한 가열에 의해 생기는 파열 팽창
• 흡수된 가스에 의한 팽창에 따른 부피 증가
• 고용 원소인 Si의 산화에 의한 팽창(페라이트 조직 중 Si 산화)
• 펄라이트 조직 중 Fe_3C 분해에 따른 흑연화에 의한 팽창

[주철의 성장 방지법]

• C, Si량을 적게 한다. Si 대신 내산화성이 큰 Ni로 치환한다.(Si는 산화하기 쉽다.)

- 편상흑연을 구상흑연화시킨다.
- 흑연의 미세화로 조직을 치밀하게 한다.
- 탄화안정화원소(Cr, V, Mo, Mn)를 첨가하여 펄라이트 중의 Fe_3C 분해를 막는다.
※ 탄화안정화원소: Cr, V, Mo, Mn

📎 암기법 --
Cr, V, Mo, Mn [크바몰방]

45
정답 ②

[실루민]
- Al−Si계 합금
- 공정반응이 나타나고, 절삭성이 불량하며, 시효경화성이 없다.

[실루민이 시효경화성이 없는 이유]
일반적으로 구리(Cu)는 금속 내부의 원자 확산이 잘 되는 금속이다. 즉, 장시간 방치해도 구리가 석출되어 경화가 된다. 따라서 구리가 없는 Al−Si계 합금인 실루민은 시효경화성이 없다.

Tip --
구리가 포함된 합금은 대부분 시효경화성을 가지고 있다고 보면 된다.

46
정답 ③

[알루미늄 방식 법 중 양극산화처리법]
- 금속의 표면처리법의 하나로 알루마이트법이라고도 불린다. 알루미늄을 수산, 황산, 크롬산 등의 용액에 담궈 양극으로 하고 전해하면 양극 산화로 인해 알루미늄 표면에 양극산화피막이 생성된다. 이에 따라 알루미늄 내식성이 향상될 뿐만 아니라 표면 경도도 향상된다.
- 알루미늄에 많이 적용되고, 여러 색상의 유기염료를 사용하여 소재 표면에 안정되고 오래가는 착색피막을 형성하는 표면처리방법이다.
- **수산법**: 알루미늄 표면에 황금색 경질 피막을 형성하는 방법

47
정답 ②

무차원수란 단위가 모두 생략되어 단위가 없는 즉, 차원이 없는 수를 말한다.
(**예** 변형률, 비중, 마하수, 레이놀즈 수 등)

48
정답 ②

$PV = mRT$에서 정압이므로 P는 버린다.

➡ $V=mRT$에서, mR은 문제에서 일정한 상수이므로 $V/T=$Constant가 된다.

즉, $\dfrac{V_1}{T_1}=\dfrac{V_2}{T_2}=\dfrac{3}{273}=\dfrac{V_2}{546}$ $V_2=6$이므로 $\varDelta V=3\ [\text{m}^3]$

49
정답 ④

[주철에 나타나는 흑연 기본 형상]

편상, 성상, 유충상, 응집상, 괴상, 구상, 공정상, 장미상 등

50
정답 ④

$\dfrac{50,000}{3,320}=15.06\ [\text{RT}]$

• 1냉동톤 정의: 0도의 물 1 [ton]을 24시간 이내에 0도의 얼음으로 바꾸는 데 제거해야 할 열량 및 그 능력
• 1냉동톤(RT): 3320 [kcal/hr]$=3.86$ [kW]
• 1미국냉동톤(USRT): 3024 [kcal/hr]
• 1제빙톤: 1.65 [RT]

Memo

4회 실전 모의고사

1문제당 2점 / 점수 [   ]점

정답과 해설 P. 240

01 1 [atm]하에서 건도 30 [%]인 습증기를 같은 압력의 건포화증기로 만드는 데 필요한 공급 열량을 구하시오. (단, 증발잠열은 600 [kcal]라고 가정한다.)

① 18 [kcal]   ② 180 [kcal]
③ 42 [kcal]   ④ 420 [kcal]

02 부력에 관한 설명으로 옳지 <u>않은</u> 것은?

① 물체에 따라서 물에 뜨거나 잠기는 것은 부력의 차이 때문이다.
② 액체에 잠긴 물체에 작용하는 부력은 물체를 제외한 액체의 무게와 같다.
③ 어떤 물체를 물, 수은, 알코올 속에 각각 일부만 잠기게 넣었다고 가정하면, 물에 넣었을 때의 부력이 가장 크다.
④ 물체가 유체 속에 잠겨 있을 때, 중력의 반대 방향으로 물체를 밀어 올리려는 힘이다.

03 열전달 면적이 A이고 온도 차이가 10 [℃], 벽의 열전도율이 10 [W(m · K)], 두께 25 [cm]인 벽을 통한 열류량은 100 [W]이다. 동일한 열전달 면적에서 온도 차이가 2배, 벽의 열전도율이 4배가 되고 벽의 두께가 2배가 되는 경우, 열류량은 약 몇 [W]인가?

① 50   ② 200
③ 400   ④ 800

04 반경이 10 [cm]인 비눗방울의 내부초과압력이 5 [kgf/m²]일 때, 표면장력 σ는 몇 [kgf/m]인가?

① 0.0625 [kgf/m]   ② 0.125 [kgf/m]
③ 0.375 [kgf/m]   ④ 0.5 [kgf/m]

05 전체 질량이 2000 [kg]인 자동차의 속력을 4초 만에 시속 36 [km]에서 72 [km]로 가속하는 데 필요한 동력은 몇 [kW]인가?

① 36   ② 144
③ 75   ④ 288

06 그림과 같은 단순보에 20 [N], 40 [N]의 집중하중이 작용하고 있다. 이때, C점의 굽힘모멘트는? (단, AC=4 [m], CD=8 [m], BD=4 [m])

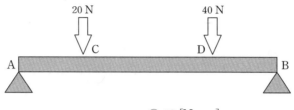

① 25 [N·m]　　　　　　　　　　② 50 [N·m]
③ 100 [N·m]　　　　　　　　　　④ 200 [N·m]

07 주물 제품의 결함 중 기공의 발생 원인으로 옳지 <u>못한</u> 것은?

① 용탕에 흡수된 가스
② 주형과 코어에서 발생하는 수증기
③ 쇳물의 응고로 인한 수축
④ 주형 내부의 공기

08 야구공, 골프공 등 회전운동을 가하면 공이 커브를 이루는 것은 양력으로 인해 발생하는 것이다. 이것과 관련된 것은?

① 뉴턴의 제2법칙
② 쿠타-쥬코프스키의 정리
③ 나비에-스토크스 법칙
④ 베르누이 법칙

09 주소의 의미를 <u>잘못</u> 설명한 것은?

① G00 ― 위치보간
② M06 ― 공구교환
③ M08 ― 절삭유 공급 off
④ G32 ― 나사절삭기능

10 여러 공구에 대한 용도와 특징으로 옳지 <u>못한</u> 것은?

① 하이트게이지: 높이 측정 및 금긋기에 사용하며, 종류는 HT, HA, HM형이 있다.
② 스크레이퍼: 더욱더 정밀한 평면으로 다듬질할 때 사용한다.
③ 서피스게이지: 금긋기 및 중심내기에 사용한다.
④ 블록게이지: 길이측정의 기준으로 사용한다.

11 선반의 부속공구 중 척으로 고정할 수 <u>없는</u> 큰 공작물이나 불규칙한 일감을 고정시킬 때 이용하는 장치는?

① 센터(Center)
② 면판(face plate)
③ 맨드릴(mandrel)
④ 돌림판(driving plate)

12 자유단조의 특징으로 옳지 <u>않은</u> 것은?

① 금형을 사용하지 않는다.
② 제품의 형태가 간단하다.
③ 정밀한 제품에 적합하다.
④ 눌러붙이기는 자유단조의 작업 중 하나이다.

13 IT 기본공차는 몇 등급으로 되어 있는가?

① 18등급
② 19등급
③ 20등급
④ 21등급

14 소성이 큰 재료에 압력을 가하여 다이의 구멍으로 밀어내는 작업으로, 일정한 단면의 제품을 만드는 가공법은?

① 단조
② 전조
③ 압연
④ 압출

15 주물 결함 중 기공의 방지책에 대한 설명으로 옳지 <u>못한</u> 것은?

① 덧쇳물을 붙여서 쇳물의 부족을 보충한다.
② 쇳물 주입 온도를 필요 이상으로 높게 하지 않는다.
③ 주형의 통기성을 좋게 한다.
④ 쇳물 아궁이를 크게 한다.

16 산소-아세틸렌가스 용접에서 프랑스식 팁 300번의 1시간당 아세틸렌 소비량은 몇 L인가?

① 100 　　　　　　　　　　　　　　② 150
③ 300 　　　　　　　　　　　　　　④ 450

17 바하의 축 공식에 따르면 축의 길이 1 [m]에 대해 처짐을 몇 [mm] 이내로 오도록 설계해야 하는가?

① 33 [mm] 　　　　　　　　　　　② 0.33 [mm]
③ 3.3 [mm] 　　　　　　　　　　　④ 0.033 [mm]

18 황동의 열전도율은 아연 함유량이 몇 [%]일 때 최대가 되는가?

① 4 [%] 　　　　　　　　　　　　　② 20 [%]
③ 50 [%] 　　　　　　　　　　　　　④ 70 [%]

19 다음 중 체력(Body Force)의 종류가 <u>아닌</u> 것은?

① 전기력 　　　　　　　　　　　　② 탄성력
③ 관성력 　　　　　　　　　　　　④ 표면장력

20 그림은 무슨 용접인가?

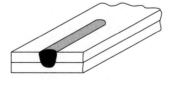

① 전자빔용접 　　　　　　　　　　② 플러그용접
③ 필렛용접 　　　　　　　　　　　④ 슬롯용접

21 NC 프로그램에서 사용하는 코드들에 대한 설명으로 옳은 것은?

① G코드는 NC장치의 보조기능 코드이다.
② N코드는 주어진 공정에 대한 반복 가공수를 지정하는 코드이다.
③ S코드는 주축 회전수를 지정하는 코드이다.
④ F코드는 절삭 속도를 지정하는 코드이다.

22 유압펌프의 고장 원인으로 옳지 <u>못한</u> 것은?

① 오일이 토출되지 않는다.
② 소음 및 진동이 크다.
③ 오일의 압력이 과대하다.
④ 유량이 부족하다.

23 칩브레이커의 종류로 옳지 <u>못한</u> 것은?

① 각도형
② 홈달린형
③ 수직형
④ 평행형

24 다음 중 단위 환산에 대한 설명으로 옳지 <u>못한</u> 것은?

① $1\,[\text{kW}]=102[\text{kgf}\cdot\text{m/s}]$
② $1\,[\text{HP}]=76\,[\text{kgf}\cdot\text{m/s}]$
③ $1\,[\text{PS}]=632\,[\text{kcal}]$
④ $1\,[\text{PS}]=75\,[\text{kgf}\cdot\text{m/s}]$

25 수평배관에서 역류를 방지하는 밸브는 무엇인가?

① 스모렌스키 체크밸브
② 스윙식 체크밸브
③ 리프트식 체크밸브
④ 스프링식 안전밸브

26 액체인 경우, 동점성계수는 무슨 함수인가?

① 온도와 밀도
② 압력과 온도
③ 온도
④ 압력

27 엔트로피에 대한 설명으로 옳지 <u>못한</u> 것은?

① 가역 단열변화는 엔트로피 변화가 없다.
② 가역 현상이 존재할 수 없는 자연계에서는 엔트로피는 항상 증가한다.
③ 비가역 단열변화에서 엔트로피는 최초 상태와 최종 상태에 기인된다.
④ 비가역 단열변화에서 엔트로피는 상태 전보다 상태 후가 크다.

28 지그의 주요 구성요소가 <u>아닌</u> 것은?

① 로케이터
② 부시
③ 클램프
④ 가이드 플레이트

29 증기원동소의 각 과정을 옳게 나열한 것은?

① 보일러(정압가열) − 터빈(단열팽창) − 복수기(정적방열) − 급수펌프(단열압축)
② 보일러(정적가열) − 터빈(단열팽창) − 복수기(정적방열) − 급수펌프(단열압축)
③ 보일러(정압가열) − 터빈(단열압축) − 복수기(정압방열) − 급수펌프(단열팽창)
④ 보일러(정압가열) − 터빈(단열팽창) − 복수기(정압방열) − 급수펌프(단열압축)

30 서로 <u>다른</u> 두 금속이 2개의 접점을 갖고 붙어 있을 때, 전위차가 생기면서 열의 이동이 발생하는 것과 관련이 있는 것은?

① 갈바니 효과
② 제백 효과
③ 펠티어 효과
④ 줄톰슨 효과

31 전도에 대한 설명으로 옳지 못한 것은?

① 분자에서 분자로의 직접적인 열의 전달이다.
② 분자 사이의 운동 에너지의 전달이다.
③ 고체, 액체, 기체에서 발생할 수 있다.
④ 고체 내에서 발생하는 유일한 열전달이다.

32 모든 물질이 열역학적 평형상태에 있을 때 절대온도가 0에 가까워지면 엔트로피도 0에 가까워진다는 것을 표현한 것과 관련이 있는 것은?

① 네른스트의 열역학 제3법칙
② 플랑크의 열역학 제3법칙
③ 클라우지우스의 열역학 제3법칙
④ 나비에의 열역학 제3법칙

33 한 변의 길이가 a인 정사각형관의 수력반경은?

① a ② $2a$
③ $a/2$ ④ $a/4$

34 물체가 스프링에 수직으로 매달려서 1 [Hz]의 주파수와 10 [mm]의 진폭으로 진동한다. 물체가 정적평형지점(변위$=0$ [mm]인 지점)을 통과한 후, 0.5초 경과된 시점의 변위 [mm]와 진동수 [rad/s]로 옳은 것은? (단, 원주율은 3)

① 0, 6   ② 5, 3
③ 0, 3   ④ 10, 6

35 안쪽 표면과 바깥 표면의 온도가 각각 30 [℃]와 5 [℃]인 벽을 통한 두께 방향 일차원 열유속이 50일 때, 벽의 두께는 몇 [mm]인가? (단, 벽의 열전도율은 0.05 [W/m·K])

① 0.025   ② 0.05
③ 25   ④ 50

36 표준 평기어의 중심거리가 240 [mm]이고 모듈이 4일 때, 회전비가 1/2로 감속된다면 두 기어의 잇수의 차이는 몇 개인가?

① 20   ② 40
③ 60   ④ 80

37 중앙에 무게 W의 회전체가 있는 축이 있다. 이 회전체의 무게를 1/2배로 감소시키고 축의 길이 및 축의 단면 2차 모멘트를 각각 4배로 증가시킨다면 축의 위험속도는 어떻게 되는가? (단, 축의 자중은 무시)

① 2배 증가
② $\sqrt{2}$배 증가
③ 1/2배 감소
④ $1/2\sqrt{2}$배 감소

38 5 [m/s]의 속도로 전동되고 있는 평벨트의 긴장측의 장력이 500 [N]이고, 이완측의 장력이 300 [N]이라면 전달하고 있는 동력은 몇 [PS]인가?

① 0.36
② 1
③ 1.36
④ 2

39 다음 용접 기호 중에서 플러그 용접은 무엇인가?

(가) (나) (다) (라)

① (가)
② (나)
③ (다)
④ (라)

40 30000 [kgf · mm]의 비틀림모멘트와 40000 [kgf · mm]의 굽힘모멘트를 동시에 받는 축의 상당 굽힘모멘트는 약 몇 [kgf · mm]인가?

① 45000
② 55000
③ 70000
④ 90000

41 길이가 0.5 [m]이고, 직경이 10 [mm]인 원형단면봉이 수직하중만 받고 있으며, 이때의 응력이 σ이다. 원형단면봉의 길이를 1 [m]로 늘리고 직경을 5 [mm]로 줄였을 때, 수직응력으로 옳은 것은? (단, 동일한 하중 조건)

① 2σ
② 4σ
③ $\frac{1}{4}\sigma$
④ $\frac{1}{2}\sigma$

42 효율이 40 [%]인 윈치가 50 [kN]의 화물을 24 [m] 올리는 데 2분이 걸렸다. 윈치의 소요동력은 몇 [kW]인가?

① 4

② 10

③ 25

④ 28

43 두께 10 [mm], 직경 2.5 [m]의 원통형 압력용기가 있다. 용기에 작용하는 최대 내부 압력이 1200 [kPa]일 때, 용기에 작용하는 최대전단응력은 얼마인가?

① 75 [MPa]

② 150 [MPa]

③ 37.5 [MPa]

④ 300 [MPa]

44 10 [m/s]의 속도로 30 [kW]의 동력을 전달하는 평벨트 전동장치가 있다. 긴장측 장력이 이완측 장력의 4배일 때, 긴장측 장력과 유효 장력을 옳게 짝지은 것은? (단, 벨트에 작용하는 원심력은 무시)

	긴장측 장력	이완측 장력
①	1000 [N]	2000 [N]
②	2000 [N]	1000 [N]
③	1000 [N]	4000 [N]
④	4000 [N]	1000 [N]

45 질량이 다른 공 A와 B가 일직선 상에서 각각 20 [m/s], 10 [m/s]의 속도로 우측으로 이동하고 있다. 그렇다면 공 A와 B가 충돌한 후, 두 공의 속도로 옳은 것은? (단, 모든 마찰은 무시하며, 반발계수는 0.7, A의 질량은 15 [kg], B의 질량은 5 [kg])

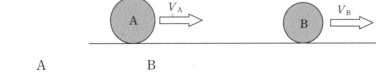

	A	B
①	14.25 [m/s]	22.25 [m/s]
②	15.75 [m/s]	22.75 [m/s]
③	16.25 [m/s]	22.25 [m/s]
④	17.75 [m/s]	25.25 [m/s]

46 다음 중 기계적 성질로 옳게 짝지어진 것은 무엇인가?

① 비중, 용융점, 비열, 열팽창계수
② 인장강도, 탄성계수, 피로, 강도
③ 내열성, 내식성, 충격, 자성
④ 주조성, 단조성, 용접성, 절삭성

47 구리에 아연 5 [%]를 첨가하여 화폐, 메달 등의 재료로 사용되는 것은?

① 델타메탈　　　　　　　　　② 톰백
③ 길딩메탈　　　　　　　　　④ 네이벌활동

48 구리 85 [%], 아연 15 [%]를 첨가한 황동은?

① 네이벌황동
② 에드미럴티황동
③ 레드브레스
④ 쾌삭황동

49 저융점합금에 대한 설명으로 옳지 <u>못한</u> 것은?

① 통상적으로 가용합금이라고도 한다.
② 저융점합금은 272도 이하의 융점을 가진 합금을 말한다.
③ 저융점합금은 퓨즈의 재료로 사용된다.
④ 저융점합금은 납, 주석, 비스무트, 카드뮴과 관계가 있다.

50 다음 보기는 보일러 취급 시 발생하는 이상 현상 중 하나이다. 이것은 무엇인가?

> 보일러수 중에 용해 고형물이나 수분이 발생 증기 중에 다량으로 함유되어 증기의 순도를 저하
> 시킨다. 이에 따라 관내 응축수가 생겨 워터 해머링의 원인이 되고, 터빈이나 과열기 등의 여러
> 설비의 고장 원인이 되기도 한다.

① 플라이밍　　　　　　　　　② 캐리오버
③ 포밍　　　　　　　　　　　④ 수격작용

실전 모의고사 **해설**

01	④	02	③	03	③	04	②	05	②	06	③	07	③	08	②	09	③	10	①
11	②	12	③	13	③	14	④	15	①	16	③	17	②	18	③	19	④	20	④
21	③	22	⑤	23	③	24	⑤	25	③	26	③	27	④	28	④	29	④	30	⑤
31	모두맞음	32	②	33	④	34	①	35	③	36	⑦	37	④	38	⑤	39	③	40	①
41	②	42	③	43	③	44	④	45	②	46	⑦	47	③	48	③	49	②	50	②

01

정답 ④

건도가 30%라는 의미는 증기가 30 [%], 액체가 70 [%]라는 말이다. 따라서 70 [%] 해당하는 액체만 건포화증기로 만드는 데 필요한 열량을 계산하면 된다. 즉, 포화액을 건포화증기로 바꾸는 데 필요한 열량이 증발잠열이므로, 증발잠열에 70 [%]의 액체 비율을 곱하면 된다.

➡ 600 [kcal] × 0.7 = 420 [kcal]

※ **증발잠열**: 온도 변화 없이 액체를 기체로 만드는 데 필요한 열량

02

정답 ③

[부력]

1. 부력은 중력과 반대 방향으로 작용(수직 상방향의 힘)하며, 각기 다른 액체 속에 일부만 잠기게 넣으면 결국 부력은 물체의 무게(mg)와 동일하게 작용하여 물체가 액체 속에서 일부만 잠긴 채 뜨게 된다. 따라서 부력의 크기는 모두 동일하다. [부력 = mg]

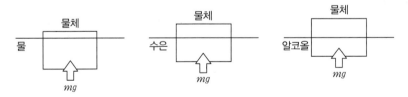

2. 부력은 아르키메데스의 원리이다.

3. 물체가 밀어낸 부피만큼의 액체 무게라고 정의된다.

4. 어떤 물체에 가해지는 부력은 그 물체가 대체한 유체의 무게와 같다.

5. 어떤 물체가 유체 안에 있으면, 물체가 잠긴 부피만큼의 유체의 무게가 부력과 같다.

6. 부력은 결국 대체된 유체의 무게와 같다.

7. 부력이 생기는 이유는 유체의 압력차 때문에 생긴다. 구체적으로, 유체에 의한 압력은 $P = rh$에 따라 깊이가 깊어질수록 커진다. 즉, 한 물체가 물속에 있다면 상대적으로 깊은 부분과 얕은 부분(윗면과 아랫

면)이 생긴다. 따라서 더 깊이 있는 부분이 더 큰 압력을 받아 위로 향하는 힘, 즉 부력이 생기게 되는 것이다.

※ 부력＝비중량(액체)×잠긴 부피
※ 공기 중에서 물체의 무게＝부력＋액체 중에서 물체의 무게

03   정답 ③

$Q = KA\dfrac{dT}{dx}$ (단, dT: 온도차, dx: 두께차)

➡ $Q = KA\dfrac{dT}{dx} \rightarrow 100 = 10 \times A \times \dfrac{10}{0.25} \rightarrow A = 0.25$

동일한 열전달 면적에서 온도 차이 2배, 열전도율 4배, 벽의 두께 2배이므로

➡ $Q = KA\dfrac{dT}{dx} \rightarrow Q = 40 \times 0.25 \times \dfrac{20}{0.5} \rightarrow Q = 400$

04   정답 ②

$\sigma = Pd/8$이므로, $0.2 \times 5/8$이므로 0.125가 도출된다.

주의
실제 시험에서 반경과 직경은 항상 조심!

- 물방울의 경우: $\sigma = Pd/4$ (단, P는 내부 초과 압력이다.)
- 비눗방울의 경우: $\sigma = Pd/8$ (단, P는 내부 초과 압력이며, 비눗방울은 얇은 막이 2개 생기기 때문에 $Pd/8$로 도출된다.)

05   정답 ②

36 [km/h]＝36000 [m]/3600 [s]＝10 [m/s]
72 [km/h]＝72000 [m]/3600 [s]＝20 [m/s]로 각각 변환시킨다.

4초 만에 10 [m/s]에서 20 [m/s]로 가속했다면, 10/4이므로 a(가속도)＝2.5 [m/s²]
즉, $F = ma = 2000 \times 2.5 = 5000$ [N]으로 도출된다.

다음으로는 평균속력을 구하자. 등가속도 운동이므로 평균속력은 (10 [m/s]＋20 [m/s])/2
즉, 평균속력은 15 [m/s]로 도출된다.

결국, 가속하는 데 필요한 동력은 $H = F \cdot V = 5000 \times 15 = 75000$ [W]＝75 [kW]

06

정답 ③

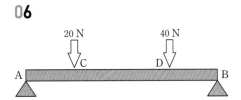

(AC=4 [m], CD=8 [m], BD=4 [m])

C점의 모멘트를 구하기 위해서는 먼저 C지점에서 보를 자르고 편리한 부분을 먼저 판단한다.

C점에서 자른 후, 좌측과 우측을 확인하면 좌측은 A반력만 고려하면 되고, 우측은 D에 작용하는 40 [N]의 하중과 B반력 2개를 고려해야 한다. 그렇기 때문에 하중이 작은 좌측을 고려하는 것이 편리할 것이다. 즉, A반력만 구하면 답은 쉽게 처리될 것이다. 그리고 C지점에서 자른 후, 작용하는 반력모멘트는 서로 방향만 다를 뿐 크기는 동일하여 서로 상쇄되므로 보가 안정한 상태에 있는 것이다.

$$\sum M_B = 0 \rightarrow 4\,[m] \times 40\,[N] + 12\,[m] \times 20\,[N] - 16\,[m] \times R_A = 0 \rightarrow R_A = 25\,[N]$$
$$M_C = 4\,[m] \times 25\,[N] = 100\,[N \cdot m]$$

07

정답 ③

쇳물의 응고로 인한 수축이 발생하여 쇳물의 부족으로 수축공이 발생한다.
즉, 쇳물의 응고로 인한 수축은 수축공의 원인이다.

[주물의 기공 발생 원인]
• 용탕에 흡수된 가스
• 주형과 코어에서 발생하는 수증기
• 주형 내부의 공기
• 가스 배출의 불량 등

08

정답 ②

[쿠타-쥬코프스키 정리]
• 평행흐름 V 속에 놓인 임의의 물체 둘레의 순환이 Γ일 때, 그 물체에 작용하는 양력은 항상 쿠타-쥬코프스키의 정리로 표시된다. 균일흐름 V 속에 놓인 임의의 형상을 가진 물체 둘레에 순환 Γ가 있을 때에도 그 단면의 단위 나비에 대해 양력 L이 발생한다.
• 야구, 정구, 골프 등의 공에 회전운동을 가하면 공이 커브를 이루는 것은 양력으로 인해 발생하는 것이다.

결국, 양력 $L = \rho V \Gamma$ ➡ 이것을 '쿠타-쥬코프스키의 정리'라고 한다.

09

정답 ③

[주소 의미 중에서 시험 출제 잘 되는 것]

G00	G01	G02	G03	G04	G32
위치보간	직선보간	원호보간(시계)	원호보간(반시계)	일시정지 (휴지상태)	나사절삭기능

M03	M04	M06	M08	M09	
주축 정회전	주축 역회전	공구교환	절삭유 공급 on	절삭유 공급 off	

10

정답 ①

- 하이트게이지: 높이 측정 및 금긋기에 사용하며, 종류는 HT, HB, HM형이 있다
- 스크레이퍼: 더욱더 정밀한 평면으로 다듬질할 때 사용한다.
- 서피스게이지: 금긋기 및 중심내기에 사용한다.
- 블록게이지: 길이측정의 기구로 사용되며, 여러 개를 조합하여 원하는 치수를 얻을 수 있다.

※ 링킹: 블록게이지에서 필요로 하는 치수에 2개 이상의 블록게이지를 밀착 접촉시키는 방법으로 조합되는 개수를 최소로 해서 오차를 방지하는 작업

11

정답 ②

[선반의 부속공구]
- 척: 주축에 고정되어 일감을 고정하고 회전시키는 역할(척의 크기는 척의 바깥지름)
- 면판: 주축에 부착되어 척으로 고정할 수 없는 큰 일감이나 불규칙한 일감을 고정하는 역할
- 방진구: 가늘고 긴 일감을 가공시 진동을 방지하며, 휨 또는 처짐을 방지($L \geq 20\,d$ 이상일 때 사용)
- 센터: 공작물을 지지할 때 사용
- 돌림판: 양센터 작업 시 주축의 회전을 일감에 전달하기 위해 사용
- 멘드릴(심봉): 중공의 일감 외경을 가공할 때 구멍과 외경이 동심원이 되게 하려고 사용

12

정답 ③

- 자유단조는 해머나 손공구를 사용하므로 제품의 형태가 간단하고 소량일 때, 정밀한 제품에는 곤란하다.
- 형단조는 프레스를 사용하기 때문에 소형이고, 치수가 우수하며, 대량생산이 가능하다.

13

정답 ③

[IT 기본공차의 구분]
- 기본공차는 IT01부터 IT18까지 20등급으로 구분하여 규정되어 있다. IT01과 IT0에 대한 값은 사용 빈도가 적기 때문에 별도로 정하고 있다. 즉, 01, 00, 1~18까지 총 20등급이다.

14

• 압출: 단면이 균일한 관이나 봉을 제작하는 방법으로 압력을 가해 일정한 단면의 제품을 만든다. (가래떡 생각)

15

• 기공의 원인: 가스 배출 불량이 원인이다.
• 기공의 방지대책: 쇳물의 주입 온도를 너무 높게 하지 말 것, 쇳물 아궁이를 크게 하고, 덧쇳물을 붙여 압력을 가할 것, 주형의 통기성을 좋게 하여 가스 발생을 억제할 것, 주형 내의 수분을 제거할 것
• 수축공 원인: 쇳물의 부족으로 발생한다.
• 수축공 방지대책: 덧쇳물을 붙여 쇳물 부족을 보충할 것, 쇳물 아궁이를 크게 할 것, 주물의 두께차로 인한 냉각속도를 줄이기 위해 냉각쇠를 설치하여 응고속도를 높일 것

※ 기공의 방지 대책에도 덧쇳물을 붓는 것이 있지만, 덧쇳물을 붓는 것은 수축공 방지에 더 적합하기 때문에 답이 ①로 도출된다.

16

[팁의 능력(규격)]

• 프랑스식(가변압식): 표준불꽃을 사용하여 1시간 동안 용접하는 경우 아세틸렌의 소비량 [L]로 표시한다. 예로 팁 100번, 팁 200번, 팁 300번이라는 것은 1시간 동안에 아세틸렌의 소비량이 100 [L], 200 [L], 300 [L]라는 것을 의미한다.

• 독일식(불변압식): 연강판의 용접을 기준으로 하여 용접할 판 두께로 표시한다. 예로 팁 1번, 2번, 3번이라는 것은 연강판의 두께 1 [mm], 2 [mm], 3 [mm]에 사용되는 팁을 의미한다.

17

[바하의 축 공식]

• 축 길이 1 [m]에 대해 비틀림각은 0.25도 이내로 설계해야 한다.
• 축 길이 1 [m]에 대해 처짐은 0.33 [mm] 이내로 오도록 설계해야 한다.

18

[황동의 성질]

• 아연이 40 [%]일 때 인장강도가 최대이며, 아연이 30 [%]일 때 연신율이 최대이다.
• 열전도율과 전기전도율은 아연 34 [%]까지는 강하하다가 그 이상이 되면 상승하면서 아연 50 [%]에서 최대가 된다.

[청동의 성질]

• 청동은 주석 함유량이 증가할수록 강도, 경도는 증가한다. 주석이 20 [%]일 때 강도, 경도가 최대이다.
• 청동의 연신율은 주석 4 [%]에서 최대이고, 그 후로는 급격하게 감소한다.

19

정답 ④

• 체력: 탄성력, 자기력, 전기력, 관성력, 중력 등과 같이 물체의 체적 각부에 작용하고 있는 힘

20

정답 ④

• 플러그용접: 접합하고자 하는 모재의 한쪽에 구멍을 뚫고 용접하여 다른 쪽의 모재와 접합하는 용접 방식이다.

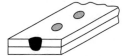

• 슬롯용접: 플러그용접의 둥근 구멍 대신 가늘고 긴 홈에 비드를 붙이는 용접법이다.

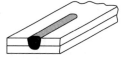

21

정답 ③

[NC 프로그램에서 사용하는 코드]

G	N	T	F	S	M
준비기능	전개번호	공구기능	이송	주축기능	보조기능

22

정답 ③

[유압펌프의 고장 원인]
• 오일이 토출되지 않는다.
• 소음 및 진동이 크다.
• 유량이 부족하다.

23

정답 ③

• 칩브레이커: 유동형 칩과 같은 연속형 칩을 작업자의 안전을 도모하기 위해 짧게 끊어 주는 안전장치이다.
• 칩브레이커의 종류: 평행형, 홈달린형, 각도형

24

정답 ③

[동력: 단위시간당 한 일]
- 1 [kW]＝102 [kg・m/s]＝860 [kcal/h]
- 1 [HP]＝76 [kg・m/s]＝641 [kcal/h]
- 1 [PS]＝75 [kg・m/s]＝632 [kcal/h]

25

정답 ③

- 체크밸브: 역류를 방지해 주는 밸브로, 역지밸브라고도 한다.

[체크밸브의 종류]
- 수평배관용 체크밸브: 리프트식 체크밸브
- 수직배관용 체크밸브: 스윙식 체크밸브
- 수격현상을 방지하기 위해 사용하는 체크밸브: 스모렌스키 체크밸브

26

정답 ③

- 동점성계수(ν)는 액체인 경우, 온도만의 함수
- 동점성계수(ν)는 기체인 경우, 압력과 온도의 함수

27

정답 ④

[엔트로피]
- 가역에서는 등엔트로피 변화, 비가역에서는 항상 엔트로피는 증가한다.
- 가역 단열변화일 경우에는 엔트로피의 변화가 없다. 즉, 등엔트로피 변화이다.
- 가역현상이 존재할 수 없는 자연계에서는 엔트로피는 항상 증가한다. (비가역이므로)
- 비가역 단열변화에서 엔트로피는 최초 상태와 최종 상태에 기인된다.
- 비가역 단열변화에서 엔트로피는 상태 전이 큰지 상태 후가 큰지 판단할 수 없다. 그 이유는 총 합성계의 엔트로피(엔트로피의 총합＝시스템＋주위)가 항상 증가하는 것이지, 상태 후가 상태 전보다 항상 크지 않다. 예를 들어, 상태 전의 엔트로피 ＋5이고 상태 후의 엔트로피가 －4라도 총합의 엔트로피는 ＋1로 증가하게 된다.

28

정답 ④

[지그의 주요 구성 요소]
위치 결정구(Locator), 클램프(Clamp), 부시(bush), 몸체(Body)

29

정답 ④

[증기원동소]
- **증기원동소**: 동작유체인 물을 증기로 증발시켜 그 에너지를 기계적인 일로 바꾸는 기관

※ 랭킨사이클이 증기원동소의 이상사이클이다.

- **과정**: 보일러(정압가열) － 터빈(단열팽창) － 복수기(정압방열) － 급수펌프(단열압축)

30

정답 ③

- **제백 효과**: 폐회로상의 양 금속 간에 온도차가 만들어지면 두 금속 간에 전위차가 생성되어 기전력이 발생한다. 이렇게 한쪽(냉접점)을 정확하게 0으로 유지하고 다른 한쪽(측정접점 또는 온접점)을 측정하려는 대상에 놓아두면, 기전력이 측정되어 온도를 알 수 있다. 이와 같이 서로 다른 금속도체의 결합을 열전대라고 한다.
- **펠티어 효과**: 서로 다른 두 금속이 2개의 접점을 갖고 붙어 있을 때, 전위차가 생기면 열의 이동이 발생한다. (전자[열전]냉동기 원리)
- **톰슨 효과**: 단일한 도체 양 끝에 전류가 흐르면 열의 흡수나 방출이 발생한다.

31

정답 모두 맞음

[전도]
- 분자에서 분자로의 직접적인 열의 전달이다.
- 분자 사이의 운동 에너지의 전달이다.
- 고체, 액체, 기체에서 발생할 수 있다.
- 고체 내에서 발생하는 유일한 열전달이다.

32

정답 ②

[열역학 제3법칙의 표현 2가지]
- **네른스트**: 어떤 방법에 의해서도 물질의 온도를 절대 0도까지 내려가게 할 수 없다.
- **플랑크**: 모든 물질이 열역학적 평형상태에 있을 때 절대온도가 0에 가까워지면 엔트로피도 0에 가까워진다.

33

정답 ④

수력반경$(R_h) = \dfrac{A}{P}$ (단, A: 유동 단면적, P: 접수 길이)

※ 접수 길이: 물과 벽면이 접해 있는 길이

➡ 수력반경$(R_h) = \dfrac{A}{P} = \dfrac{a^2}{4a} = \dfrac{a}{4}$

34

정답 ①

주파수가 1 [Hz]이므로 진동수 $f=1$, 진동수의 역수인 주기 $T=1$ [s]

$f=\dfrac{w}{2\pi} \to w=2\,\pi f=2\times3\times1=6$ [rad/s]

0초일 때, 변위가 0이고 진폭이 10 [mm]에 주기가 1 [s]인 진동을 식으로 표현하면,
$X(t)=10\sin wt=10\sin 2\pi t$이다. 이때, t에 0.5를 대입하면, $X(t)=10\sin\pi$이므로 $X(t)$는 0이 된다. 즉, 0.5초일 때 변위는 0이다.

35

정답 ③

$q(\text{열유속})=K\dfrac{dT}{dx}$

즉, $dx=K\dfrac{dT}{q}=0.05\times\dfrac{25}{50}=0.025$ [m]$=25$ [mm]

36

정답 ②

$i(\text{속비})=\dfrac{N_2}{N_1}=\dfrac{D_1}{D_2}=\dfrac{Z_1}{Z_2}$

$C(\text{중심거리})=\dfrac{D_1+D_2}{2}=\dfrac{m(Z_1+Z_2)}{2}$

속비가 $\dfrac{1}{2}$이므로, $i=\dfrac{1}{2}=\dfrac{Z_1}{Z_2} \to Z_2=2Z_1$ ➡ 도출된 식을 중심거리 식에 대입한다.

$C(\text{중심거리})=\dfrac{D_1+D_2}{2}=\dfrac{m(Z_1+Z_2)}{2}=\dfrac{m(3Z_1)}{2} \to 240=\dfrac{4\times3\times Z_1}{2}$

➡ $Z_1=40$개, $Z_2=2Z_1=2\times40=80$개

즉, 두 기어의 잇수의 차이는 40개이다.

37

정답 ④

위험속도를 판단하기 위해서는 처짐량을 알아야 한다. 중앙에 무게 W의 집중하중이 작용하고 있는 축의 최대 처짐량은 아래와 같다. 축 양 끝에 각각 베어링이 지지되어 있는 단순보로 간주하기 때문이다.

$\delta_{\max}=\dfrac{WL^3}{48EL}$

여기서, 무게를 2배 감소시키고 길이와 단면 2차 모멘트를 각각 4배로!

$\delta_{\max}=\dfrac{WL^3}{48EL}=\dfrac{0.5\times4^3}{4}=8$ ➡ 즉, 처짐량은 8배가 된다.

축의 위험속도 $N=\dfrac{30}{\pi}\sqrt{\dfrac{g}{\delta_{\max}}}$ ➡ 나머지는 동일하므로 생략하고, 처짐만 고려

$$N=\sqrt{\frac{1}{8}}=\frac{1}{2\sqrt{2}}$$

결국, 축의 위험속도는 $\dfrac{1}{2\sqrt{2}}$ 배로 변한다.

38

정답 ③

$P_e=T_t-T_s$ (단, P_e: 유효장력, T_t: 긴장측 장력, T_s: 이완측 장력)

즉, $P_e=500-300=200$ [N]

동력 $H=P_eV$이므로, $H=200$ [N]$\times 5$ [m/s]$=1000$ [W]$=1$ [kW]

문제에서는 PS로 물었으므로, 1 [kW]$=1.36$ [PS]

39

정답 ③

(가)   (나)   (다)   (라)

(가): 점용접, 심용접, 프로젝션용접

(나): 필렛용접

(다): 플러그용접, 슬롯용접

(라): 비드용접

40

정답 ①

축에 굽힘 모멘트 M과 비틀림 모멘트 T가 동시에 작용할 때, 상당 굽힘모멘트 M_e와 상당 비틀림 모멘트 T_e를 고려해서 설계해야 한다.

$$T_e=\sqrt{M^2+T^2} \qquad M_e=\frac{1}{2}(T_e+M)$$

➡ $T_e=\sqrt{M^2+T^2}=\sqrt{40000^2+30000^2}=50000$

➡ $M_e=\frac{1}{2}(T_e+M)=\frac{1}{2}(50000+40000)=45000$

41

정답 ②

$$\sigma=\frac{P}{A}=\frac{4P}{\pi d^2}$$

$$\sigma_?=\frac{4P}{\pi\left(\dfrac{d}{2}\right)^2}=\frac{16P}{\pi d^2}$$

즉, $\sigma_?=4\sigma$의 관계를 갖는다는 것을 도출할 수 있다.

42

정답 ③

$$H\,[\mathrm{kW}] = FV = 50 \times \frac{50 \times \dfrac{24}{120}}{0.4} = 25\,[\mathrm{kW}]$$

43

정답 ③

$$\sigma_1 = \frac{pd}{2t} = \frac{1200 \times 2500}{2 \times 10} = 150\,[\mathrm{MPa}]$$

$$\sigma_2 = \frac{pd}{4t} = \frac{1200 \times 2500}{4 \times 10} = 75\,[\mathrm{MPa}]$$

원주방향, 길이방향 응력을 각각 구한 후, 2축 응력이 작용할 때의 모어원을 도출하여 최대전단응력(모어원의 반지름)으로 구해도 된다. 이것이 불편하다면, 용기에 작용하는 최대전단응력은 $\tau_{\max} = \dfrac{pd}{8t}$ 로 도출해도 된다.

$$\tau_{\max} = \frac{pd}{8t} = \frac{1200 \times 2500}{8 \times 10} = 37.5\,[\mathrm{MPa}]$$

44

정답 ④

- 긴장측 장력(T_t), 이완측 장력(T_s)
- $H\,[\mathrm{kW}] = P_e V / 1000$ (단, P_e: 유효장력)
- $P_e = T_t - T_s$

총 3개의 식을 사용해서 풀어본다.
먼저 긴장측 장력이 이완측 장력의 4배이므로 $T_t = 4T_s$
- $P_e = T_t - T_s = 4T_s - T_s = 3T_s$
- $H\,[\mathrm{kW}] = P_e V / 1000 \rightarrow 30 = 3T_s(10)/1000\ T_s = 1000\,[\mathrm{N}]$
- $T_s = 1000\,[\mathrm{N}]$이므로 $T_t = 4000\,[\mathrm{N}]$

45

정답 ②

- 반발계수: 변형의 회복 정도를 나타내는 척도이며, 0과 1 사이의 값이다.

$$반발계수(e) = \frac{충돌\ 후\ 상대속도}{충돌\ 전\ 상대속도} = -\frac{V_1' - V_2'}{V_1 - V_2} = \frac{V_2' - V_1'}{V_1 - V_2}$$

$V_1 =$ 충돌 전 물체 1의 속도 $V_2 =$ 충돌 전 물체 2의 속도
$V_1' =$ 충돌 후 물체 1의 속도 $V_2' =$ 충돌 후 물체 2의 속도

[첫번 째 방법]

$$e = \frac{V_2' - V_1'}{V_1 - V_2} \to 0.7 = \frac{V_2' - V_1'}{20 - 10} \to V_2' - V_1' = 7 \, [\text{m/s}]$$

Tip --

보기에서 충돌 후 두 물체의 속도 차이가 7 [m/s]인 것을 찾으면 된다.

[두번 째 방법＝충돌 후 두 물체의 속도식 활용]

$$V_1' = V_1 - \frac{m_2}{m_1 + m_2} \times (1+e) \times (V_1 - V_2) = 20 - \frac{5}{15 + 5} \times 1.7 \times (20 - 10) = 15.75 \, [\text{m/s}]$$

$$V_2' = V_2 + \frac{m_1}{m_1 + m_2} \times (1+e) \times (V_1 - V_2) = 10 + \frac{5}{15 + 5} \times 1.7 \times (20 - 10) = 22.75 \, [\text{m/s}]$$

46
정답 ②

• **기계적 성질**: 강도, 경도, 전성, 연성, 인성, 탄성률, 탄성계수, 항복점, 내력, 연신율, 굽힘, 피로, 인장강도 등
• **물리적 성질**: 비중, 용융점, 열전도율, 전기전도율, 열팽창계수, 밀도, 부피, 온도, 비열 등
• **화학적 성질**: 내식성, 환원성, 폭발성, 생성엔탈피, 용해도, 가연성 등
• **제작상 성질**: 주조성, 단조성, 절삭성, 용접성

Tip --

힘과 관련된 성질은 모두 기계적 성질로 보면 편하다.

47
정답 ③

• **델타메탈(철황동)**: 6.4황동＋Fe 1~2 [%], 강도가 크고 내식성이 우수하여 광산기계, 선박기계에 사용된다. 특징으로는 내해수성이 강한 고강도 황동이다.
• **톰백**: Cu＋Zn 5~20 [%], 강도가 낮지만 전연성이 우수하여 금 대용품, 화폐, 메달에 사용되며, 황금색을 띤다.
• **길딩메탈**: Cu＋Zn 5 [%]를 첨가하여 화폐, 메달, 소총의 뇌관 재료로 사용된다.
• **네이벌황동**: 6.4황동＋Sn 1 [%]의 황동으로, 용접용 파이프의 재료로 사용된다.

48
정답 ③

• **네이벌황동**: 6.4황동＋Sn 1 [%]의 황동으로, 용접용 파이프의 재료로 사용된다.
• **에드미럴티황동**: 7.3황동＋Sn 1 [%]의 황동으로, 열교환기, 증발기, 해군제복 단추의 재료로 사용된다. 특징으로는 소금물에도 부식이 발생하지 않고, 연성이 우수하다.
• **레드브레스**: Cu(85 [%])＋Zn(15 [%])의 합금으로, 무른 황동의 대표적이다. 부드럽고 내식성이 좋아 건축용 금속 잡화, 전기용 소켓, 체결구 등으로 사용된다.

- 쾌삭황동: 6.4황동＋Pb 1.5~3 [%]를 첨가한 황동으로, 납황동이라고도 한다. 절삭성이 우수하므로 정밀절삭가공을 요하는 나사, 볼트 등의 재료로 사용되며, Pb이 3 [%] 이상이 되면 메지게 된다.

49

정답 ②

[저융점합금]
- 녹는점이 낮은 합금으로, 보통 녹는점이 200도 이하의 합금을 말한다.
- 주성분은 납, 주석, 비스무트, 카드뮴 중에서 3~4가지를 조합하여 만든다.
- 용도로는 화재경보기의 자동스위치, 퓨즈 등에 사용된다.
- 통상적으로 저융점합금으로 불리기도 한다.
- 저융점합금은 주석의 용융점(231.9도) 이하의 용융점을 갖는 합금의 총칭이다.

50

정답 ②

[보일러 취급 시 이상 현상]
- 포밍(물거품 솟음)
  보일러수 중에 유지류, 용해 고형물, 부유물 등에 의해 보일러 수면에 거품이 생겨 올바른 수위를 판단하지 못하는 현상이다.

- 플라이밍(비수현상)
  보일러 부하의 급변 수위 상승 등에 의해 수분이 증기와 분리되지 않는다. 이에 따라 보일러 수면이 심하게 상승하여 올바른 수위를 판단하지 못하는 현상이다.

- 캐리오버(기수 공발)
  보일러수 중에 용해 고형물이나 수분이 발생 증기 중에 다량으로 함유되어 증기의 순도를 저하시킨다. 이에 따라 관내 응축수가 생겨 워터 해머링의 원인이 되고, 터빈이나 과열기 등의 여러 설비의 고장 원인이 되기도 한다.

- 수격작용
  배관 말단에 있는 밸브를 급격하게 닫으면 배관 내를 흐르고 있던 유체의 흐름이 급격하게 감소하게 된다. 이에 따라 운동에너지가 압력에너지로 바뀌면서 배관 내에 탄성파가 왕복하게 된다. 결국, 배관을 강하게 타격하여 배관 파열을 초래할 수 있다. 반대로 밸브를 급격하게 열 때도 수격작용이 발생한다.

Truth of Machine

PART

IV

부 록

01 꼭 알아야 할 필수 내용   256

02 Q&A 질의응답   272

01 꼭 알아야 할 필수 내용

1 기계 위험점 6가지

① 절단점
   회전하는 운동부 자체, 운동하는 기계 부분 자체의 위험점(날, 커터)

② 물림점
   회전하는 2개의 회전체에 물려 들어가는 위험점(롤러기기)

③ 협착점
   왕복 운동 부분과 고정 부분 사이에 형성되는 위험점(프레스, 창문)

④ 끼임점
   고정 부분과 회전하는 부분 사이에 형성되는 위험점(연삭기)

⑤ 접선물림점
   회전하는 부분의 접선 방향으로 물려 들어가는 위험점(밸트-풀리)

⑥ 회전말림점
   회전하는 물체에 머리카락이나 작업봉 등이 말려 들어가는 위험점

② 기호

• 밸브 기호

▷◁	일반밸브	▷◁	게이트밸브
▷◀	체크밸브	▷|	체크밸브
▷⊗◁	볼밸브	▷●◁	글로브밸브
▷◁	안전밸브	△	앵글밸브
⊗	팽창밸브	▷○◁	일반 콕

• 배관 이음 기호

┼	**일반밸브**	╫	**게이트밸브**
●|	팽창밸브	╫	일반 콕

신축이음

관 속 유체의 온도에 변화에 따라 배관이 열팽창 또는 수축하는데, 이를 흡수하기 위해 설치한다. 따라서 직선길이가 긴 배관에서는 배관의 도중에 일정 길이마다 신축이음쇠를 설치한다.

❖ 신축이음의 종류

① 슬리브형(미끄러짐형): 단식과 복식이 있고 물, 증기, 가스, 기름, 공기 등의 배관에 사용한다. 이음쇠 본체와 슬리브 파이프로 구성되어 있으며, 관의 팽창 및 수축은 본체 속을 미끄러지는 이음쇠 파이프에 의해 흡수된다. 특징으로는 신축량이 크고 신축으로 인한 응력이 발생하지 않는다. 직선 이음으로 설치공간이 작다. 배관에 곡선 부분이 있으면 신축 이음재에 비틀림이 생겨 파손의 원인이 된다. 장시간 사용 시 패킹재의 마모로 누수의 원인이 된다.

② 벨로우즈형(팩레스이음): 벨로우즈의 변형으로 신축을 흡수한다. 특징으로는 설치 공간이 작고 자체 응력 및 누설이 없다. 보통 벨로우즈의 재질은 부식이 되지 않는 황동이나 스테인리스강을 사용한다. 고온배관에는 부적당하다.

③ 루프형(신축곡관형): 고온, 고압의 옥외 배관에 사용하는 신축 곡관으로 강관 또는 동관을 루프 모양으로 구부려 배관의 신축을 흡수한다. 즉, 관 자체의 가요성을 이용한 것이다. 특징으로는 설치 공간이 크고, 고온고압의 옥외 배관에 많이 사용한다. 자체 응력이 발생하지만, 누설이 없다. 곡률반경은 관경의 6배이다.

④ 스위블형: 증기, 온수난방에 주로 사용하는 스위블형은 2개 이상의 엘보를 사용하여 이음부 나사의 회전을 이용해 신축을 흡수한다. 쉽게 설치 가능하고, 굴곡부에 압력이 강하게 생긴다. 신축성이 큰 배관에는 누설 염려가 있다.

⑤ 볼조인트형: 증기, 물, 기름 등의 배관에서 사용되는 볼조인트형은 볼조인트 신축 이음쇠와 오프셋 배관을 이용해서 관의 신축을 흡수한다. 2차원 평면상의 변위와 3차원 입체적인 변위까지 흡수하고 어떤 형태의 변위에도 배관이 안전하고 설치 공간이 작다.

⑥ 플랙시블 튜브형: 가요관이라고 하며, 배관에서 진동 및 신축을 흡수한다. 구체적으로 플렉시블 튜브는 인청동 및 스테인리스강의 가늘고 긴 벨로즈의 바깥을 탄성력이 풍부한 철망, 구리망 등으로 피복하여 보강한 것으로, 배관 중 편심이 심하거나 진동을 흡수할 목적으로 사용된다.

❖ 신축 허용 길이가 큰 순서

> 루프형 > 슬리브형 > 벨로우즈형 > 스위블형

4 관 이음쇠 종류

① 관을 도중에서 분기할 때

> Y배관, 티, 크로스티

② 배관 방향을 전환할 때

> 엘보, 밴드

③ 같은 지름의 관을 직선 연결할 때

> 소켓, 니플, 플랜지, 유니온

④ 이경관을 연결할 때

> 이경티, 이경엘보, 부싱, 레듀셔

※ 이경관: 지름이 서로 다른 관과 관을 접속하는 데 사용하는 관이음쇠

⑤ 관의 끝을 막을 때

> Y배관, 티, 크로스티

⑥ 이종 금속관을 연결할 때

> CM아답터, SUS 소켓, PB소켓, 링 조인트 소켓

수격현상(워터헤머링)

배관 속 유체의 흐름을 급히 차단시켰을 때 유체의 운동 에너지가 압력 에너지로 전환되면서 배관 내에 탄성파가 왕복하게 된다. 이에 따라 배관이 파손될 수 있다.

❖ 원인
- 펌프가 갑자기 정지

- 급히 밸브를 개폐할 때

- 정상 운전 시 유체의 압력에 변동이 생길 때

❖ 방지
- 관로의 직경을 크게 한다.

- 관로 내의 유속을 낮게 한다.(유속은 1.5~2 [m/s]로 보통 유지)

- 관로에서 일부 고압수를 방출한다.

- 조압수조를 관선에 설치하여 적정 압력을 유지한다.
  (부압 발생 장소에 공기를 자동적으로 흡입시켜 이상 부압을 경감한다.)

- 펌프에 플라이 휠을 설치하여 펌프의 속도가 급격하게 변화하는 것을 막는다.
  (관성을 증가시켜 회전수와 관 내 유속의 변화를 느리게 한다.)

- 펌프 송출구 가까이 밸브를 설치한다.
  (펌프 송출구에 수격을 방지하는 체크밸브를 달아 역류를 막는다.)

- 에어챔버를 설치하여 축적하고 있는 압력 에너지를 방출한다.

- 펌프의 속도가 급격히 변하는 것을 방지한다.(회전체의 관성 모멘트를 크게 한다.)

공동현상(케비테이션)

펌프의 흡입측 배관 내의 물의 정압이 기존의 증기압보다 낮아져서 기포가 발생되는 현상으로, 펌프와 흡수면 사이의 수직거리가 너무 길 때 관 속을 유동하고 있는 물속의 어느 부분이 고온일수록 포화증기압에 비례하여 상승할 때 발생한다.

• 소음과 진동 발생, 관 부식, 임펠러 손상, 펌프의 성능 저하를 유발한다.

• 양정곡선과 효율곡선의 저하, 깃의 침식, 펌프 효율 저하, 심한 충격을 발생시킨다.

❖ 방지

• 실양정이 크게 변동해도 토출량이 과대하게 증가하지 않도록 주의한다.

• 스톱밸브를 지양하고, 슬루스밸브를 사용하며, 펌프의 흡입수두를 작게 한다.

• 유속을 3.5 [m/s] 이하로 유지시키고, 펌프의 설치 위치를 낮춘다.

• 마찰저항이 작은 흡인관을 사용하여 흡입관 손실을 줄인다.

• 펌프의 임펠러 속도(회전수)를 작게 한다.(흡입비교회전도를 낮춘다.)

• 펌프의 설치위치를 수원보다 낮게 한다.

• 양흡입펌프를 사용한다.(펌프의 흡입측을 가압한다.)

• 관 내 물의 정압을 그때의 증기압보다 높게 한다.

• 흡입관의 구경을 크게 하며, 배관을 완만하고 짧게 한다.

• 펌프를 2개 이상 설치한다.

• 유압회로에서 기름의 정도는 800 ct를 넘지 않아야 한다.

• 입축펌프를 사용하고, 회전차를 수중에 완전히 잠기게 한다.

맥동현상(서징현상)

펌프, 송풍기 등이 운전 중 한숨을 쉬는 것과 같은 상태가 되어 펌프인 경우 입구와 출구의 진공계, 압력계의 지침이 흔들리고 동시에 송출 유량이 변화하는 현상이다. 즉, 송출 압력과 송출 유량 사이에 주기적인 변동이 발생하는 현상이다.

❖ 원인

- 펌프의 양정곡선이 산고곡선이고, 곡선의 산고 상승부에서 운전했을 때

- 배관 중에 수조가 있을 때 또는 기체 상태의 부분이 있을 때

- 유량조절밸브가 탱크 뒤쪽에 있을 때

- 배관 중에 물탱크나 공기탱크가 있을 때

❖ 방지

- 바이패스 관로를 설치하여 운전점이 항상 우향 하강 특성이 되도록 한다.

- 우향 하강 특성을 가진 펌프를 사용한다.

- 유량조절밸브를 기체 상태가 존재하는 부분의 상류에 설치한다.

- 송출측에 바이패스를 설치하여 펌프로 송출한 물의 일부를 흡입측으로 되돌려 소요량만큼 전방으로 송출한다.

8 축추력

단흡입회전차에 있어 전면측벽과 후면측벽에 작용하는 정압에 차이가 생기기 때문에 축방향으로 힘이 작용하게 된다. 이것을 축추력이라고 한다.

❖ 축추력 방지법

• 양흡입형의 회전차를 사용한다.

• 평형공을 설치한다

• 후면 측벽에 방사상의 리브를 설치한다.

• 스러스트베어링을 설치하여 축추력을 방지한다.

• 다단펌프에서는 단수만큼의 회전차를 반대방향으로 배열하여 자기평형시킨다.

• 평형원판을 사용한다.

9 증기압

어떤 물질이 일정한 온도에서 열평형 상태가 되는 증기의 압력

• 증기압이 클수록 증발하는 속도가 빠르다.

• 분자의 운동이 커지면 증기압이 증가한다.

• 증기 분자의 질량이 작을수록 큰 증기압을 나타내는 경향이 있다.

• 기압계에 수은을 이용하는 것이 적합한 이유는 증가압이 낮기 때문이다.

• 쉽게 증발하는 휘발성 액체는 증기압이 높다.

• 증기압은 밀폐된 용기 내의 액체 표면을 탈출하는 증기의 양이 액체 속으로 재침투하는 증기의 양과 같을 때 같의 압력이다.

• 유동하는 액체 내부에서 압력이 증기압보다 낮아지면 액체가 기화하는 공동현상이 발생한다.

• 액체의 온도가 상승하면 증기압이 증가한다.

• 증발과 응축이 평형상태일 때의 압력을 포화증기압이라 한다.

냉동능력, 미국냉동톤, 제빙톤, 냉각톤, 보일러마력

① 냉동능력

단위시간에 증발기에서 흡수하는 열량을 냉동능력[kcal/hr]

• 냉동효과: 증발기에서 냉매 1 [kg]이 흡수하는 열량

• 1냉동톤(냉동능력의 단위): 0도의 물 1톤을 24시간 이내에 0도의 얼음으로 바꾸는 데 제거
해야 할 열량 및 그 능력

② 1USRT

32 [°F]의 물 1톤(2000 [lb])를 24시간 동안에 32 [°F]의 얼음으로 만드는 데 제거해야 할 열량
및 그 능력

• 1미국냉동톤(USRT): 3024 [kcal/hr]

③ 제빙톤

25 [°C]의 물 1톤을 24시간 동안에 −9 [°C]의 얼음으로 만드는 데 제거해야 할 열량 또는 그
능력(열손실은 20 [%]로 가산한다)

• 1제빙톤: 1.65 [RT]

④ 냉각톤

냉동기의 냉동능력 1USRT당 응축기에서 제거해야 할 열량으로, 이때 압축기에서 가하는 엔
탈피를 860 [kcal/hr]라고 가정한다.

• 1 CRT: 3884 [kcal/hr]

⑤ 1보일러마력

100도의 물 15.65 [kg]을 1시간 이내에 100도의 증기로 만드는 데 필요한 열량

• 0도의 물에서 100도의 증기까지 만드는 데 필요한 증발잠열: 598 [kcal/kg]

• 100도의 물에서 100도의 증기까지 만드는 데 필요한 증발잠열: 539 [kcal/kg]

• 1보일러마력: 539 × 15.65 = 8435.35 [kcal/hr]

❖ 용빙조: 얼음을 약간 녹여 탈빙하는 과정

❖ 얼음의 융해열: 0 [°C] 물 → 0 [°C] 얼음 또는 0 [°C] 얼음 → 0 [°C] 물 (79.68 [kcal/kg])

열전달 방법

두 물체의 온도가 평형이 될 때까지 고온에서 저온으로 열이 이동하는 현상이 열전달이다.

전도
물체가 접촉되어 있을 때 온도가 높은 물체의 분자운동이 충돌이라는 과정을 통해 분자운동이 느린 분자를 빠르게 운동시킨다. 즉, 열이 물체 속을 이동하는 일이다. 결국, 고체 속 분자들의 충돌로 열을 전달시킨다. (열전도도 순서는 고체, 액체, 기체의 순으로 작게 된다.)
• 고체 물체 내에서 발생하는 유일한 열전달이며, 고체, 액체, 기체에서 모두 발생할 수 있다.
• 철봉 한쪽을 가열하면 반대쪽까지 데워지는 것을 전도라고 한다.
• 매개체인 고체 물질 즉, 매질이 있어야 열이 이동할 수 있다.

대류
물질이 열을 가지고 이동하여 열을 전달하는 것이다.
• 라면을 끓일 때 냄비의 물을 가열하는 것, 방 안의 공기가 뜨거워지는 것
• 액체 또는 기체 상태의 물질이 열을 받으면 운동이 빨라지고 부피가 팽창하여 밀도가 작아진다. 상대적으로 가벼워지면서 상승하고, 반대로 위에 있던 물질은 상대적으로 밀도가 커 내려오는 현상을 말한다. 즉, 대류의 원인은 밀도차이다.

복사
전자기파에 의해 열이 매질을 통하지 않고 고온 물체에서 저온 물체로 직접 열이 전달되는 현상이다. 그리고 온도차가 클수록 이동하는 열이 크다.
• 액체나 기체라는 매질 없이 바로 열만 이동하는 현상
• 태양열이 대표적 예이며, 태양열은 공기라는 매질 없이 지구에 도달한다. 즉, 우주 공간은 공기가 존재하지 않지만 지구의 표면까지 도달한다.

❖ 보온병의 원리
• 열을 차단하여 보온병의 물질 온도를 유지시킨다. 즉 단열이다. (열 차단)
• 열을 차단하여 단열한다는 것은 전도, 대류, 복사를 모두 막는 것이다.

① 보온병 속 유리로 된 이중벽이 진공 상태를 유지하므로 대류로 인한 열 출입이 없다.
② 유리병의 고정 지지대는 단열 물질로 만들어져 있다.
③ 보온병 내부는 은도금을 하여 복사에 의한 열을 최대한 줄인다.
④ 보온병의 겉부분은 금속이나 플라스틱 재질로 열전도율을 최소화시킨다.
⑤ 보온병의 마개는 단열 재료로 플라스틱 재질을 사용한다.

⑫ 무차원수

레이놀즈 수	관성력 / 점성력	누셀 수	대류계수 / 전도계수
프루드 수	관성력 / 중력	비오트 수	대류열전달 / 열전도
마하 수	속도 / 음속, 관성력 / 탄성력	슈미트 수	운동량계수 / 물질전달계수
코시 수	관성력 / 탄성력	스토크 수	중력 / 점성력
오일러 수	압축력 / 관성력	푸리에 수	열전도 / 열저장
압력계 수	정압 / 동압	루이스 수	열확산계수 / 질량확산계수
스트라홀 수	진동 / 평균속도	스테판 수	현열 / 잠열
웨버 수	관성력 / 표면장력	그라쇼프스	부력 / 점성력
프란틀 수	소산 / 전도 운동량전달계수 / 열전달계수	본드 수	중력 / 표면장력

- 레이놀즈 수
  층류와 난류를 구분해 주는 척도(파이프, 잠수함, 관 유동 등의 역학적 상사에 적용)

- 프루드 수
  자유표면을 갖는 유동의 역학적 상사 시험에서 중요한 무차원수
  (수력도약, 개수로, 배, 댐, 강에서의 모형실험 등의 역학적 상사에 적용)

- 마하 수
  풍동실험에서 압축성 유동에서 중요한 무차원수

- 웨버 수
  물방울의 형성, 기체 – 액체 또는 비중이 서도 다른 액체 – 액체의 경계면, 표면장력, 위어, 오리피스에서 중요한 무차원수

- 레이놀즈 수와 마하 수
  펌프나 송풍기 등 유체 기계의 역학적 상사에 적용하는 무차원수

- 그라쇼프 수
  온도차에 의한 부력이 속도 및 온도 분포에 미치는 영향을 나타내거나 자연 대류에 의한 전열 현상에 있어서 매우 중요한 무차원수

- 레일리 수
  자연 대류에서 강도를 판별해 주거나 유체층 속에서 열대류가 일어나는지의 여부를 결정해 주는 매우 중요한 무차원수

하중의 종류, 피로한도, KS규격별 기호

❖ 하중의 종류

① 사하중(정하중): 크기와 방향이 일정한 하중

② 동하중(활하중)
- 연행하중: 일련의 하중(등분포하중), 기차 레일이 받는 하중
- 반복하중(편진하중): 반복적으로 작용하는 하중
- 교번하중(양진하중): 하중의 크기와 방향이 계속 바뀌는 하중(가장 위험한 하중)
- 이동하중: 하중의 작용점이 자꾸 바뀐다.(움직이는 자동차)
- 충격하중: 비교적 짧은 시간에 갑자기 작용하는 하중
- 변동하중: 주기와 진폭이 바뀌는 하중

❖ 피로한도에 영향을 주는 요인

① **노치효과**: 재료에 노치를 만들면 피로나 충격과 같은 외력이 작용할 때 집중응력이 발생하여 파괴되기 쉬운 성질을 갖게 된다.

② **치수효과**: 취성부재의 휨 강도, 인장강도, 압축강도, 전단강도 등이 부재치수가 증가함에 따라 저하되는 현상이다.

③ **표면효과**: 부재의 표면이 거칠면 피로한도가 저하되는 현상이다.

④ **압입효과**: 노치의 작용과 내부응력이 원인이며 강압 끼워맞춤 등에 의해 피로한도가 저하되는 현상이다.

❖ KS규격별 기호

KS A	KS B	KS C	KS D
일반	기계	전기	금속
KS F	KS H	KS W	
토건	식료품	항공	

14 충돌

❖ 반발계수에 대한 기본 정의

• 반발계수: 변형의 회복 정도를 나타내는 척도이며, 0과 1 사이의 값이다.

• 반발계수(e) = $\dfrac{충돌\ 후\ 상대속도}{충돌\ 전\ 상대속도}$ = $-\dfrac{V_1'-V_2'}{V_1-V_2}$ = $\dfrac{V_2'-V_1'}{V_1-V_2}$

$$\left(\begin{array}{l} V_1=충돌\ 전\ 물체\ 1의\ 속도,\ V_2=충돌\ 전\ 물체\ 2의\ 속도 \\ V_1'=충돌\ 후\ 물체\ 1의\ 속도,\ V_2'=충돌\ 후\ 물체\ 2의\ 속도 \end{array}\right)$$

❖ 충돌의 종류

• 완전탄성충돌$(e=1)$
  충돌 전후 전체 에너지가 보존된다. 즉, 충돌 전후의 운동량과 운동에너지가 보존된다.
  (충돌 전후 질점의 속도가 같다.)

• 완전비탄성충돌(완전소성충돌, $e=0$)
  충돌 후 반발되는 것이 전혀 없이 한 덩어리가 되어 충돌 후 두 질점의 속도는 같다. 즉, 충돌 후 상대속도가 0이므로 반발계수가 0이 된다. 또한, 전체 운동량은 보존되지만, 운동에너지는 보존되지 않는다.

• 불완전탄성충돌(비탄성충돌, $0<e<1$)
  운동량은 보존되지만, 운동에너지는 보존되지 않는다.

15 열역학 법칙

❖ 열역학 제0법칙 [열평형 법칙]

물체 A가 B와 서로 열평형 상태에 있다. 그리고 B와 C의 물체도 각각 서로 열평형 상태에 있다. 따라서 결국 A, B, C 모두 열평형 상태에 있다고 볼 수 있다.

❖ 열역학 제1법칙 [에너지 보존 법칙]

고립된 계에 에너지는 일정하다는 것이다. 에너지는 다른 것으로 전환될 수 있지만 생성되거나 파괴될 수는 없다. 열역학적 의미로는 내부에너지의 변화가 공급된 열에 일을 빼준 값과 동일하다는 말과 같다. 열역학 제1법칙은 제1종 영구기관이 불가능함을 보여준다.

❖ 열역학 제2법칙 [에너지 변환의 방향성 제시]

어떤 닫힌계의 엔트로피가 열적 평형 상태에 있지 않다면 엔트로피는 계속 증가해야 한다는 법칙이다. 닫힌계는 점차 열적 평형 상태에 도달하도록 변화한다. 즉, 엔트로피를 최대화하기 위해 계속 변화한다. 열역학 제2법칙은 제2종 영구기관이 불가능함을 보여준다.

❖ 열역학 제3법칙

어떤 방법으로도 어떤 계를 절대온도 0 [K]로 만들 수 없다. 즉, 카르노사이클 효율에서 저열원의 온도가 0 [K]라면 카르노사이클 기관의 열효율은 100 [%]가 된다. 하지만 절대온도 0 [K]는 존재할 수 없으므로 열효율 100 [%]는 불가능하다. 즉, 절대온도가 0 [K]에 가까워지면, 계의 엔트로피도 0에 가까워진다.

❖ 열역학 제4법칙

온사게르의 상반 법칙이라고 한다. 즉, 작용이 있으면 반작용이 있다는 것으로 빛과 그림자에 대한 이야기를 말한다.

이 문제집을 풀면서 **열역학 법칙**에 관해 나온 모든 표현들을

꼭 이해하시고 **암기**하길 바랍니다.

16 기타

❖ SI 기본 단위

차원	길이	무게	시간	전류	온도	물질량	광도
단위	meter	kilogram	second	Ampere	Kelvin	mol	candella
표시	m	kg	s	A	K	mol	cd

❖ 단위의 지수

지수	10^{-12}	10^{-9}	10^{-6}	10^{-3}	10^{3}	10^{6}	10^{9}	10^{12}
접두사	pico	nano	micro	mili	kilo	mega	giga	tera
기호	p	n	μ	m	k	M	G	T

❖ 온도계의 예

현상	상태 변화	온도계 종류
복사 현상	열복사량	파이로미터(복사 온도계)
물질 상태 변화	물리적 및 화학적 상태	액정 온도계
형상 변화	길이 팽창, 체적 팽창	바이메탈, 이상기체, 유리막대 온도계
전기적 성질 변화	전기 저항 및 기전력	열전대, 서미스터, 저항 온도계

❖ 시스템의 종류

	경계를 통과하는 질량	경계를 통과하는 에너지 / 열과 일
밀폐계(폐쇄계)	×	○
고립계	×	×
개방계	○	○

02 Q&A 질의응답

피복제가 정확히 무엇인가요?

용접봉은 심선과 피복제(Flux)로 구성되어 있습니다. 그리고 피복제의 종류는 가스발생식, 반가스발생식, 슬래그생성식이 있습니다.

우선, 용접입열이 가해지면 피복제가 녹으면서 가스 연기가 발생하게 됩니다. 그리고 그 연기가 용접하고 있는 부분을 덮어 대기 중으로부터의 산소와 질소로부터 차단해 주는 역할을 합니다. 따라서 산화물 또는 질화물이 발생하는 것을 방지해 줍니다. 또한, 대기 중으로부터 차단하여 용접 부분을 보호하고, 연기가 용접입열이 빠져나가는 것을 막아 주어 용착 금속의 냉각속도를 지연시켜 급냉을 방지해 줍니다.

그리고 피복제가 녹아서 생긴 액체 상태의 물질을 용제라고 합니다. 이 용제도 용접부를 덮어 대기 중으로부터 보호하기 때문에 불순물이 용접부에 함유되는 것을 막아 용접 결함이 발생하는 것을 막아 주게 됩니다.

불활성가스아크용접은 아르곤과 헬륨을 용접하는 부분 주위에 공급하여 대기로부터 보호합니다. 즉, 아르곤과 헬륨이 피복제의 역할을 하기 때문에 용제가 필요없는 것입니다.

※ 용가제: 용접봉과 같은 의미로 보면 됩니다.
※ 피복제의 역할: 탈산 정련 작용, 전기절연작용, 합금원소첨가, 슬래그 제거, 아크 안정, 용착효율을 높인다, 산화/질화 방지, 용착금속의 냉각속도를 지연 등

주철의 특징들을 어떻게 이해하면 될까요?

- 주철의 탄소 함유량 2.11~6.68 [%]부터 시작하겠습니다.

- 탄소 함유량이 2.11~6.68 [%] 이상이므로 용융점이 낮습니다. 우선 순철일수록 원자의 배열이 질서정연하기 때문에 녹이기 어렵습니다. 따라서 상대적으로 탄소 함유량이 많은 주철은 용융점이 낮아 녹이기 쉬워 유동성이 좋고, 이에 따라 주형 틀에 넣고 복잡한 형상으로 주조 가능합니다. 그렇기 때문에 주철이 주물재료로 많이 사용되는 것입니다. 또한, 주철은 담금질, 뜨임, 단조가 불가능합니다. (✎암기: ㄷㄷㄷ ×)

- 탄소 함유량이 많으므로 강, 경도가 큰 대신 취성이 발생합니다. 즉, 인성이 작고 충격값이 작습니다. 따라서 단조가공 시 헤머로 타격하게 되면 취성에 의해 깨질 위험이 있습니다. 또한, 취성이 있어 가공이 어렵습니다. 가공은 외력을 가해 특정한 모양을 만드는 공정이므로 주철은 외력에 의해 깨지기 쉽기 때문입니다.

- 주철 내의 흑연이 절삭유의 역할을 하므로 주철은 절삭유를 사용하지 않으며, 절삭성이 우수합니다.

- 압축강도가 우수하여 공작기계의 베드, 브레이크 드럼 등에 사용됩니다.

- 마찰저항이 우수하며, 마찰차의 재료로 사용됩니다.

- 위에 언급했지만, 탄소 함유량이 많으면 취성이 발생하므로 해머로 두들겨서 가공하는 단조는 외력을 가하는 것이기 때문에 깨질 위험이 있어 단조가 불가능합니다. 그렇다면 단조를 가능하게 하려면 어떻게 해야 할까요? 취성을 줄이면 됩니다. 즉 인성을 증가시키거나 재질을 연화시키는 풀림 처리를 하면 됩니다. 따라서 가단주철을 만들면 됩니다. 가단주철이란 보통주철의 여리고 약한 인성을 개선하기 위해 백주철을 장시간 풀리머리하여 시멘타이트를 소실시켜 연성과 인성을 확보한 주철!

※ 단조를 가능하게 하려면 "가단[단조를 가능하게]주철을 만들어서 사용하면 됩니다."

Q 마찰차의 원동차 재질이 종동차 재질보다 연한 재질인 이유가 무엇인가요?

A 마찰차는 직접전동장치, 직접적으로 동력을 전달하는 장치입니다.
즉, 원동차는 모터(전동기)로부터 동력을 받아 그 동력을 종동차에 전달합니다.

마찰차의 원동차를 연한 재질로 설계를 해야 모터로부터 과부하의 동력을 받았을 때 연한 재질로써 과부하에 의한 충격을 흡수할 수 있습니다. 만약 경한 재질이라면, 흡수보다는 마찰차가 파손되는 손상을 입거나 베어링에 큰 무리를 주게 됩니다.

결국, 원동차를 연한 재질로 만들어 마찰계수를 높이고 위와 같은 과부하에 의한 충격 등을 흡수하게 됩니다.

또한, 연한 재질 뿐만 아니라 마찰차는 이가 없는 원통형상의 원판을 회전시켜 동력을 전달하는 것이기 때문에 미끄럼이 발생합니다. 이 미끄럼에 의해 과부하에 의한 다른 부분의 손상을 방지할 수도 있다는 점을 챙기면 되겠습니다.

Q 마찰차에서 축과 베어링 사이의 마찰이 커서 동력손실과 베어링 마멸이 큰 이유는 무엇인가요?

A 원동차에 연결된 모터가 원동차에 공급하는 에너지를 100이라고 가정하겠습니다. 마찰차는 이가 없이 마찰로 인해 동력을 전달하는 직접전동장치이므로 미끄럼이 발생하게 됩니다. 따라서 동력을 전달하는 과정 중에 미끄럼으로 인한 에너지 손실이 발생할텐데, 그 손실된 에너지를 50이라고 가정하겠습니다. 이 손실된 에너지 50이 축과 베어링 사이에 전달되어 축과 베어링 사이의 마찰이 커지게 되고 이에 따라 베어링에 무리를 주게 됩니다.

※ 이가 없는 모든 전동장치들은 통상적으로 대부분 미끄럼이 발생합니다.
※ 이가 있는 전동장치(기어 등)는 이와 이가 맞물리기 때문에 미끄럼 없이 일정한 속비를 얻을 수 있습니다.

로딩(눈메움) 현상에 대해 궁금합니다.

로딩이란 기공이나 입자 사이에 연삭가공에 의해 발생된 칩이 끼는 현상입니다. 따라서 연삭숫돌의 표면이 무뎌지므로 연삭능률이 저하되게 됩니다. 이를 개선하려면 드레서 공구로 드레싱을 하여 숫돌의 자생과정을 시켜 새로운 예리한 숫돌입자가 표면에 나올 수 있도록 유도하면 됩니다. 그렇다면, 로딩 현상의 원인을 알아보도록 하겠습니다.

김치찌개를 드시고 있다고 가정하겠습니다. 너무 맛있게 먹었기 때문에 이빨 틈새에 고춧가루가 끼겠습니다. 이빨 사이의 틈새＝입자들의 틈새라고 보시면 됩니다.

이빨 틈새가 크다면 고춧가루가 끼지 않고 쉽게 통과하여 지나갈 것입니다. 하지만 이빨 사이의 틈새가 좁은 사람이라면, 고춧가루가 한 번 끼면 잘 빠지지도 않아 이쑤시개로 빼야 할 것입니다. 이것이 로딩입니다. 따라서 로딩은 조직이 미세하거나 치밀할 때 발생하게 됩니다. 또한, 원주속도가 느릴 경우에는 입자 사이에 낀 칩이 잘 빠지지 않습니다. 원주속도가 빨라야 입자 사이에 낀 칩이 원심력에 의해 밖으로 빠져나가 잘 분리가 되겠죠?

그리고 조직이 미세 또는 치밀하다는 것은 경도가 높다는 것과 동일합니다. 즉, 연삭숫돌의 경도가 높을 때입니다. 실제 시험에서 공작물(일감)의 경도가 높을 때라고 보기에 나온 적이 있습니다. 틀린 보기입니다. 숫돌의 경도＞공작물의 경도일 때 로딩이 발생하게 되니 꼭 알아두세요.

또한, 연삭깊이가 너무 크다. 생각해 보겠습니다. 연삭숫돌로 연삭하는 깊이가 크다면 일감 깊숙이 파고 들어가 연삭하므로 숫돌입자와 일감이 접촉되는 부분이 커집니다. 따라서 접촉면적이 커진만큼 숫돌입자가 칩에 노출되는 환경이 훨씬 커집니다. 다시 말해 입자 사이에 칩이 낄 확률이 더 커진다는 의미와 같습니다.

글레이징(눈무딤) 현상에 대해 궁금합니다.

글레이징이란 입자가 탈락하지 않고 마멸에 의해 납작해지는 현상을 말합니다. 입자가 탈락해야 자생과정을 통해 예리한 새로운 입자가 표면으로 나올텐데, 글레이징이 발생하면 입자가 탈락하지 않아 자생과정이 발생하지 않으므로 숫돌입자가 무뎌져 연삭가공을 진행하는 데 있어 효율이 저하됩니다.

그렇다면 글레이징의 원인은 어떻게 될까요? 총 3가지 있습니다.

① 원주속도가 빠를 때
② 결합도가 클 때
③ 숫돌과 일감의 재질이 다를 때(불균일할 때)

원주속도가 빠르면 숫돌의 결합도가 상승하게 됩니다.
원주속도가 빠르면 숫돌의 회전속도가 빠르다는 것, 결국 빠르면 빠를수록 숫돌을 구성하고 있는 입자들은 원심력에 의해 밖으로 튕겨져 나가려고 할 것입니다. 서로 서로 이러한 과정이 발생하면서 입자와 입자들이 밀착하게 되고, 이에 따라 조직이 치밀해지게 됩니다.
따라서 원주속도가 빠르다 → 입자들이 치밀 → 결합도 증가

결합도는 자생과정과 가장 관련이 있습니다. 자생과정이란 입자가 무뎌지면 자연스럽게 입자가 탈락하고 벗겨지면서 새로운 입자가 표면에 등장하는 것입니다. 결합도가 크다면 연삭숫돌이 단단하여 자생과정이 잘 발생하지 않습니다. 즉, 입자가 탈락하지 않고 계속적으로 마멸에 의해 납작해져 글레이징 현상이 발생하게 되는 것입니다.

Q

열간가공에 대한 특징이 궁금합니다.

A

열간가공은 재결정 온도 이상에서 가공하는 것이기 때문에 재결정을 시키고 가공하는 것을 말합니다. 재결정을 시켰다는 것은 새로운 결정핵이 생성되었다는 것을 말합니다. 새로운 결정핵은 크기도 작고 매우 무른 상태이기 때문에 강도가 약합니다. 따라서 연성이 우수한 상태이므로 가공도가 커지게 되며 가공시간이 빨라지므로 열간가공은 대량생산에 적합합니다.

또한, 새로운 결정핵(작은 미세한 결정)이 발생했다는 것 자체를 조직의 미세화 효과가 있다고 말합니다. 따라서 냉간가공은 조직 미세화라는 표현이 맞고, 열간가공은 조직 미세화 효과라는 표현이 맞습니다. 그리고 재결정 온도 이상으로 장시간 유지하면 새로운 신결정이 성장하므로 결정립이 커지게 됩니다. 이것을 조대화라고 보며, 성장하면서 배열을 맞추므로 재질의 균일화라고 표현합니다.

Q

열간가공이 냉간가공보다 마찰계수가 큰 이유가 무엇인가요?

A

책에 동전을 올려두고 서서히 경사를 증가시킨다고 가정합니다. 어느 순간 동전이 미끄러질텐데 이때의 각도가 바로 마찰각입니다. 열간가공은 높은 온도에서 가공하므로 일감 표면이 산화가 발생하여 표면이 거칩니다. 따라서 동전이 미끄러지는 순간의 경사각이 더 클 것입니다. 즉, 마찰각이 크기 때문에 아래 식에 의거하여 마찰계수도 커지게 됩니다.

$\mu = \tan(\rho)$ (단, μ: 마찰계수, ρ: 마찰각)

영구주형의 가스 배출이 불량한 이유는 무엇인가요?

금속형 주형을 사용하기 때문에 표면이 차갑습니다. 따라서 급냉이 되므로 용탕에서 발생된 가스가 주형에서 배출되기 전에 급냉으로 인해 응축되어 가스 응축액이 생깁니다. 따라서 가스 배출이 불량하며, 이 가스 응축액이 용탕 내부로 흡입되어 결함을 발생시킬 수 있으며, 내부가 거칠게 되는 것입니다.

압축잔류응력이 피로한도와 피로수명을 증가시키는 이유가 무엇인가요?

잔류응력이란 외력을 가한 후 제거해도 재료 표면에 남아 있게 되는 응력을 말합니다. 잔류응력의 종류에는 인장잔류응력과 압축잔류응력 2가지가 있습니다.

인장잔류응력은 재료ㅊ표면에 남아 표면의 조직을 서로 바깥으로 당기기 때문에 표면에 크랙을 유발할 수 있습니다.

반면에 압축잔류응력은 표면의 조직을 서로 밀착시키기 때문에 조직을 강하게 만듭니다. 따라서 압축잔류응력이 피로한도와 피로수명을 증가시킵니다.

Q

숏피닝에서 압축잔류응력이 발생하는 이유는 무엇인가요?

A

숏피닝은 작은 강구를 고속으로 금속 표면에 분사합니다. 이때 표면에 충돌하게 되면 충돌 부위에 변형이 생기고, 그 강도가 일정 에너지를 넘게 되면 변형이 회복되지 않는 소성변형이 일어나게 됩니다. 이 변형층과 충돌 영향을 받지 않는 금속 내부와 힘의 균형을 맞추기 위해 표면에는 압축잔류응력이 생성되게 됩니다.

Q

냉각쇠의 역할, 냉각쇠를 주물 두께가 두꺼운 곳에 설치하는 이유, 주형 하부에 설치하는 이유가 각각 무엇인가요?

A

냉각쇠는 주물 두께에 따른 응고 속도 차이를 줄이기 위해 사용합니다. 어떤 주물을 주형에 넣어 냉각시키는 데 있어 주물 두께가 다른 부분이 있다면, 두께가 얇은 쪽이 먼저 응고되면서 수축하게 됩니다. 따라서 그 부분은 쇳물의 부족으로 인해 수축공이 발생하게 됩니다. 따라서 주물 두께가 두꺼운 부분에 냉각쇠를 설치하여 두꺼운 부분의 응고속도를 증가시킵니다. 결국, 주물 두께 차이에 따른 응고 속도를 줄일 수 있으므로 수축공을 방지할 수 있습니다.

또한, 냉각쇠는 종류로는 핀, 막대, 와이어가 있으며, 주형보다 열흡수성이 좋은 재료를 사용합니다. 그리고 고온부와 저온부가 동시에 응고되도록 또는 두꺼운 부분과 얇은 부분이 동시에 응고되도록 하는 목적으로 설치하는 것임을 다시 설명드리겠습니다.

그리고 마지막으로 가장 중요한 것으로 냉각쇠(chiller)는 가스 배출을 고려하여 주형의 상부보다는 하부에 부착해야 합니다. 만약, 상부에 부착한다면 가스는 주형 위로 배출되려고 하다가 상부에 부착된 냉각쇠에 의해 빠르게 냉각되면서 응축하여 가스액이 되고, 그 가스액이 주물 내부로 떨어져 결함을 발생시킬 수 있습니다.

리벳이음은 경합금과 같이 용접이 곤란한 접합에 유리하다고 알고 있습니다. 그렇다면 경합금이 용접이 곤란한 이유가 무엇인가요?

경합금은 일반적으로 철과 비교했을 때 열팽창계수가 매우 큽니다. 그렇기 때문에 용접을 하게 된다면, 뜨거운 용접 입열에 의해 열팽창이 매우 크게 발생할 것입니다. 즉, 경합금을 용접하면 열팽창계수가 매우 크기 때문에 열적 변형이 발생할 가능성이 큽니다. 따라서 경합금과 같은 재료는 용접보다는 리벳이음을 활용해야 신뢰도가 높습니다.

그리고 한 가지 더 말씀드리면 알루미늄을 예로 생각해보겠습니다. 용접할 때 가열하면 금방 순식간에 녹아버릴 수 있습니다. 따라서 용접 온도를 적정하게 잘 맞춰야 하는데, 이것 또한 매우 어려운 일이므로 경합금과 같은 재료는 용접이 곤란합니다.

물론, 경합금이 용접이 곤란한 것이지 불가능한 것은 아닙니다. 노하우를 가진 숙련공들이 같은 용접속도로 서로 반대 대칭되어 신속하게 용접하면 팽창에 의한 변형이 서로 반대에서 상쇄되므로 용접을 할 수 있습니다.

Q 터빈의 단열 효율이 증가하면 건도가 감소하는 이유가 무엇인가요?

A

우선, 터빈의 단열 효율이 증가한다는 것은 터빈의 팽창일이 증가하는 것을 의미합니다.

T-S선도에서 터빈 구간의 일이 증가한다는 것은 2~3번 구간의 길이가 늘어난다는 것을 의미합니다. 길이가 늘어남에 따라 T-S선도 상의 면적은 증가하게 될 것입니다.

T-S선도에서 면적은 열량을 의미합니다. 보일러에 공급하는 열량은 일정하기 때문에 면적도 그 전과 동일해야 합니다.

2~3번 구간의 길이가 늘어나 면적이 늘어난 만큼, 열량이 동일해야 하므로 2~3번 구간은 좌측으로 이동하게 될 것입니다. 이에 따라 3번 터빈출구점은 습증기 구간에 들어가 건도가 감소하게 되며, 습분이 발생하여 터빈 깃이 손상되게 됩니다.

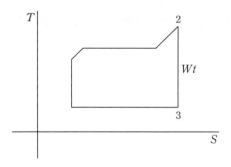

공기의 비열비는 온도가 증가할수록 감소하는 이유는 무엇인가요?

우선, 비열비＝정압비열/정적비열입니다.
※ **정적비열**: 정적 하에서 완전가스 1 [kg]을 1 [℃] 올리는 데 필요한 열량

온도가 증가할수록 기체의 분자 운동이 활발해져 기체의 부피가 늘어나게 됩니다.

부피가 작은 상태보다 부피가 큰 상태일 때, 열을 가해 온도를 올리기가 더 어려울 것입니다. 따라서 동일한 부피 하에서 1 [℃] 올리는 데 더 많은 열량이 필요하게 됩니다. 즉, 온도가 증가할수록 부피가 늘어나고 늘어난 만큼 온도를 올리기 어렵기 때문에 더 많은 열량이 필요하다는 것입니다. 이 말은 정적비열이 증가한다는 의미입니다.

따라서 비열비는 정압비열/정적비열이므로 온도가 증가할수록 감소합니다.

정압비열에 상관없이 상대적으로 정적비열의 증가분에 의한 영향이 더 크다고 보시면 되겠습니다.

Q

냉매의 구비조건을 이해하고 싶습니다. (자주 문의된 ③번)

A

❖ 냉매의 구비조건

① 증발압력이 대기압보다 크고, 상온에서도 비교적 저압에서 액화될 것
② 임계온도가 높고, 응고온도가 낮을 것, 비체적이 작을 것
★③ 증발의 잠열이 크고, 액체의 비열이 작을 것
④ 불활성으로 안전하며, 고온에서 분해되지 않고, 금속이나 패킹 등 냉동기의 구성부품을 부식, 변질, 열화시키지 않을 것
⑤ 점성이 작고, 열전도율이 좋으며, 동작계수가 클 것
⑥ 폭발성, 인화성이 없고, 악취나 자극성이 없어 인체에 유해하지 않을 것
⑦ 표면장력이 작고, 값이 싸며, 구하기 쉬울 것

③ 증발의 잠열이 크고, 액체의 비열이 작을 것

우선 냉매란 냉동시스템 배관을 돌아다니면서 증발, 응축의 상변화를 통해 열을 흡수하거나 피냉각체로부터 열을 빼앗아 냉동시키는 역할을 합니다. 구체적으로 증발기에서 실질적 냉동의 목적이 이루어집니다.

냉매는 피냉각체로부터 열을 빼앗아 냉매 자신은 증발이 되면서 피냉각체의 온도를 떨어뜨립니다. 즉, 증발잠열이 커야 피냉각체(공기 등)으로부터 열을 많이 흡수하여 냉동의 효과가 더욱 증대되게 됩니다. 그리고 액체 비열이 작아야 응축기에서 빨리 열을 방출하여 냉매가스가 냉매액으로 응축됩니다. 각 구간의 목적을 잘 파악하면 됩니다.

※ 비열: 어떤 물질 1 [kg]을 1 [℃] 올리는 데 필요한 열량
※ 증발잠열: 온도의 변화 없이 상변화(증발)하는 데 필요한 열량

펌프효율과 터빈효율을 구할 때, 이론과 실제가 반대인 이유가 무엇인가요?

펌프효율 $\eta_p = \dfrac{\text{이론적인 펌프일}(W_p)}{\text{실질적인 펌프일}(W_{p'})}$

터빈효율 $\eta_t = \dfrac{\text{실질적인 터빈일}(W_{t'})}{\text{이론적인 터빈일}(W_t)}$

우선, 효율은 100 [%] 이하이기 때문에 분모가 더 큽니다.

① 펌프는 외부로부터 전력을 받아 운전됩니다.

이론적으로 펌프에 필요한 일이 100이라고 가정하겠습니다. 이론적으로는 100이 필요하지만, 실제 현장에서는 슬러지 등의 찌꺼기 등으로 인해 배관이 막히거나 또는 임펠러가 제대로 된 회전을 할 수 없을 때도 있습니다. 따라서 유체를 송출하기 위해서는 더 많은 전력이 소요될 것입니다. 즉, 이론적으로는 100이 필요하지만 실제 상황에서는 여러 악조건이 있기 때문에 100보다 더 많은 일이 소요되게 됩니다. 결국, 펌프의 효율은 위와 같이 실질적인 펌프일이 분모로 가게 되어 효율이 100 [%] 이하로 도출되게 됩니다.

② 터빈은 과열증기가 터빈 블레이드를 때려 팽창일을 생산합니다.

이론적으로는 100이라는 팽창일이 얻어지겠지만, 실제 상황에서는 배관의 손상으로 인해 증기가 누설될 수 있어 터빈 출력에 영향을 줄 수 있습니다. 이러한 이유 등으로 인해 실제 터빈일은 100보다 작습니다. 결국, 터빈의 효율은 위와 같이 이론적 터빈일이 분모로 가게 되어 효율이 100 [%] 이하로 도출되게 됩니다.

체인전동은 초기 장력을 줄 필요가 없다고 하는데, 그 이유가 무엇인가요?

우선 벨트전동과 관련된 초기 장력에 대해 알아보도록 하겠습니다.

벨트전동에서 동력전달에 필요한 충분한 마찰을 얻기 위해 정지하고 있을 때 미리 벨트에 장력을 주고 이 상태에서 풀리를 끼웁니다. 이때 준 장력이 초기장력입니다.

벨트전동을 하기 전에 미리 장력을 줘야 탱탱한 벨트가 되고 이에 따라 벨트와 림 사이에 충분한 마찰력을 얻어 그 마찰로 동력을 전달할 수 있습니다.

참고 초기장력＝T_t(긴장측 장력)＋T_s(이완측 장력)/2

※ **유효장력**: 동력전달에 꼭 필요한 회전력
참고 유효장력＝T_t(긴장측 장력)－T_s(이완측 장력)

하지만 체인전동은 초기 장력을 줄 필요가 없어 정지 시에 장력이 작용하지 않고 베어링에도 하중이 작용하지 않습니다. 그 이유는 벨트는 벨트와 림 사이에 발생하는 마찰력으로 동력을 전달하기 때문에 정지 시에 미리 벨트가 탱탱하도록 만들어 마찰을 발생시키기 위해 초기 장력을 가하지만 체인전동은 스프로킷 휠과 링크가 서로 맞물려서 동력을 전달하기 때문에 초기 장력을 줄 필요가 없습니다. 따라서 동력 전달 방법의 방식이 다르기 때문입니다. 또한, 체인 전동은 스프로킷 휠과 링크가 서로 맞물려 동력을 전달하므로 미끄럼이 없고, 일정한 속비도 얻을 수 있습니다.

실루민이 시효경화성이 없는 이유가 무엇인가요?

❖ 실루민
- Al−Si계 합금
- 공정반응이 나타나고, 절삭성이 불량하며, 시효경화성이 없다.

❖ 실루민이 시효경화성이 없는 이유

일반적으로 구리(Cu)는 금속 내부의 원자 확산이 잘 되는 금속입니다. 즉, 장시간 방치해도 구리가 석출되어 경화가 됩니다. 따라서 구리가 없는 Al−Si계 합금인 실루민은 시효경화성이 없습니다.

Tip 구리가 포함된 합금은 대부분 시효경화성이 있다고 보면 됩니다.

※ 시효경화성이 있는 것: 황동, 강, 두랄루민, 라우탈, 알드레이, Y합금 등

Q 직류아크용접에서 자기불림현상이 발생하는 이유가 무엇인가요?

A

자기불림(Arc blow)은 아크쏠림 현상을 말합니다. 보통 직류아크용접에서 발생하는 현상입니다.

그 이유는 전류가 흐르는 도체 주변에는 용접전류 때문에 아크 주위에 자계가 발생합니다. 이 자계가 용접봉에 비대칭 되어 아크가 특정한 한 방향으로 쏠리는 불안정한 현상이 자기불림현상입니다.

결국 자계가 용접 일감의 모양이나 아크의 위치에 관련하여 비대칭이 되어 아크가 특정한 한 방향으로 쏠려 불안정하게 됩니다.

간단하게 요약하자면, 자기불림은 직류아크용접에서 많이 발생되며, 교류는 +, − 위아래로 파장이 있어 아크가 한 방향으로 쏠리지 않습니다.

따라서 자기불림현상을 방지하려면 대표적으로 교류를 사용하면 됩니다.

> 지금까지 오픈 채팅방과 블로그를 통해 가장 많이 받았던 질문들로 구성하였습니다.
>
> 암기가 아닌 **이해**와 **원리**를 통해 공부하면 더욱더 재미있고
>
> **직무면접**에서도 큰 도움이 될 것입니다!

저 자 소 개

장태용

- 인천대학교 기계공학과 졸업
- 현, 서울특별시 산하 공기업 근무
- 전, 5대 발전사(한국중부발전) 근무
- 공기업 기계직렬 시험에 직접 응시하여 최신 경향 파악
- 공기업 기계직렬 전공 블로그 운영

jv5140py@naver.com

공기업 기계직 기출변형문제집

기계의 진리

2019. 9. 3. 초 판 1쇄 인쇄
2019. 9. 10. 초 판 1쇄 발행

지은이 | 장태용
펴낸이 | 이종춘
펴낸곳 | **BM** (주)도서출판 **성안당**

주소 | 04032 서울시 마포구 양화로 127 첨단빌딩 3층(출판기획 R&D 센터)
     | 10881 경기도 파주시 문발로 112 출판문화정보산업단지(제작 및 물류)
전화 | 02) 3142-0036
     | 031) 950-6300
팩스 | 031) 955-0510
등록 | 1973. 2. 1. 제406-2005-000046호
출판사 홈페이지 | www.cyber.co.kr
ISBN | 978-89-315-3799-4 (13550)
정가 | 20,000원

이 책을 만든 사람들
기획 | 최옥현
진행 | 이미연
교정·교열 | 최성만
본문 디자인 | 이미연
표지 디자인 | 임진영
홍보 | 김계향
국제부 | 이선민, 조혜란, 김혜숙
마케팅 | 구본철, 차정욱, 나진호, 이동후, 강호묵
제작 | 김유석